新编高等职业教育电子信息、机电类规划教材·机电一体化技术专业

PLC 原理与应用技术

刘　爽　李鹏威　主　编

梁　亮　刘　伟　副主编

关　健　主　审

电子工业出版社

Publishing House of Electronics Industry

北京·BEIJING

内容简介

本书介绍了 PLC 的概述及结构、工作原理，西门子 S7 – 200 系列 PLC 的系统构成与指令系统，NEZA 系列 PLC 的系统构成与指令系统，PLC 控制系统的设计原则、步骤及 PLC 的控制系统的工程应用。

本书可作为电气自动化技术、机电一体化技术、过程控制技术等与自动化类相关专业的教学用书。也可作为相关工程技术人员培训和自修的参考书。

图书在版编目（CIP）数据

PLC 原理与应用技术/刘爽，李鹏威主编 . —北京：电子工业出版社，2015. 8

ISBN 978 – 7 – 121 – 26604 – 1

Ⅰ . ①P… Ⅱ . ①刘… Ⅲ . ①plc 技术 – 高等学校 – 教材 Ⅳ . ①TM571.6

中国版本图书馆 CIP 数据核字（2015）第 156342 号

策 划：陈晓明
责任编辑：郭乃明 特约编辑：范 丽
印 刷：三河市鑫金马印装有限公司
装 订：三河市鑫金马印装有限公司
出版发行：电子工业出版社
　　　　　北京市海淀区万寿路 173 信箱 邮编 100036
开 本：787×1092 1/16 印张：19.25 字数：493 千字
版 次：2015 年 8 月第 1 版
印 次：2015 年 8 月第 1 次印刷
印 数：3 000 册 定价：42.00 元

凡所购买电子工业出版社的图书，如有缺损问题，请向购买书店调换。若书店售缺，请与本社发行部联系，联系及邮购电话：(010) 88254888。

质量投诉请发邮件至 zlts@ phei. com. cn，盗版侵权举报请发邮件至 dbqq@ phei. com. cn。

服务热线：(010) 88258888。

前　言

PLC（Programmable Logic Controller）通常称为可编程序控制器，是以微处理器为基础，综合了计算机技术、自动控制技术和通信技术而发展起来的一种通用的自动控制装置。它具有体积小、重量轻、编程简单、功能强等优点，特别是可靠性高、抗干扰能力强，故称其为"专为适应恶劣环境而设计的计算机"，由于其在工业自动化控制领域中的广泛应用，被称为现代工业自动化三大支柱之一。

因此，了解和学好 PLC 技术，对自动化类、机电类专业的高职高专学生来说是极为重要的。

本教材适应高职高专教育人才培养模式的需要，依据高等职业教育培养高素质、高技能型专门人才的目标要求，以就业为导向，以工学结合为切入点，整合理论知识和实践知识、显性知识和默会知识，将陈述性知识穿插于典型工作任务中。

本书以任务为驱动，基于工作过程导向的项目化教学改革为方向，将行业企业中典型、实用、操作性强的项目任务引入课程中。任务设计以"典型、实用、可操作"为原则，将理论知识与实践技能融于一体，"教、学、做"一体化，工学结合。任务从工程实际出发，由易到难，由简单到综合，循序渐进，使读者在任务中理解 PLC 编程的技巧和方法，感悟实践渗透理论带来认知的快捷与方便。通过任务的实施，逐步掌握一般 PLC 控制系统的设计、安装、编程、调试和运行要领，充分体现了职业教育的应用特色和能力本位，突出了人才应用能力及创新素质的培养。

本书从内容上分为四大部分：第一部分主要介绍 PLC 相关的基础知识，包括 PLC 的特点、分类、结构、原理等基础知识。第二部分和第三部分分别介绍了西门子 S7 - 200 CPU 22X 系列 PLC 和施耐德 NEZA 系列 PLC 的各自基本构成、内部元器件、编程软件、基本指令、功能指令及其网络通信等。第四部分介绍了 PLC 控制系统的设计原则、步骤与应用实例等。

本书由刘爽、李鹏威主编，梁亮、刘伟为副主编。其中模块 3、5、6、15、16、附录 A 由刘爽编写；模块 1、2、10、12、附录 B 由李鹏威编写；模块 4、7、8 由梁亮编写；模块 9、11、13、14 由刘伟编写，全书由刘爽副教授统稿，关健教授主审了全书。

参加本书文字、图形处理等辅助性工作的还有王海浩、李颖、胡钢、杨欣慧、于秀娜、钱海月、梁玉文、马莹莹、张立娟、王佰红、田军、高艳春、李楠、高岩、朴圣艮、罗新老师，在此表示衷心感谢。

由于编者水平有限，书中难免存在缺点和不足之处，恳请读者批评指正。

编　者
2015 年 4 月

目　录

第一部分　PLC 基础知识

第二部分　S7－200 系列 PLC 的构成与指令系统

第三部分　NEZA 系列 PLC 的构成与指令系统

第四部分　PLC 的工程应用与设计

第一部分 PLC 基础知识

模块 1 PLC 概述

知识目标

(1) 掌握 PLC 的定义，了解 PLC 的由来及发展趋势；
(2) 掌握 PLC 的主要特点及分类；
(3) 理解 PLC 的主要技术指标。

能力目标

(1) 能对 PLC 的功能、作用有一个整体认识；
(2) 能依据系统控制要求完成的 PLC 的初步选型。

1.1 任务一 PLC 的定义

可编程序控制器是以微处理器为基础，综合了计算机技术、自动控制技术和通信技术而发展起来的一种通用的自动控制装置。早期主要用于顺序逻辑控制，故称（Programmable Logic Controller）简称"PLC"；20 世纪 80 年代后期，伴随微电子技术和计算机技术的迅猛发展，可编程序控制器不仅能完成顺序逻辑控制，还能进行数值运算、数据处理，具有中断、通信、故障自诊断等功能，成为了真正的微型计算机工业控制装置，故称其为"PC"。但后期又出现了个人计算机（Personal Computer），也称"PC"，两者极易混淆，故人们仍习惯地用 PLC 作为可编程控制器的缩写。

1985 年，国际电工委员会（IEC）对可编程序控制器做了如下定义：

可编程序控制器是一种数字运算操作的电子系统，专为工业环境下应用而设计；它采用了可编程序的存储器，用来在其内部存储执行逻辑运算、顺序控制、定时、计数和算术运算等操作指令，并通过数字式或模拟式的输入和输出，控制各种类型的机械或生产过程。

在国际电工委员会对 PLC 的定义中，有如下几点值得注意：

(1) PLC 是数字运算操作的电子系统，带有可编程序的存储器，并能进行"逻辑运算、顺序控制、定时、计数和算术运算等操作"，故 PLC 是一个名副其实的计算机系统。

(2) PLC 专为在工业环境下应用而设计。工业环境具有高噪声、高粉尘、强电磁干扰等特点，这是普通计算机无法工作的环境。而 PLC 除了具有计算机的基本功能外，还具备了适应工业环境的特殊构造，使其能够在较为恶劣的工业环境下可靠工作。

（3）PLC 能够"控制各种类型的机械或生产过程"，并且"易于扩充其功能"。作为通用工业控制计算机，工程人员可根据被控对象的不同控制要求，方便地对 PLC 进行程序的编制或改进。当系统的控制精度要求特别高或系统需要大量复杂的科学计算时，不宜选用 PLC 作为控制器。

在控制领域中，PLC 与微型计算机相比较有以下几方面不同。

（1）应用范围：PLC 用于工业控制；微型计算机除控制领域外，还可用于科学计算、数据处理、通信等。

（2）使用环境：微型计算机要求高；而 PLC 可用于工业现场。

（3）输入输出：微型计算机系统的 I/O 设备与主机间采用微机联系，一般无须电气隔离；而 PLC 一般控制强电设备，需要电气隔离，输入、输出均采用"光 - 电"耦合，输出还采用继电器、晶闸管或大功率晶体管进行功率放大。

（4）程序设计：微型计算机采用汇编或 C 语言，较为复杂；而 PLC 采用梯形图编程语言，非常简单。

（5）系统功能：微型计算机系统一般配有较强系统软件，如操作系统，能进行设备管理、文件存储管理，还配有许多应用软件供用户使用；而 PLC 一般只有简单的监控程序，能完成故障检查，用户程序输入、修改、执行与监视等。

1.2 任务二 PLC 的历史及发展

可编程控制器的起源可以追溯到 20 世纪 60 年代，当时汽车生产流水线的自动控制系统基本上都是由继电器控制装置构成的，所以汽车的每一次改型都直接导致继电器控制装置的重新设计和安装。随着生产的发展，汽车型号更新的周期越来越短，这样继电器控制装置就需要经常地重新设计、安装，费工、费料，延长更新周期。

为改变这一现状，1968 年，美国通用汽车公司（GM）提出了研制新型逻辑顺序控制装置的十项招标指标。主要内容如下：

（1）编程方便，可现场修改程序。

（2）维修方便，采用插件式结构。

（3）可靠性高于继电器控制装置。

（4）体积小于继电器控制装置。

（5）数据可直接送入管理计算机。

（6）成本可与继电器控制竞争。

（7）输入可以是交流 115V。

（8）输出为交流 115V，容量要求在 2A 以上，可直接驱动接触器等。

（9）扩展时，原系统只需少量变更。

（10）用户存储器大于 4KB。

美国通用汽车公司期望找到一种新的方法，尽可能减少重新设计和接线工作，以降低成本。设想把计算机通用、灵活、功能完备等优点和继电器控制系统的简单易懂、价格便宜等优点结合起来，制成一种通用控制装置。而且，此装置需采用面向控制过程、面向问题的"自然语言"进行编程，使不熟悉计算机的人也能很快掌握使用方法。

针对上述 10 项指标，1969 年，美国数据设备公司（DEC）研制出第一台 PLC，型号为 PDP – 14，并在通用汽车公司的自动装配线上试用，获得了成功。

这种新型的工业控制装置以其简单易懂、操作方便、可靠性高、体积小等一系列优点，很快在美国其他工业领域推广应用，如冶金、造纸、化工、食品等工业。这项新技术也受到了其他国家的高度重视。1971 年，日本从美国引进这项技术，很快研制出日本第一台 PLC，型号为 DSC – 18。1973 年，西欧国家也研制出它们的第一台 PLC。我国从 1974 年开始研制，于 1977 年开始在工业领域推广应用。

从 PLC 产生至今，大致分为四个阶段。

1. 第一阶段

从 1969 年到 20 世纪 70 年代中期，为 PLC 发展的初级阶段。PLC 用于取代继电器，故主要功能包括逻辑运算、定时、计数功能。本阶段已采用梯形图作为编程语言，尽管有些枯燥，但已形成了工厂的编程标准。

2. 第二阶段

从 20 世纪 70 年代中期到 70 年代末期，是 PLC 发展的第二阶段。这一阶段，为方便熟悉继电器控制系统的工程技术人员使用 PLC，PLC 采用和继电器电路图类似的梯形图作为主要编程语言，并将运算及处理的计算机存储元器件均以继电器命名。此时，微处理技术已被用于 PLC 中，使其增加了数字运算、数据传送、处理等功能，能实现模拟量的控制，具备自诊断功能，成为真正具有计算机特征的工业控制装置，初步形成系列化，如 MODICON 公司的 184、284、384 系列，西门子的 SIMATICS3 系列。

3. 第三阶段

20 世纪 70 年代末期到 80 年代中期为 PLC 发展的第三个阶段。在此阶段，计算机技术全面引入 PLC，使其功能更加完备。如更快的运算速度、更可靠的工业抗干扰能力设计、模拟量运算、PID 控制，并且 PLC 与计算机的通信形成了分布式通信网络。但因众多 PLC 制造商各自为政，通信系统也随之各有其规范。这一阶段代表性产品有西门子公司的 SIMATICS6，富士电机公司的 MICRO 系列和 GOULD 公司的 M84、884 系列。

4. 第四阶段

进入 20 世纪 80 年中期以来，随着大规模和超大规模集成电路等微电子技术的迅猛发展，以 16 位和少数 32 位微处理器构成的微机化 PLC 得到了惊人的发展，使得 PLC 在设计、性能价格比、应用等方面都有了新的突破，不仅控制功能增强，功耗和体积减小，成本下降，可靠性提高，编程和故障检测更为灵活方便，具有远程 I/O 和通信网络及图像显示功能，配套开发了方便的调试和测试工具、仿真工具，而且各 PLC 制造厂商的通信协议及编程语言均得以标准化，使得 PLC 广泛用于控制复杂的连续生产过程，并将 PLC 技术确立为工业自动化的三大支柱（PLC 技术、机器人、计算机辅助设计与制造技术）之一。

目前，世界上有 200 多家 PLC 厂商，400 多个品种的 PLC 产品，按地域可分成美国、欧洲、日本三个流派产品，如美国的 GE、AB、TI、MODICON，日本的三菱、欧姆龙、松下、富士，法国的施耐德，德国的西门子等，各具特色。美国 AB 公司的 SLC500PLC 是一个基于机架的中型控制系统，由控制器、离散量模块、模拟量模块和特殊输入、输出模块及外围设备组成，可提供广泛的通信配置，AB 公司的产品约占美国 PLC 销售市场 50% 的份额。日本三菱公司生产的 FX 系统 PLC，性能先进、结构紧凑、价格低廉，在世界小型 PLC 市场上约占有 70% 的份额。德国西门子公司的 S7 - 400PLC 具有极高的处理速度，其 CPU 资源非常强大，工作内存最高可达 20MB。

我国的上海东屋电气有限公司生产的 CF 系列、杭州机床电器厂生产的 DKK 及 D 系列、大连组合机床研究所生产的 S 系列、苏州电子计算机厂生产的 YZ 系列等多种产品已具备了一定的规模并在工业产品中获得了应用。此外，无锡华光公司、上海乡岛公司等中外合资企业也是我国比较著名的 PLC 生产厂家。

展望未来，PLC 的发展趋势将如计算机一样，运算处理速度更快、存储容量更大、组网能力更强。

在规模上，一方面是向体积更小、速度更快，功能更强和价格更低的超小型方面发展，发展超小型 PLC 更易于实现机电一体化。如三菱电机推出的 FX 系统小型 PLC 中，最新研发的 FX_{3U} 是其第三代小型化 PLC 产品，是 FX_{2N} 的升级版，它体积小、速度快、功能强；控制点可达 384 点；在定位控制方面，FX 内置了 6 点 3 轴独立最高 100kHz 的定位功能；可扩展模拟量输入输出、CC - LINK 通信、232 通信、以太网通信等。而 FX_{3UC} 是 FX_{3U} 的小型版，接线采用扁平线，更能节省空间。

另一方面是向超大型网络化、高性能、大存储容量和多功能方面发展，网络化与强大的通信能力是超大型 PLC 的一个重要发展趋势。为了满足各种特殊功能需求，智能模块层出不穷，如位置控制模块、高速计数模块、数控模块、模糊控制模块等。三菱公司的 QnU 系列即属于超大型 PLC，它能满足更高的质量管理要求，适用于复杂、大规模化设备或系统，能够高速高精度处理实时数据，基本指令扫描时间可达 9.5ns。

在产品配套上，PLC 的品种将会更加丰富、规格更齐全、界面更人性化、通信更完备。

1.3 任务三 PLC 的特点与应用

1.3.1 PLC 的特点

1. 可靠性高、抗干扰能力强

PLC 采用了集成度很高的微电子器件，大量的开关动作（0/1）都是由无触点的半导体电路完成的，其可靠程度是使用真实机械触点的继电器、接触器系统所无法比拟的。为了使 PLC 能在恶劣的工业环境下可靠工作，在其设计和制造过程中采取了一系列硬件和软件方面的抗干扰措施。

（1）硬件方面采取的主要措施有以下几方面：

① 在 PLC 内部对 CPU 供电电源采取屏蔽、稳压、保护等措施，防止干扰信号通过供电电源进入 PLC 内部，另外各个输入输出（I/O）接口电路的电源彼此独立，从而避免电源之间的互相干扰。

② 冗余。对于 PLC 的主要部件，如 CPU 等，采用冗余技术，即通过多重备份来增加系统的可靠性。

③ 隔离。PLC 的输入/输出接口电路一般都采用光电耦合器来隔离，这种光电隔离措施使外部电路与 PLC 内部之间完全避免了电的联系，有效地抑制了外部干扰源对 PLC 的影响，

还可防止外部强电窜入内部 CPU。

④ 滤波。在 PLC 电源电路和输入/输出（I/O）电路中设置多种滤波电路，如 RC 电路，可有效地抑制高频干扰信号。

⑤ 内部设置联锁、环境检测和诊断等电路，一旦发生故障，立即报警。

⑥ PLC 采用耐热、密封、防尘、抗震的外壳封装结构，以适应恶劣的工作环境。

（2）在软件方面采取的主要措施有以下几方面：

① 设置故障检测与诊断程序，每次扫描都对系统状态、用户程序、工作环境和故障进行检测与诊断，一旦发现出错，立即自动做出相应的处理，如报警、保护数据和封锁输出等。例如，在公共处理阶段，设置了监控定时器 T1（看门狗 WATCH DOG TIMER，WDT），能够完成死循环自诊断功能。每次执行程序前，复位 T1；执行程序开始，T1 计时，完毕后立即复位 T1。当执行完用户程序所需的时间不超过 T1 时，表示程序执行正常。若因某些原因，程序进入死循环，执行程序时间超出 T1 值，WDT 发出警告，程序重新开始执行，同时复位 T1。若是偶然因素，则重新执行程序。否则，系统自动停止执行用户程序，切断外部负载，并发出故障信号等待处理。

② 目前的 PLC 对用户程序和数据大多采用 EEPROM，无须后备锂电池，以保护断电后用户程序和数据不会因此而丢失。

采用以上抗干扰措施后，一般 PLC 的抗电平干扰强度可达峰值 1000V，脉宽为 10μs，平均无故障时间可达 30～50 万小时，例如，三菱公司生产的 F 系列 PLC 平均无故障时间即为 30 万小时。一些使用冗余 CPU 的 PLC 的平均无故障工作时间则更长。故又称 PLC 为"专为适应恶劣环境而设计的计算机"。

2. 配套齐全，用户使用方便，适用性强

发展到今天，PLC 产品已经标准化、系列化、模块化。用户能灵活方便地进行系统配置，组成不同功能、不同规模的系统。除了逻辑处理功能以外，现代 PLC 大多具有完善的数据运算能力，可用于各种数字控制领域。近年来 PLC 的功能单元大量涌现，使 PLC 渗透到了位置控制、温度控制、CNC 等各种工业控制中。加上 PLC 通信能力的增强及人机界面技术的发展，使用 PLC 组成各种控制系统变得非常容易。

3. 编程方法简单、易学

大多数 PLC 采用的编程语言是梯形图语言，它是一种面向控制过程、面向问题的"自然语言"。梯形图与继电器控制线路图相似，形象、直观，并且，只需用 PLC 的少量开关量逻辑控制指令就可以方便地实现继电器电路的功能；不需要掌握计算机知识，很容易让广大工程技术人员掌握；当生产流程需要改变时，可以在现场改变程序，使用方便、灵活。许多PLC 还针对具体问题，设计了各种专用编程指令及编程方法，进一步简化了编程工作。

4. 系统的安装、调试、维护方便

PLC 安装方便，具有输入/输出端子排，只要用螺丝刀就可以将 PLC 与输入/输出控制设备相连接。采用存储逻辑代替接线逻辑，减少了外部设备的接线。改变一些生产过程，只需要改变软件程序以及外部少量接线即可。

PLC 编写的程序可在实验室先进行模拟调试，输入信号可用开关来模拟，输出信号可以直接观察 PLC 面板上的发光二极管，调试后再将程序下载于现场 PLC 进行安装调试。PLC

自身故障率就很低，并具有完善的自诊断功能和运行故障指示装置，便于维护。即使发生故障时，观察其面板上各种发光二极管的状态，便可迅速查明故障原因。

5．体积小，重量轻，易于移植

由于 PLC 采用了半导体大规模集成电路，其结构紧凑、体积小、重量轻、能耗低，可以很容易地植于机械设备内部，是实现机电一体化的理想控制设备。以超小型 PLC 为例，新近出产的品种底部尺寸小于 100mm，重量小于 150g，能耗仅数瓦。

1.3.2　PLC 的应用

作为工业自动化三大支柱之一的 PLC，其应用范围极其广泛，经过几十年的发展，目前已经广泛应用于汽车制造、冶金、石油、化工、电力、矿山、机械制造、交通运输、轻纺、环保等行业。概括起来，PLC 的应用主要集中在以下 6 个方面。

1．开关量的逻辑控制

这是 PLC 最基本、最广泛的应用领域。可用 PLC 取代传统的接触器 – 继电器控制系统，实现逻辑控制和顺序控制，在单机控制、多机群控和自动生产线控制方面都有很多成功的应用实例。如机床电气控制，电梯的控制，电机控制，包装机械的控制，家用电器自动装配线的控制，注塑机控制，饮料灌装流水线、造纸、汽车、轧钢自动生产线的控制等。

2．模拟量的闭环控制

在工业现场中，输入信号及被控量多数为模拟量。目前，很多 PLC 都具有模拟量处理功能，通过模拟量 I/O 模块可对温度、压力、流量、速度等连续变化的模拟量进行控制，而且编程和使用都很方便。大、中型的 PLC 还具有 PID 闭环控制功能，运用 PID 指令或使用专用的 PID 模块，便可实现对模拟量的闭环控制，甚至能够组成较复杂的闭环控制系统。如炼钢炉温度控制，水处理、酿酒系统、连轧机的速度与位置的闭环控制等。

3．运动控制

运动控制也称为位置控制，是指 PLC 对直线运动或圆周运动的控制。可将 PLC 与计算机数控装置（CNC）集成在一起，用于实现机床的运动控制，最为典型的应用即为数控机床。许多 PLC 生产厂家可提供控制步进电机或伺服电机的位置控制模块。目前，PLC 的运动控制功能广泛地应用于金属切削机床、机器人、电梯等机械设备上。

4．数据处理

PLC 生产厂家提供了很多关于数据处理的指令，用以实现不同程序的数据处理功能，如逻辑运算类指令，算术运算类指令，数据传送、移位、转换指令以及查表指令等。利用这些指令，可以方便地对数据进行采集、分析和处理。常用于大、中型控制系统中，如机器人控制系统、柔性制造系统等。

5．通信与联网功能

通信联网是指 PLC 与 PLC 之间、PLC 与上位计算机或其他智能设备间的通信，利用 PLC 和计算机的 RS232 或 RS – 422 接口、PLC 的专用通信模块，用双绞线和同轴电缆或光缆将它们联成网络，可实现相互间的信息交换，构成"分散控制，集中管理"的多级分布式控制系统，用以完成较大规模的复杂控制，建立工厂的自动化网络。

6. 监控功能

PLC 配置了较强的监控功能，它能记忆一些异常情况，或当发生异常情况时，自动停止运行。在控制系统中，操作人员通过监控命令，可以监视有关部分的运行状态，甚至调整定时或计数设定值，因而便于调试、使用和维护。

1.4　任务四　PLC 的分类与性能指标

1.4.1　PLC 的分类

PLC 的应用广泛，目前，国内外生产厂家众多，PLC 产品更是种类繁多，其规格和性能也各不相同。但对 PLC 的分类，通常都是根据其结构形式的不同、功能的差异和 I/O 点数的多少等进行分类。

1. 按结构形式分类

根据 PLC 的结构形式，可将 PLC 分为整体式和模块式两类。

（1）整体式。整体式 PLC 是将 CPU、存储器、I/O 接口、电源等组成部件都集中于一体，很紧凑地安装在一个金属或塑料机壳内，形成一个整体，机壳上、下两侧是输入/输出接线端子，并配有相应的发光二极管用来显示输入/输出状态。整体式 PLC 具有结构紧凑、体积小巧、价格低的特点，易于嵌入控制设备的内部，通常适合于单机控制。一般，小型以下 PLC 采用这种整体式结构，如施耐德的 NEZA 系列，三菱的 FX$_{2N}$、FX$_{3U}$ 系列，西门子的 S7 - 200 等。图 1.1 所示为西门子 S7 - 200 系列 PLC。

图 1.1　西门子 S7 - 200 系列 PLC

（2）模块式。模块式 PLC 是把各组成部分分开，做成各自独立的、尺寸统一的模块，如 CPU 模块、输入模块、输出模块、电源模块等。各模块做成插件式，采用搭积木的方式将它们组装在一个具有标准尺寸并带有若干插槽的机架上。用户可以根据需要选用不同档次的 CPU 模块、I/O 模块和其他特殊模块，组成不同功能的控制系统。模块式 PLC 具有配置灵活、组装与维修方便、易于扩展等优点，其缺点是结构较复杂、造价较高。一般，大、中型 PLC 采用这种结构，如三菱的 Q 系列，西门子的 S7 - 400 等。如图 1.2 所示为西门子 S7 - 300 系列的 PLC。

（3）叠装式。叠装式 PLC 是整体式与模块式相结合的产物，融合了以上两种结构的优点。整体式 PLC 易于与被控设备组成一体，但有时系统所配置的输入输出点不能被充分利用，且不同 PLC 的尺寸大小不一致，不易安装整齐；模块式 PLC 点数配置灵活，但是尺寸较大，很难与小型设备连成一体。叠装式 PLC 也是组成部分为各自独立模块，但安装不用机架，而用扁平电缆连接各个单元，且各单元可以一层层地叠装，这样，系统既体积较小，又可进行灵活配置。如图 1.3 所示为三菱 L 系列的 PLC。

图 1.2　西门子 S7 - 300 系列 PLC　　　　图 1.3　三菱 L 系列 PLC

2. 按 I/O 点数分类

根据 I/O 点数不同，PLC 可分为小型、中型和大型三类。

（1）小型。小型 PLC 的输入/输出点数在 256 点以下，用户程序存储容量在 4KB 以下。

（2）中型。中型 PLC 的输入/输出点数在 256～2048 点之间，用户程序存储容量在 8KB 左右。

（3）大型。大型 PLC 的输入/输出点数在 2048 点以上，用户程序存储容量在 16KB 以上。

3. 按功能不同分类

（1）低档机。低档机以逻辑运算为主，具有定时、计数、移位以及自诊断、监控等基本功能，主要用于逻辑控制、顺序控制或少量模拟量控制的单机控制系统。

（2）中档机。中档机除具有低档 PLC 的功能外，还具有较强的模拟量输入/输出、整数和浮点运算、数制转换、远程 I/O、子程序、通信联网等功能。有些还可增设中断控制、PID 控制等功能，适用于复杂的逻辑运算及闭环控制系统。

（3）高档机。高档机除具有中档机的功能外，还增加了带符号算术运算、矩阵运算、位逻辑运算、平方根运算及其他特殊功能函数的运算、制表及表格传送功能等能力；同时，具有很强的通信联网能力，可用于大规模过程控制或构成分布式网络控制系统。

1.4.2　PLC 的主要性能指标

PLC 的主要性能指标是设计 PLC 控制系统时，选择 PLC 产品的重要依据。

1. I/O 点数

输入/输出（I/O）点数是 PLC 可以接收的输入信号和输出信号的总和，即输入与输出接线根数的总和，是衡量 PLC 性能的重要指标。I/O 点数越多，外部连接的输入设备和输出设备就越多，控制规模就越大。

2. 存储容量

存储容量是指在 PLC 中的用户程序存储器的容量，也就是用户 RAM 的存储容量。在 PLC 中程序指令是按"步"存放的（一条指令往往不止一步），一"步"占一个地址单元，一个地址单元一般占两个字节（16 位的 CPU），如程序容量为 1000 步的 PLC，可推知内存为 2KB，此容量与 I/O 点数大体成正比。

3. 扫描速度

扫描速度是指 PLC 执行用户程序的速度。一般以扫描 1000 步用户指令所需的时间来衡量扫描速度，通常以毫秒/千步为单位。PLC 用户手册一般给出执行各条指令所用的时间，可以通过比较各种 PLC 执行相同的操作所用的时间，来衡量扫描速度的快慢。

4. 指令的功能与数量

编程指令的功能越强、数量越多，PLC 的处理能力和控制能力也越强，用户编程也越简单和方便，越容易完成复杂的控制任务。它是衡量 PLC 软件功能强弱的一个主要指标。

5. 内部寄存器

PLC 内部有许多寄存器，用以存放变量状态、中间结果、保持数据、定时计数、模块设置和各种标志位等信息。还有许多辅助寄存器给用户提供特殊功能，以简化整个系统设计。这些元件的种类与数量越多，表示 PLC 的存储和处理各种信息的能力越强。寄存器的配置是衡量 PLC 硬件功能的一个主要指标。

6. 高功能模块

PLC 除了基本单元外，还可以选配各种特殊功能模块。基本单元可实现基本控制功能，而高功能模块可实现一些特殊的专门功能，此配置反映了 PLC 的功能强弱，是衡量 PLC 技术水平高低的主要指标。常用的特殊功能模块有 A/D、D/A 转换模块，高速计数模块，速度控制模块，温控模块，远程通信模块等。

习 题 1

1.1 什么是 PLC? PLC 有哪些主要特点?
1.2 PLC 的分类方法通常有哪几种?
1.3 简述 PLC 的由来与发展趋势。
1.4 PLC 的主要性能指标有哪些?

模块 2　认识 PLC 基本结构与工作原理

知识目标

(1) 掌握 PLC 的基本结构及各主要组成部分的作用；

(2) 了解 PLC 的工作原理；

(3) 了解 PLC 的编程语言，掌握编程规则。

能力目标

(1) 认识 PLC 的硬件结构以及软件系统；

(2) 认识 PLC 的工作方式；

(3) 能根据系统被控对象的特点进行 PLC 产品的选型。

2.1　任务一　PLC 的基本结构

【任务提出】

虽然各厂家生产的 PLC 产品种类繁多，功能和指令系统存在差异，但基本结构组成大同小异。PLC 的主要组成部分有哪些呢？

【相关知识】

PLC 实质上是一种专用于工业控制的计算机，因此，PLC 与一般的微型计算机相同，也是由硬件和软件两大部分组成。其硬件系统采用典型的计算机结构，主要由中央处理单元、存储器、输入/输出接口、电源等部分组成。其内部采用总线结构，进行数据和指令的传输。PLC 的硬件系统结构图如图 2.1 所示。与普通计算机相比，所不同的是，PLC 的 I/O 接口是

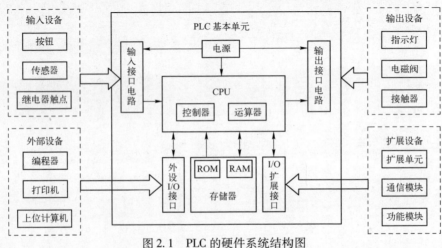

图 2.1　PLC 的硬件系统结构图

为了方便其用于工业控制而专门设计的。

如果把 PLC 看视为一个系统，该系统由输入变量→PLC→输出变量组成，外部的开关信号、模拟信号、传感器检测的各种信号均作为 PLC 的输入变量，它们经 PLC 外部输入端子输入到内部寄存器中，经 PLC 内部逻辑运算或其他各种运算、处理后送到输出端子，它们是 PLC 的输出变量，由这些输出变量对输出设备进行各种控制。

2.1.1　中央处理单元 CPU（Centre Processing Unit）

与通用计算机一样，CPU 是 PLC 的核心部件，由控制器、运算器和寄存器组成，这些电路集成在一个芯片上。从图 2.1 中可以看出 CPU 处在主控的地位，CPU 通过地址总线、数据总线和控制总线与 ROM、RAM 和 I/O 接口电路相连接。CPU 是 PLC 系统的控制和运算中心，类似人的"大脑"，整个 PLC 的工作过程都是在 CPU 的统一指挥下有条不紊进行的。

1. CPU 的种类

各 PLC 厂家所用的 CPU 种类不同，主要有以下几种：

（1）通用微处理器。PLC 大多采用 8 位、16 位、32 位甚至 64 位微处理器作为 CPU，如 8080、8086、Z80A 等，它们具有可靠性兼容性好、通用性强、价格便宜等特点。

（2）单片机。如 8051、MCS－51 等。具有集成度高、体积小、价格低、可扩充性好特点，适合在小型 PLC 上使用，也广泛用于 PLC 的智能 I/O 模块。

（3）位片式微处理器。如 AMD2900 系列等，它是独立于微型机的另一分支，采用组装式，以 4 位为一片，几个位片级联，可组成任意字长的微处理器。位片式微处理器具有较高的运算速度和性能，但价格相对较高。

2. CPU 的主要功能

（1）接收并存储从编程器输入的用户程序和数据。

（2）用扫描的方式接收现场输入设备的状态和数据，并存入相应的数据区（工作数据存储器或输入映像寄存器）。

（3）检查、校验编程过程中的语法错误。

（4）执行用户程序，完成用户程序中规定的数据运算、传递、存储等任务，并根据数据处理结果，刷新有关标志位的状态和输出状态寄存器的内容，从而实现输出控制、数据通信等功能。

（5）监测和诊断电源、PLC 内部电路的故障，根据故障或错误的类型，通过显示器显示出相应的信息。

2.1.2　存储器（ROM 和 RAM）

PLC 的存储器是具有记忆功能的半导体电路，主要用来存放程序和数据，PLC 的存储器可分为系统程序存储器、用户存储器和工作数据存储器。

1. 系统程序存储器

系统程序存储器用来存放由 PLC 制造厂家编写的系统程序，并固化在 ROM、PROM 或 EPROM 内，用户不能对其访问和更改，断电亦不消失。系统程序使 PLC 能够完成 PLC 制造商规定的各项工作。系统程序质量的好坏在很大程度上决定了 PLC 的性能，它主要包括三部分：第一部分是管理程序，主要控制 PLC 的运行，能够使 PLC 按部就班地工作；第二部分是对用户程序做编译处理的解释编译程序，它先对用户键入的控制程序进行语法检查，并翻译成由微处理器指令组成的程序，然后再由 CPU 执行这些指令；第三部分是标准程序模块与系统调用程序，它包括许多功能不同的子程序及其调用管理程序。

2. 用户程序存储器

用户程序存储器存储的是用户程序，它是由用户根据具体的控制要求而编制完成的应用程序。为了便于读出、检查和修改，用户程序一般存放在 CMOS 静态 RAM 中，常用锂电池进行掉电保护，以保证掉电时信息不会丢失。为了防止干扰对 RAM 中程序的破坏，当用户程序运行正常时，也可将其固化在 EPROM 或 EEPROM 中。目前较为先进的 PLC 采用可随时读/写的 Flash EPROM（快闪存储器）作为用户程序存储器，具有非易失性，不需要后备电池，掉电时数据也不会丢失。

3. 工作数据存储器

工作数据是 PLC 用户程序运行过程中经常变化、存取的一些数据，它存入在 RAM 中，以适应随机存取的要求。在 PLC 的工作数据区中包括有元件映像寄存器和数据表，其中，元件映像寄存器用来存储输入继电器、输出继电器、辅助继电器以及定时器、计数器等内部器件的 ON/OFF 状态；数据表用来存放各种数据，它存储用户程序执行过程中的可变参数值、A/D 转换得到的数字量以及数学运算的结果等。根据需要，部分数据在掉电时用后备电池维持其现有状态，这部分掉电时仍能保存数据的存储区域称为数据保持区。

2.1.3　输入/输出接口

输入/输出接口也叫"I/O 模块"，是 PLC 与工业控制现场相互连接的部件。PLC 通过输入接口采集与被控对象相关的开关、传感器的状态及数据信息，并将其作为 PLC 对被控对象进行控制的依据；PLC 执行程序后，再通过输出接口将处理结果传送到被控对象，实现对被控对象的控制与驱动。

实际生产过程中，产生的输入、输出信号多种多样，信号电平也各有千秋，故 PLC 提供了多种操作电平和驱动能力的 I/O 接口，以备用户根据系统具体控制要求进行正确选用。I/O 接口的主要类型有数字量（开关量）输入、数字量（开关量）输出、模拟量输入、模拟量输出等。

1. 输入接口电路

可连接到 PLC 输入接口的现场器件包括有各种开关、按钮以及传感器等。根据现场信号可以接纳的电源类型不同，常用的输入接口电路可分为三类：直流输入接口、交流输入接口和交直流输入接口。实际应用时，需根据输入信号的类型选择合适的输入模块。

在输入接口电路中，一般都包含光电隔离电路以及 RC 滤波电路，用以消除输入触点的抖动和外部噪声干扰。

（1）直流输入接口电路。图 2.2 所示仅是一个输入端子的输入电路，其他输入端子的输入电路与之完全相同，COM 是公共端。当输入开关闭合时，光电耦合器导通，将该路输入信号送入 PLC 内部电路，对应的输入映像寄存器中存入"1"状态，以便 CPU 执行用户程序时调用，同时 LED（发光二极管）输入指示灯点亮，表示输入端开关接通；反之，当输入开关断开时，光电耦合器截止，对应的输入映像寄存器中存入"0"状态，同时 LED 输入指示灯熄灭，表示输入端开关断开。直流输入接口所用的电源一般由 PLC 内部的 24V 直流电源供给。

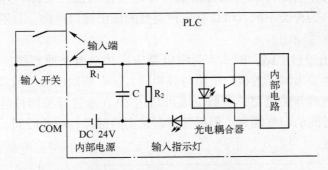

图 2.2　直流输入接口原理图

（2）交流输入接口电路。图 2.3 为交流输入接口电路，结构、工作原理与直流输入接口电路类似。输入接口电路的电源为交流电源，一般由外部电源供给。当输入开关闭合时，经双向光电耦合器，将该信号送至 PLC 内部电路，供 CPU 调用、处理，同时 LED 点亮。

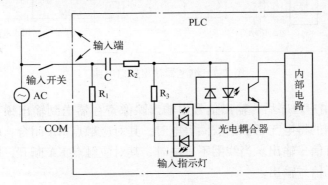

图 2.3　交流输入接口电路

（3）交、直流输入接口电路。图 2.4 所示为交、直流输入接口电路，输入接口电路的电源可以是直流，也可是交流，具体由接入的现场器件所需要电源决定。

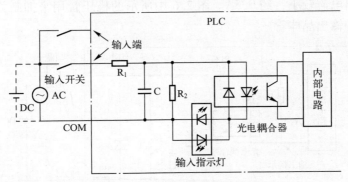

图 2.4　交、直流输入接口电路

PLC 的输入接口除上述开关量输入接口外，还有模拟量输入接口。PLC 的模拟量输入接口电路的作用是把现场连续变化的模拟量信号通过运算放大器进行放大，然后再进行 A/D

转换，最后经光电耦合隔离后为 PLC 提供一定位数的数字量信号。

2. 输出接口电路

输出接口电路的作用是将 PLC 的输出信号传送至现场被控设备。为适合不同负载的需要，按输出开关器件的种类不同，PLC 有三种类型的输出接口电路，分别为继电器输出、晶体管输出、双向晶闸管输出。

（1）继电器输出接口电路。图 2.5 为继电器输出接口电路原理图，这只是一个输出端子的接口电路，其他输出端子的接口电路与其相同。继电器输出接口通常用于通断频率较低的直流负载或交流负载开关电路，负载电流可高达 2A。通过开关器件继电器，实现了 PLC 内部电路与现场设备间的电气隔离。但因其带有真实的触点，响应时间长、动作频率低、有使用寿命限制的缺点。

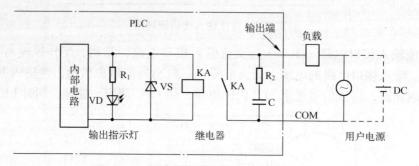

图 2.5　继电器输出接口电路

当 CPU 执行完用户程序后，输出信号由输出映像寄存器送到输出锁存器，再经光电耦合器控制继电器线圈的得电与否。当线圈得电时，其对应触点 KA 闭合，LED 输出指示灯点亮，表明该输出端有信号输出。当线圈不得电时，其对应触点 KA 断开，LED 输出指示灯熄灭，表明该输出端无信号输出。

（2）晶体管输出接口电路。图 2.6 为晶体管输出接口电路原理图，其工作原理与继电器输出电路类似。晶体管输出电路只能用于直流电源负载的开关电路，电路无真实触点，寿命长，响应速度快，适用于通断频率较高的场合，并能实现 PLC 内部电路与现场设备间的光电隔离。但输出电流较小，约 0.5A。图 2.6 中所示的稳压管用来抑制关断过电压和外部的涌流电压，保护输出晶体管。

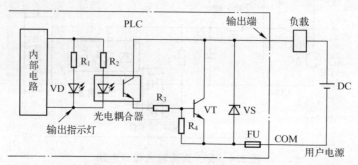

图 2.6　晶体管型输出接口电路

（3）双向晶闸管输出接口电路。图 2.7 为双向晶闸管输出接口电路原理图。双向晶闸管输出电路同样也无真实触点，故使用寿命长、响应快，输出电流约为 1A，PLC 内部电路与现场设备间为光电隔离，目前仅用于通断频率较高的交流电源负载。

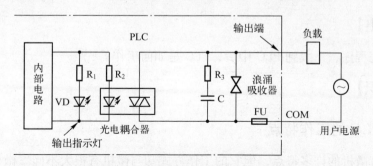

图 2.7　双向晶闸管型输出接口电路

同样，PLC 除具有上述开关量输出接口电路外，还具有模拟量输出接口电路。模拟量输出接口电路的作用是将 PLC 运算处理后的数字量信号重新转换为生产现场要求的连续模拟量输出，模拟量输出接口电路也是由光电耦合隔离、D/A 转换器和信号驱动等环节组成。

2.1.4　其他部分

1. 电源

PLC 配有开关式稳压电源模块，用来将外部供电电源转换为 PLC 内部的 CPU、存储器、I/O 接口等电路所需的稳定直流电源。PLC 内部电源部件具有较好的稳压性能，因此，对外部电源的稳定性要求不高，一般允许外部电源电压的额定值在 −15% ~ +10% 的范围内波动。小型 PLC 的电源一般和 CPU 单元合为一体，大、中型 PLC 都有专用电源部件。PLC 内部还带有锂电池作为后备电源，以防止内部程序和数据等重要信息因外部电源发生故障而丢失。

多数 PLC 的电源部件还能向外提供 24V 的直流电源，用于外部设备供电，从而避免使用其他不合格外部电源引起的故障。

2. 编程器

编程器是 PLC 系统的人机接口，是 PLC 最重要的外围设备，用户可以通过编程器对 PLC 进行程序的输入、编辑、修改和调试。PLC 的编程器一般分为简易编程器、图形编程器两类。简易编程器一般只能用语句表语言进行编程；图形编程器既可用指令语句表编程，又可用梯形图编程；操作方便，功能强，还可与打印机、绘图仪等设备连接。

目前，大多数 PLC 都将计算机作为编程工具，只要配上相应的硬件接口和软件包，就可以利用梯形图等多种编程语言进行编程，同时还具有较强的监控功能。

3. 外设接口电路

PLC 还配有生产厂家提供的外设接口电路，如 A/D、D/A 转换接口，远程通信接口，与计算机、打印机等相连的接口等。

2.2 任务二 PLC 的工作原理

【任务提出】

用户编写完程序，下载到 PLC 中后，PLC 是如何工作的呢？

【相关知识】

2.2.1 PLC 的工作特点

PLC 虽具有微机的许多特点，但它的工作方式却与微机有很大不同。微机一般采用等待命令的工作方式，如常见的键盘扫描方式或 I/O 扫描方式，有键按下或 I/O 动作，则转入相应的子程序；无键按下，则继续扫描。而 PLC 最重要的一个工作特点就是采用循环扫描工作方式。

在 PLC 中，用户程序按先后顺序存放，如图 2.8 所示。CPU 从第一条指令开始执行程序，在无中断或跳转控制程序的情况下，按存储地址号递增的顺序逐条扫描用户程序，即顺序执行程序，直至遇到结束符，即完成一个扫描周期，然后又返回到第一条。如此周而复始不断循环。由于 CPU 的运算速度很快，使得用户程序看起来似乎是同时执行的。

可以看出，PLC 的扫描工作方式与传统的继电器控制系统明显不同。继电器控制装置采用硬逻辑并行运行的方式，在运行过程中，如果一个继电器的线圈通电，那么该继电器的所有常开和常闭触点，无论处在控制线路的什么位置，都会立即动作。其常开触点闭合，常闭触点打开。而 PLC 采用循环扫描的串行工作方式，即在 PLC 的工作过程中，如果某个软继电器的线圈接通，该线圈的所有常开和常闭触点并不一定都会立即动作，只有 CPU 扫描到该触点时才会动作，其常开触点闭合，常闭触点断开。

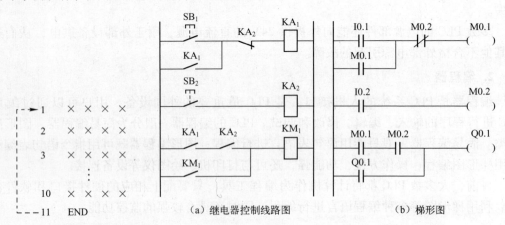

图 2.8 用户程序存放示意图 　　　　图 2.9 继电器控制线路图与对照梯形图

图 2.9 是结构相同的继电器控制线路图与对应的梯形图，两图的控制目的都是希望实现"当 SB₁ 动作后，SB₂ 动作，使得 KA₁ 复位，KM₁ 得电并且自保持"的功能。图 2.9（a）为继电器控制线路图，图 2.9（b）为梯形图。由于两者的工作方式不同，（a）图中的 KA₂ 线

圈一旦得电，其常闭常开触点无论放置在线路哪里，都会同时动作，使 KA$_1$ 与 KA$_2$ 线圈无法同时得电，故 KM$_1$ 始终不能得电，更无法保持，不能实现控制目的。而（b）图中当 I0.1 按下后，M0.1 得电并自锁；当 I0.2 按下，M0.2 线圈得电，在本周期，它只能对其后面将要扫描到的梯阶中 M0.2 常开触点有影响，而第一个梯阶中的常闭 M0.2 只能在下一个周期扫描到时受到影响。故（b）图中 Q0.1 能够得电并自保持。

2.2.2 PLC 扫描工作的过程

PLC 的扫描工作过程除了执行用户程序外，在每次扫描工作过程中还要完成内部处理、通信服务工作。CPU 周期性地循环执行用户程序的整个过程称为扫描，完成一个循环所需的时间称为扫描周期。PLC 在一个扫描周期内所经历的工作可分为输入采样、程序执行、输出刷新 3 个阶段。扫描周期与 CPU 运行速度、PLC 硬件配置及用户程序长短有关，典型值为 1~100ms。

当 PLC 处于停止（STOP）状态时，只完成内部处理和通信服务工作；当 PLC 处于运行（RUN）状态时，除完成内部处理和通信服务工作外，还要完成输入采样、程序执行、输出刷新工作。

PLC 的扫描工作方式简单、直观，便于程序的设计，并为程序的可靠运行提供了保障。当 PLC 扫描到的指令被执行后，其结果马上就被后面将要扫描到的指令所利用，而且还可通过 CPU 内部设置的监视定时器 WDT（WATCH DOG TIMER）来监视每次扫描是否超过规定时间，避免由于 CPU 内部故障使程序执行进入死循环。

2.2.3 PLC 的工作原理

当 PLC 投入运行后，其工作过程一般分为 3 个阶段，即输入采样、程序执行和输出刷新 3 个阶段。完成上述 3 个阶段称为一个扫描周期。在整个运行期间，PLC 的 CPU 以一定的扫描速度重复执行上述 3 个阶段。PLC 的工作原理示意图如图 2.10 所示。

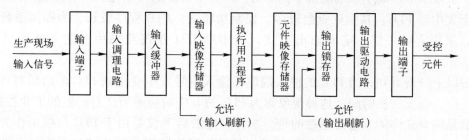

图 2.10 PLC 工作原理示意图

1. 输入采样阶段

在输入采样阶段，PLC 以扫描工作方式按顺序对所有输入端的输入状态进行采样，并存入输入映像寄存器，此时输入映像寄存器被刷新。接着进入程序处理阶段，在程序执行阶段或其他阶段，即使输入状态发生变化，输入映像寄存器的内容也不会改变，输入状态的变化只有在下一个扫描周期的输入处理阶段才能被采样到。

2. 程序执行阶段

在程序执行阶段，PLC 总是按照从上往下、从左往右的顺序依次扫描用户程序。扫描每一条梯形图时，先扫描梯形图左边由各触点构成的控制线路，按先左后右、先上后下的顺序对控制线路进行逻辑运算，当遇到程序跳转指令时，则根据跳转条件是否满足来决定程序是否跳转，当指令涉及 I/O 状态时，PLC 从输入映像寄存器和元器件映像寄存器中读出，根据用户程序进行运算，运算的结果再存入元器件映像寄存器。对于元器件映像寄存器来说，其内容会随程序执行的过程而变化。在用户程序执行过程中，只有输入点在 I/O 映像区内的状态和数据不会发生变化，而其他输出点和软设备在 I/O 映像区或系统 RAM 存储区内的状态和数据都有可能发生变化。位于上面的梯形图，其程序执行结果会对位于下面的用到这些线圈或数据的梯形图产生影响；相反，位于下面的梯形图，其被刷新的逻辑线圈的状态或数据只能到下一个扫描周期才能对位于其上面的程序起作用。

3. 输出刷新阶段

当所有程序执行完毕后，即扫描用户程序结束，PLC 将进入输出刷新阶段。在这一阶段里，PLC 将输出状态寄存器的通断状态送至输出锁存器中，并通过一定的方式（继电器、晶体管或晶闸管）输出，驱动相应输出设备工作。这时才是 PLC 的真正输出。

可见，PLC 在一个扫描周期内，对输入状态的采样只在输入采样阶段进行。当 PLC 进入程序执行阶段后，输入端将被封锁，直到下一个扫描周期的输入采样阶段才对输入状态进行重新采样。这种方式称为集中采样，即在一个扫描周期内，集中一段时间对输入状态进行采样。

在用户程序中，如果对输出结果多次赋值，则只有最后一次有效。在一个扫描周期内，只在输出刷新阶段才将输出状态从输出映像寄存器中输出，对输出接口进行刷新。在其他阶段里，输出状态一直保存在输出映像寄存器中。这种方式称为集中输出。

对于小型 PLC，其 I/O 点数较少，用户程序较短，一般采用集中采样、集中输出的工作方式，虽然在一定程度上降低了系统的响应速度，但 PLC 工作时大多数时间与外部 I/O 设备隔离，从根本上提高了系统的抗干扰能力，增强了系统的可靠性。

对于大中型 PLC，其 I/O 点数较多，控制功能强，用户程序较长，为提高系统响应速度，可以采用定期采样、定期输出方式，或中断 I/O 方式及采用智能 I/O 接口等多种方式。

通过以上分析可知，当 PLC 的输入端现场输入信号发生变化到 PLC 输出端对该输入变化做出反应，需要一段时间，这种现象称为 PLC 的 I/O 响应滞后。对一般的工业控制而言，这种滞后是完全允许的。值得注意的是，这种响应滞后不仅是由于 PLC 扫描工作方式造成的，更主要是 PLC 输入接口的滤波环节带来的输入延迟，以及输出接口中驱动元器件的动作时间带来的输出延迟，同时还与程序设计有关。滞后时间是设计 PLC 应用系统时应注意把握的一个参数。

PLC 的工作原理可归纳为：PLC 是采用"顺序扫描，不断循环"的方式进行工作的；在 PLC 运行时，CPU 根据用户按控制要求编制好并存储于用户存储器中的程序，按指令步序号（或地址号）作周期性循环扫描，如无跳转指令，则从第一条指令开始逐条顺序执行用户程序，直至程序结束；然后重新返回第一条指令，开始下一轮新的扫描；在每次扫描过程中，还要完成对输入信号的采样和对输出状态的刷新等工作。

2.3 任务三 PLC 的编程语言与编程规则

【任务提出】

作为工业控制计算机，PLC 编程语言有几种，各有何特色呢？我们拭目以待。

【相关知识】

PLC 的编程语言可谓 PLC 的灵魂。作为工业控制计算机，PLC 编程语言是面向被控对象和操作者的，易于熟悉继电器控制电路的电气技术人员所掌握。PLC 为用户提供的编程语言主要有梯形图、语句表、功能块图、顺序功能图等。

2.3.1 梯形图语言及其编程规则

1. 梯形图语言（LAD）

梯形图是 PLC 程序设计中最常用的一种编程语言。世界各个 PLC 生产厂家都把梯形图作为第一用户编程语言。梯形图语言继承了继电器控制线路的设计理念，采用图形符号的连接图形式直观形象地表达电气线路的控制过程；它与电气控制线路非常类似，是十分易于理解和使用的语言。

图 2.11 所示为典型电气控制线路与 PLC 梯形图的对应关系。从图 2.11 中可以看到，梯形图形式上沿袭了传统控制图，但简化了符号，而且还加进了许多功能强且使用灵活的指令，将微机的特点结合进去，使得编程容易，而实现的功能却大大超过传统控制图。

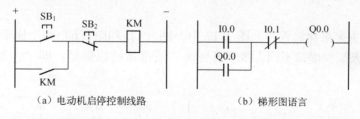

（a）电动机启停控制线路　　　　　　（b）梯形图语言

图 2.11　典型电气控制线路图与 PLC 梯形图

与传统控制图一样，梯形图中每一个元件都有自己的特殊标记，以示区别。同一标记的开关可以反复使用，次数不限，因为每一开关的状态均存入 PLC 内的存储单元中，可以反复读写。这和传统控制不同。传统控制图中每一开关均对应一个物理实体，故使用次数有限。这也是 PLC 区别于传统控制的一大优点。

图 2.11 中符号的含义如下：I0.0 是一个常开输入接点，I0.1 是一个常闭输入接点，Q0.0 表示输出，它可以表示各种形式的输出，既可以表示继电器，也可以表示晶闸管或晶体管，总之是一个通用的符号。但在梯形图中一般均看作是一个继电器，—(Q0.0)—这个符号表示的是就 Q0.0 这个输出继电器的线圈。Q0.0 作为一个输出继电器，除了线圈，它也有自己的触点，包括常开触点与常闭触点。作为 Q0.0 的触点，在梯形图中就是输入量。所以使用中应注意同样是字符 Q0.0，用—(Q0.0)—表示的是输出变量，而用常开常闭触点 Q0.0 表示的则是输入变量。同理，其他内部继电器（即软继电器）也是如此。

2. 梯形图语言的特点

（1）每个梯形图由多个梯级组成。

（2）梯形图中左、右两边的竖线表示假想的逻辑电源。左母线代表电源正极，右母线代表电源负极，当某一梯级的逻辑运算结果为"1"时，表示有假想的电流通过，且此概念电流只能从左向右流，用于分析方便。

（3）继电器控制图中触点是真实存在的，每一线圈只能带一对或几对触点，而梯形图中的元件都是"软元件"，每个元件是映像寄存器中的一位。没有实物与之对应。理论上，梯形图中的线圈可带无数常开或常闭触点，即一旦把继电器的状态放到标志区中后，程序就可反复无限次调用这个变量。

用户程序解算时，输入触点和输出线圈的状态是从 I/O 映像寄存器中读取的，不是解算时现场开关的实际状态。

（4）同一编号的输出继电器线圈只能出现一次，而它的常开、常闭触点可以出现无数次。在程序中，输出继电器既可做输出，亦可做输入。

（5）梯形图中各元件是串行工作的，各元件的动作顺序是按扫描顺序执行的，扫描顺序为从上到下，从左往右。

（6）每一梯级的运算结果，立即被后面的梯级所利用。

（7）输入继电器受外部信号控制，与程序运行结果没有关系，故在梯形图中只出现触点，不出现线圈。

（8）程序结束时应有结束符，用"END"表示。多数情况下，程序编译后会自动生成，但一些特殊情况还需要编者自加。如在 NEZA 系列 PLC 中，若程序中带有子程序，在编写完主程序后，编程人员则应先写入"END"梯级后，再接着编写子程序。

3. 编程技巧

（1）梯形图变换来化简程序。图2.12中，图（a）和图（b）两个梯形图实现的逻辑功能一样，但程序繁简程度却不同。梯形图变换一般遵循的原则是：即"左沉右轻"，"上沉下轻"。

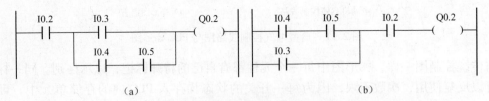

图2.12 梯形图化简示例

（2）应使梯形图的逻辑关系尽量清楚，便于阅读检查和输入程序。图2.13（a）逻辑关系看起来就不够清楚，给编程以及修改程序带来不便，故一般将其改成图2.13（b）形式。改画后的程序虽然指令条数增多，但逻辑关系一目了然，便于阅读和编程。

（3）应避免出现无法编程的梯形图。在一些电气原理图中，为了节约继电器触点，常采用"桥接"支路，交叉实现对线圈的控制，这时有些编程人员在对应编写 PLC 梯形图时，也将触点放在"桥接"支路上，这些触点便画在垂直分支上，这种编写方法是错误的，是无法编制的，如图2.14（a）所示。应该在保证原逻辑关系不变的情况下，进行适当变换，如图 2.14（b）所示。可见，PLC 梯形图的编程不只是简单的继电器原理图的转化，还需要在此基础上，根据编写原则进行修改和完善。

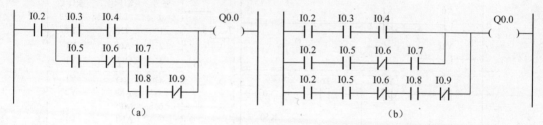

图 2.13　逻辑不清梯形图变换示例

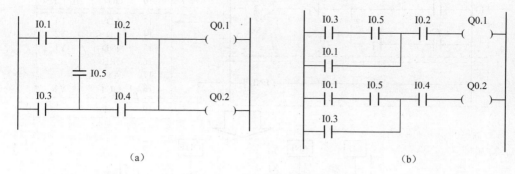

图 2.14　桥式梯形图变换示例

2.3.2　语句表语言（STL）

PLC 语句表是另一种重要的编程语言。这种编程语言形式灵活、简洁，易于编写和识读，适合经验丰富的电气技术人员使用。

相对 PLC 梯形图的直观形象的图示化特色，PLC 语句表正好相反，它的编程最终以"文本"的形式体现。图 2.15 所示为用 PLC 梯形图和 PLC 语句表编写的同一个控制系统的程序。

PLC 语句表是由序号、操作码和操作数构成的。

1. 序号

序号使用数字进行标识，表示指令语句的顺序。

2. 操作码

操作码使用助记符进行标识，也称为编程指令，用于完成 PLC 的控制功能。不同厂家生产的 PLC，其语句表使用的助记符也不相同。

3. 操作数

操作数使用地址编号进行标识，用于指示 PLC 操作数据的地址，相当于梯形图中软继电器的文字标识，不同厂家生产的 PLC 其语句表使用的操作数也有所差异。

PLC 梯形图中的每一条语句都与语句表中若干条语句相对应，且每一条语句中的每一个触点、线圈都与 PLC 语句表中的操作码和操作数相对应，如图 2.15 所示。除此之外，梯形图中的重要分支点，如并联电路块串联、串联电路块并联、进栈、读栈、出栈触点处等，在语句表中也会通过相应指令指示出来。

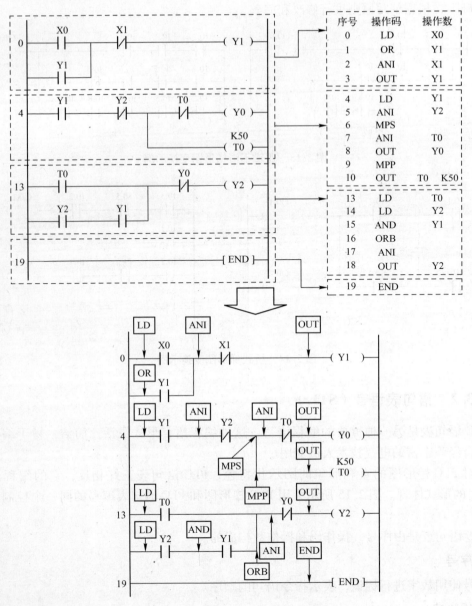

图 2.15 PLC 梯形图与对应语句表

2.3.3 功能块图（FBD）

这是类似于数字逻辑电路的编程语言，适合于有数字电路基础的编程人员使用。该编程语言用类似与门、或门的方框来表示逻辑运算关系，方框的左侧为逻辑运算的输入变量，右侧为输出变量，输入、输出端的小圆圈表示"非"运算，方框由"导线"连接在一起，信号自左向右流动，如图 2.16 所示。国内很少有人使用功能块图语言。

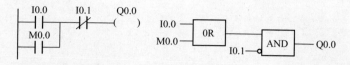

图 2.16 梯形图与功能块图

2.3.4 顺序功能图（SFC）

顺序功能图用来编制顺序控制程序，在模块 5 中将作详细介绍。它提供了一种组织程序的图形方法。步、转移和动作是顺序功能图中三种主要的元件，用来描述开关量控制系统的功能。

习 题 2

2.1 可编程序控制器的硬件主要由哪几部分组成？试述各部分的功能。

2.2 试述可编程序控制器的工作原理。

2.3 根据输出接口电路开关器件的不同，PLC 的输出方式有哪几种？各有什么特点？

2.4 简要说明 PLC 的工作特点。

第二部分 S7-200 系列 PLC 的构成与指令系统

模块 3 S7-200 系列 PLC 的构成

知识目标

(1) 掌握 S7-200 系列 PLC 的外部结构及各部件的作用;

(2) 掌握 S7-200 系列 PLC 的内存结构及寻址方法。

能力目标

(1) 能熟练操作 STEP7-Micro/WIN 软件进行编程、调试、监控;

(2) 能正确进行 PLC 系统的输入、输出电路接线;

(3) 能根据控制要求,进行 PLC 的合理选型。

3.1 任务一 S7-200 系列 PLC 的硬件

【任务提出】

SIMATIC S7-200 系列 PLC 是德国西门子(Siemens)公司生产的具有高性能价格比的小型紧凑型可编程序控制器,它结构小巧,运行速度高,可以单机运行,也可以输入/输出扩展,还可以连接功能扩展模块和人机界面,很容易地组成 PLC 网络。同时它还具有功能齐全的编程和工业控制组态软件,使得在采用 S7-22X 系列 PLC 来完成控制系统的设计时更加简单,系统的集成非常方便,几乎可以完成任何功能的控制任务。因此它在各行各业中的应用得到迅速推广,在规模不太大的控制领域是较为理想的控制设备。

SIMATIC 系列 PLC 有 S7-400 系列、S7-300 系列、S7-200 系列三种,分别为 S7 系列的大、中、小型 PLC 系统。S7-200 系列 PLC 因其结构简单、使用方便得以广泛应用,其系统结构有哪些特点呢?

【相关知识】

3.1.1 S7-200 系列 PLC 系统结构

S7-200 系列 PLC 系统的配置方式采用整体加积木式结构,根据控制规模、控制要求选择主机和扩展各种功能模块以及通信模块、网络设备、人机界面等。S7-200 系列 PLC 系统基本构成如图 3.1 所示。

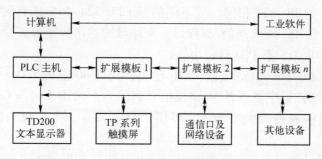

图 3.1　系统的组成

1. S7-200 系列 PLC 的主机

PLC 的主机即主机基本单元（CPU 模块），也简称为本机。它包括 CPU、存储器、基本输入/输出点和电源等，是 PLC 的主要部分。目前 S7-200CPU 有 CPU21X 和 CPU22X 两个系列。CPU21X 包括 CPU 212、CPU 214、CPU 215 和 CPU 216，是第一代的产品，主机都可进行扩展，本书对第一代 PLC 产品不予介绍。

2. S7-200 CPU 外形

S7-200 系统 CPU 22X 系列 PLC 主机的外形如图 3.2 所示。

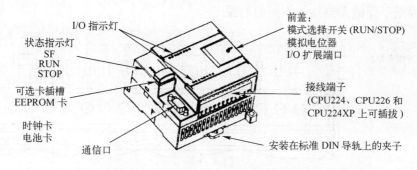

图 3.2　CPU 22X 系列 PLC 主机的外形

3. CPU 22X 的规格

CPU 22X 包括 CPU 221、CPU 222、CPU 224、CPU 226 和 CPU 226XM。CPU 22X 是第二代产品，具有速度快，通信能力强等特点。它有四种不同结构配置的 CPU 单元。

（1）CPU 221。CPU 221 集成 6 输入/4 输出，共计 10 个点的 I/O，无 I/O 扩展能力，有 6KB 程序和数据存储空间，4 个独立的 30kHz 高速计数器，2 路独立的 20kHz 高速脉冲输出端，1 个 RS-485 通信/编程口，具有 PPI 通信协议、MPI 通信协议和自由通信方式，它非常适合于点数小的控制系统。

（2）CPU 222。CPU 222 集成有 8 输入/6 输出，共计 14 点 I/O，可以连接 2 个扩展模块。

（3）CPU 224。它集成 14 输入/10 输出点，共计 24 点的 I/O。与前两者相比，存储容量扩大了一倍，它可以有 7 个扩展模块，最大可扩展为 168 点数字量或者 35 路模拟量的输入和输出点，有内置时钟，它有更强的模拟量和高速计数的处理能力，存储容量也进一步增加，是使用得更多的 S7 - 200 产品。CPU 224 还有一种新型产品，型号为 CPU 224XP，它的 I/O 点数、扩展能力与 CPU 224 相同，所不同的是 CPU 224XP 集成有两路模拟量输入，一路模拟量输出，有 2 个 RS - 485 通信/编程口，高速脉冲输出频率提高到 100kHz，两相高速计数器频率提高到 100kHz，有 PID 整定功能。

（4）CPU 226。CPU 226 集成 24 输入/16 输出，共计 40 点的 I/O，可连接 7 个扩展模块，最大可扩展为 248 点数字量或者 35 路模拟量的输入和输出点。与 CPU 224 相比，增加了通信口的数量，通信能力大大增加。它可用于点数较多、要求更高的小型或中型控制系统。

（5）CPU 226XM。西门子公司新推出的一种增强型的 CPU 主机，它在用户程序存储容量上扩大到 8KB 字节，其他指标和 CPU 226 相同。

4. CPU 22X 的 I/O 点和特点

一般 PLC 的输出有晶体管、继电器和晶闸管三种方式，CPU 22X 主机的输入点为 24V 直流双向光电耦合输入电路，而输出只有继电器和直流（MOS 型）两种类型，且具有不同的电源电压和控制电压。例如 CPU 224，主机共有 I0.0 ~ I0.7、I1.0 ~ I1.5 14 个输入点和 Q0.0 ~ Q0.7、Q1.0 ~ Q1.1 10 个输出点。CPU 224 输入/输出端子图如图 3.3 所示，输入电路采用了双向光电耦合器，24V 直流极性可任意选择，成组输入公共端为 1M、2M。在晶体管输出电路中采用了 MOSFET 功率驱动器件，并将输出分为两组，成组输出公共端为 1L、2L，负载可根据不同的需要接入不同的电源。

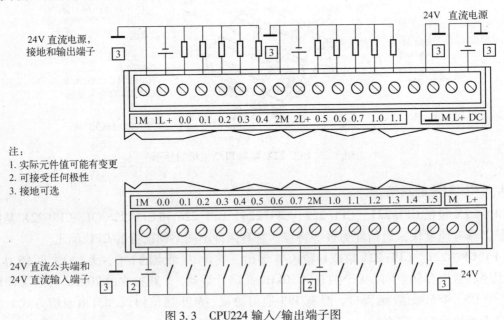

图 3.3　CPU224 输入/输出端子图

CPU 22X 还具有 30kHz 的高速计数器，可对增量式编码器的两个互差 90°的脉冲序列计数，计数值等于设定值或计数方向改变时产生中断，在中断程序中可及时对输出进行操作。两个 20kHz 脉冲输出可用以驱动步进电机以实现准确定位任务。超级电容和电池模块用于长时间保存数据，用户数据可通过主机的超级电容存储 190 小时，使用电池模块数据存储时间可达 200

天。RS－485 串行通信口的外部信号与逻辑电路之间不隔离，支持 PPI、DP/T 自由通信口协议和 PROFIBUS 点对点协议。通信接口可用于与运行编程软件的计算机通信，与人机接口 TD200 和 OP 通信，以及与 S7－200 CPU 之间的通信。它还可以用普通输入端子捕捉比 CPU 扫描周期更快的脉冲信号，利用中断输入，允许以极快的速度对信号的上升沿做出响应。实时时钟可用以信息加注时间标记，记录机器运行时间或对过程进行时间控制。CPU 222 及以上 CPU 还具有 PID 控制和扩展的功能，内部资源及指令系统更加丰富，功能更加强大。

5. 存储系统

S7－200 CPU 存储系统由 RAM 和 EEPROM 两种类型存储器构成。在 CPU 模块内，配备了一定容量的 RAM 和 EEPROM。当 CPU 主机单元模块的存储器容量不够时，可通过增加 EEPROM 卡的方法扩展系统的存储容量。存储系统如图 3.4 所示。

S7－200 PLC 的程序一般由三部分组成：用户程序、数据块和参数块。用户程序是必不可少的，是程序的主体；数据块是用户程序在执行过程中所用到的和生成的数据；参数块是指 CPU 的组态数据。数据块和参数块是程序的可选部分。

存储器用以存储用户程序、CPU 组态、程序数据等。当执行下载用户程序时，用户程序、数据和组态配置参数由上位机（个人计算机）送入主机的存储器 RAM 中，主机自动地把这些内容装入 EEPROM 以永久保存；当执行上载用户程序时，RAM 中的用户程序、CPU 组态和数据通过

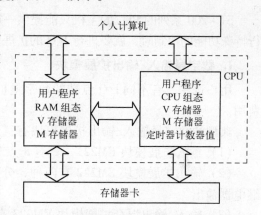

图 3.4　存储系统

通信设备上装到上位机中，并可进行程序检查和修改；系统掉电时，自动将 RAM 中 V 和 M 存储器的内容保存到 EEPROM；上电恢复时，用户程序、CPU 组态、程序数据自动从 EEP-ROM 永久保存区送到 RAM 中，如果 V 和 M 存储区内容丢失时，EEPROM 永久保存区的数据会复制到 RAM 中。

S7－200 CPU 模块还支持可选的 EEPROM 存储器卡，它是扩展卡，还有电池和时钟卡等模块。EEPROM 存储模块用于用户程序的复制。

6. 主机电源

S7－200 系列的 CPU 单元有一个内部电源，它为 CPU 模块、扩展模块和 24V DC 用户供电。CPU 模块中 24V DC 传感器电源，它为本机的输入点或扩展模块的继电器线圈提供电源，如果要求的负载电流大于该电源的额度值，应增加一个 24V DC 电源为扩展模块供电，CPU 模块中 24V DC 传感器电源不能与外部电源并联。CPU 模块为扩展模块提供 5V DC 电源，如果扩展模块对 5V DC 电源的需求超过其额定值，必须减少扩展模块。主机电源的技术指标如表 3-1 所示。

表 3-1　主机电源的技术指标

特　　性	24V DC 电源	AC 电源
电源电压允许范围	20.4 ~ 28.8V	85 ~ 264V, 47 ~ 63Hz
冲击电流	10A, 28.8V	20A, 254V

特　　性	24V DC 电源	AC 电源
隔离（输入电源到逻辑电路）	不隔离	耐压，1500V
断开电源后的保持时间	10ms，24V	80ms，240V
24V DC 传感器电源输出	不隔离	不隔离
电压范围	15.4～28.8V	20.4～28.8V
纹波噪声	同电源电压	峰－峰值＜1V
电源的内部熔断器（用户不能更换）	3A，250V，慢速熔断	2A，250V，慢速熔断

3.1.2　S7－200 系列 PLC 的扩展模块

S7－200 系列的 PLC 的主机只能提供一定数量的本机 I/O，如果本机的点数不够或需要进行特殊功能的控制时，就要进行 I/O 的扩展。I/O 扩展包括 I/O 点数的扩展和功能块的扩展。

1. 数字量输入/输出扩展模块

用户选用具有不同 I/O 点数的数字量扩展模块，可以满足不同的控制需要，以节约投资费用。

典型的数字量输入/输出扩展模块有：

（1）输入扩展模块 EM221，具有 8 点 24V DC 输入。

（2）输出扩展模块 EM222 有两种，分别为 8 点 DC 晶体管（固态 MOSFET）输出，8 点继电器输出。

（3）输入/输出混合扩展模块 EM223 有六种，分别为 4 点数字量 24V DC 输入、4 点数字量 24V DC 输出（固态）；4 点数字量 24V DC 输入、4 点数字量继电器输出；8 点数字量 24V DC 输入、8 点数字量 24V DC 输出（固态）；8 点数字量 24V DC 输入、8 点数字量继电器输出；16 点数字量 24V DC 输入、16 点数字量 24V DC 输出（固态）；16 点数字量 24V DC 输入、16 点数字量继电器输出。

2. 功能扩展模块

当需要完成某些特殊功能的控制任务时，CPU 主机可以扩展特殊功能模块。如在工业控制中，某些输入量（压力、温度、转速、流量等）是模拟量，执行机构也需要模拟量，而 PLC 只能处理数字量，这就需要把由传感器和变送器送来的模拟量经功能扩展模块处理成数字量给主机，再由主机通过特殊功能模块处理，输出模拟量去控制现场设备。典型的特殊功能模块有：

（1）模拟量输入扩展块 EM231 有三种：4 路模拟量输入（12 位的 A/D 转换）、2 路热电阻输入和 4 路热电偶输入。

（2）模拟量输出扩展模块 EM232 具有两路模拟量输出。

（3）模拟量输入/输出扩展模块 EM235 具有 4 路模拟量输入，1 路模拟量输出（占用 2 路输入地址），12 位的 A/D 转换。

（4）特殊功能模板。特殊功能模块有 EM253 位置控制模板、EM277Profibus－DP 通信模块、EM241 调制解调器模块、CP243－1 以太网模块、SIMATIC NET CP243－2 AS－I 通信处理器模块等。

3. I/O 点数扩展和编址

S7－200 系列的 PLC 的主机只能提供有固定的地址和数量的 I/O，需要扩展时，可以在 CPU 右边连接多个扩展模块，每个扩展模块的组态地址编号取决于各模块的类型和该模块在 I/O 链中所处的位置，同类型输入或输出点的模块进行顺序编址，编址方法是同样类型输入或输出点的模块在链中按与主机的位置而递增，其他类型模块的有无以及所处的位置不影响本类型模块的编号。CPU 分配给数字量 I/O 模块的地址以字节为单位（长度为 8 位），本模块未用位不能分配给 I/O 链的后续模块。对于输入模块，每次更新输入时都将输入字节中未用的位清零，因此不能把它们用作内部存储器标志位。对于模拟量的模块，输入/输出以 2 个字递增方式来分配空间。不同的 CPU 有不同的扩展规范，它主要受 CPU 的功能限制。在使用时可参考 SIEMENS 的系统手册。

例如，某一控制系统选用 CPU 224，系统所需的输入/输出点数为：数字量输入 24 点、数字量输出 20 点、模拟量输入 6 点和模拟量输出 2 点。本系统可有多种不同模块的选取组合，并且各模块在 I/O 链中的位置排列方式也可能有多种，图 3.5 所示为其中的一种模块连接方式。表 3-2 列出了其对应的各模块的编址情况。

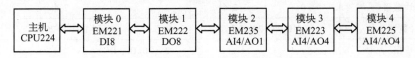

图 3.5 模块连接方式

表 3-2 各模块的编址

主机 I/O	模块 0 I/O	模块 1 I/O	模块 2 I/O	模块 3 I/O	模块 4 I/O
I0.0 Q0.0	I2.0	Q2.0	AIW0 AQW0	I3.0 Q3.0	AIW08 AQW4
I0.1 Q0.1	I2.1	Q2.1	AIW2	I3.1 Q3.1	AIW10
I0.2 Q0.2	I2.2	Q2.2	AIW4	I3.2 Q3.2	AIW12
I0.3 Q0.3	I2.3	Q2.3	AIW6	I3.3 Q3.3	AIW14
I0.4 Q0.4	I2.4	Q2.4			
I0.5 Q0.5	I2.5	Q2.5			
I0.6 Q0.6	I2.6	Q2.6			
I0.7 Q0.7	I2.7	Q2.7			
I1.0 Q1.0					
I1.1 Q1.1					
I1.2					
I1.3					
I1.4					
I1.5					

3.2 任务二 S7－200 系列 PLC 的性能

PLC 主机及其他模块的技术性能指标是设计和选用 PLC 应用系统的主要参考依据。

S7 – 200 的 CPU 22X 系列的主要技术性能指标见表 3–3 所示。

表 3–3   S7 – 200 CPU 22X 系列的主要技术性能指标

特　　性		CPU 221	CPU 222	CPU 224	CPU 224XP	CPU 226
尺寸（mm）		90×80×62		120.5×80×62	190×80×62	190×80×62
功耗（W）		DC/3 继电器（6个）	DC/5 继电器（7个）	DC/7 继电器（10个）	DC/8 继电器（11个）	DC11 继电器（17个）
用户程序存储容量		4KB		8KB	12KB	16KB
数据存储器容量		2KB		8KB	10KB	
掉电数据 保存时间	内置超级电容	50 小时		100 小时		
	外插电池卡	连续使用 200 天				
本机 I/O	数字量	6/4	8/6	14/10		24/16
	模拟量	无			2/1	无
I/O 映像区	数字量	256（128/128）				
	模拟量	无	32（16/16）		64（32/32）	
扩展模块数量		0	2个	7个		
高速计数器		4H/W（20kHz）		6 H/W（20kHz）		
脉冲输出		2（20kHz, DC）				
定时器		256（1ms×4, 10ms×16, 100ms×236）				
计数器		256				
中间存储器（位）		256（118 可存入 EEPROM）				
时间中断		特殊存储器中断×2（精度 1ms）+ 定时器中断×2				
硬件输入中断		4 上升沿和/或 4 下降沿				
模拟电位器		1（8 位精度）		2（8 位精度）		
实时时钟		另配外插时钟/电池卡		内置		
可配外插卡		存储卡、电池卡、时钟/电池卡		存储卡、电池卡		
逻辑指令执行时间		0.22μs				
通信接口		RS – 485×1			RS – 485×2	
PPI、MPI/波特率		9.6、19.2、187.5KB				
自由口通信速率		1.2 ~ 115.2Kb/s				
供电能力	5V（DC）	0 mA	340 mA	660 mA		1000 mA
	24V（DC）	180 mA	180 mA	280 mA		400 mA

3.3   任务三   S7 – 200 系列 PLC 的编程元件及寻址方法

【任务提出】

S7 – 200 CPU 的存储器是如何编址的？又是如何寻址的？研究编址的意义何在？

【相关知识】

3.3.1 数据存储类型

S7 - 200 CPU 内部元器件的功能相互独立,在数据存储器中都有一个地址,可依据存储器地址来存储数据。

1. 数据长度

计算机中使用的都是二进制数,在 PLC 中,通常使用位、字节、字、双字来表示数据,它们占用的连续位数称为数据长度。

二进制的 1 位 (bit) 只有 "0" 和 "1" 两种不同的取值,在 PLC 中一个位可对应一个继电器或开关,继电器的线圈得电或开关闭合,相应的状态位为 "1";若继电器的线圈失电或开关断开,其对应位为 "0"。

8 位二进制数组成一个字节 (Byte),其中的第 0 位为最低位 (LSB),第 7 位为最高位 (MSB)。两个字节组成一个字 (Word),在 PLC 中又称为通道,即一个通道由 16 位继电器组成。两个字组成一个双字 (Double Word)。一般用二进制补码表示有符号数,其最高位为符号位,最高位为 0 时为正数,最高位为 1 时为负数。

2. 数据类型及范围

S7 - 200 系列 PLC 数据类型主要有布尔型 (BOOL)、整数型 (INT) 和实数型 (RE-AL)。布尔逻辑型数据是由 "0 " 和 " 1 " 构成的字节型无符号的整数;整数型数据包括 16 位单字和 32 位有符号整数;实数型数据又称为浮点型数据,它采用 32 位单精度数来表示。数据类型、长度及范围见表 3-4。

表 3-4 数据类型、长度及范围

基本数据类型	无符号整数表示范围		基本数据类型	有符号整数表示范围	
	十进制表示	十六进制表示		十进制表示	十六进制表示
字节 B (8 位)	0 ~ 255	0 ~ FF	字节 B (8 位) 只用于 SHRB 指令	-128 ~ 127	80 ~ 7F
字 W (16 位)	0 ~ 65535	0 ~ FFFF	INT (16 位)	-32768 ~ 32767	8000 ~ 7FFF
双字 D (32 位)	0 ~ 4294967295	0 ~ FFFFFFFF	DINT (32 位)	-2147483648 ~ 2147483647	80000000 ~ 7FFFFFFF
BOOL (1 位)	0 ~ 1				
实数 (32 位)	-3.4×10^{38} ~ 3.4×10^{38} (IEEE32 浮点数)				

3. 常数

在编程中经常会使用常数。常数根据长度可分为字节、字和双字。在机器内部的数据都以二进制存储,但常数的书写可以用二进制、十进制、十六进制、ASCII 码或实数等多种形式。几种常数形式见表 3-5。

表 3-5 常数表示方法

进 制	书 写 格 式	举 例
十进制	十进制数值	12345
十六进制	16#十六进制值	16#8AC
二进制	2#二进制值	2#1010 0011 1101 0001
ASCII 码	'ASCII 码文本'	'good'
浮点数	ANSI/IEEE 754 – 1985 标准	+ 1.175495E – 38 到 + 3.402823E + 38
		– 1.175495E – 38 到 –3.402823E + 38

3.3.2 数据的编址方式

数据存储器的编址方式主要是对位、字节、字、双字进行编址。

1. 位编址

位编址的方式为：（区域标志符）字节地址. 位地址，如 I3.4、Q1.0、V3.3。I3.4，其中的区域标识符"I"表示输入，字节地址是 3，位地址为 4。

2. 字节编址

字节编址的方式为：（区域标志符）B 字节编址，如 IB1 表示输入映像寄存器由 I1.0 ~ I1.7 这 8 位组成。

3. 字编址

字编址的方式为：（区域标志符）W 起始字节地址，最高有效字节为起始字节，如 VW100 包括 VB100 和 VB101，即表示由 VB100 和 VB101 这两个字节组成的字。

4. 双字编址

双字编址的方式为：（区域标志符）D 起始字节地址，最高有效字节为起始字节，如 VD100 表示由 VB100 ~ VB103 这 4 个字节组成的双字。

3.3.3 PLC 内部元器件及编址

在 S7 – 200 PLC 的内部元器件包括输入映像寄存器（I）、输出映像寄存器（Q）、变量存储器（V）、位存储器（M）、顺序控制继电器（S）、特殊存储器（SM）、局部存储器（L）、定时器（T）、计数器（C）、模拟量输入映像寄存器（AI）、模拟量输出映像寄存器（AQ）、累加器（AC）、高速计数器（HC）。

1. 输入映像寄存器（I）

S7 – 200 的 PLC 输入映像寄存器又称输入继电器。在每个扫描周期的开始，PLC 对各输入点进行采样，并把采样值送到输入映像寄存器。PLC 在接下来的本周期各阶段不再改变输入映像寄存器中的值，直到下一个扫描周期的输入采样阶段。

每个输入继电器都有一个 PLC 的输入端子对应，它用于接收外部的开关信号。当外部的开关信号闭合，则输入继电器的线圈得电，在程序中其常开触点闭合，常闭触点断开。这些触点可以在编程时任意使用，使用次数不受限制。

输入映像寄存器可按位、字节、字、双字等方式进行编址，如 I0.2、IB3、IW4、ID0。

S7 – 200 的 PLC 输入映像寄存器的区域有 IB0 ~ IB15 共 16 个字节单元，输入映像寄存器按位操作，每一位代表一个数字量的输入点。如 CPU224 的基本单元有 14 个数字量的输入点：I0.0 ~ I0.7、I1.0 ~ I1.5 占用了两个字节 IB0、IB1。

2. 输出映像寄存器（Q）

S7 – 200 的 PLC 输出映像寄存器又称为输出继电器，每个输出继电器都有一个 PLC 上的输出端子对应。当通过程序使得输出继电器线圈得电时，PLC 上的输出端开关闭合，它可以作为控制外部负载的开关信号；同时在程序中其常开触点闭合，常闭触点断开，这些触点可以在编程时任意使用，使用次数不受限制。

在每个扫描周期的输入采样、程序执行等阶段，并不把输出结果信号直接送到输出继电器，而只是送到输出映像寄存器，只有在每个扫描周期的末尾才将输出映像寄存器中的结果信号几乎同时送到锁存器，对输出点进行刷新。实际未用的输出映像区可做他用，用法与输入继电器相同。

输出映像寄存器可按位、字节、字、双字等方式进行编址，如 Q0.2、QB3、QW4、QD0。S7 – 200 的 PLC 输出映像寄存器的区域有 QB0 ~ QB15 共 16 个字节单元，输出映像寄存器按位操作，每一位代表一个数字量的输出点。如 CPU224 的基本单元有 10 个数字量的输出点：Q0.0 ~ Q0.7、Q1.0 ~ Q1.1 占用了两个字节 QB0、QB1。

3. 内部位存储器（M）

位存储器也称为辅助继电器或通用继电器。它如同继电控制接触系统中的中间继电器，用来存储中间操作数或其他控制信息。在 PLC 中没有输入输出端与之对应，因此辅助继电器的线圈不直接受输入信号的控制，其触点不能驱动外部负载。

位存储器可按位、字节、字、双字来存取数据。如 M25.4、MB1、MW12、MD30。

S7 – 200 的 PLC 位存储器的寻址区域为 M0.0 ~ M31.7。

4. 特殊存储器（SM）

特殊存储器为 CPU 与用户程序之间传递信息提供了一种交换。用户可以用这些选择和控制 S7 – 200 CPU 的一些特殊功能，可以按位、字节、字或双字的形式来存取。

用户可以通过特殊标志来沟通 PLC 与被控对象之间的信息，如可以读取程序运行过程中的设备状态和运算结果信息，利用这些信息用程序实现一定的控制动作，用户也可通过直接设置某些特殊标志继电器位来使设备实现某种功能。例如，

SM0.1：仅在第一个扫描周期为"1"状态，常用来对程序进行初始化，属只读型。

SM0.5：提供 1s 的时钟脉冲，属只读型。

SM36.5：HC0 当前计数方向控制，置位时，递增计数，属可写型。

其他常用特殊标志继电器的功能可以查阅相关手册。

5. 变量存储器（V）

变量存储器用来存储全局变量、存放程序执行过程中控制逻辑操作的中间结果、保存与工序或任务相关的其他数据。变量存储器全局有效，即同一个存储器可以在任一程序分区中被访问。

变量存储器可按位、字节、字、双字使用。变量存储器有较大的存储空间，CPU 221/CPU 222 有 V0.0 ~ V2047.7 的 2KB 存储容量；CPU 224/CPU 226 有 V0.0 ~ V5119.7 的 5KB

存储容量。

6. 局部变量存储器（L）

局部变量存储器用来存放局部变量，类似变量存储器 V，但全局变量是对全局有效，而局部变量只和特定的程序相关联，是局部有效。S7 – 200 PLC 提供 64 个字节的局部存储器，编址范围为 L0.0 ~ L63.7，其中 60 个可以作为暂时存储器或给子程序传递参数，最后 4 个是系统为 STEP7 – Micro/WIN V4.0 等软件所保留。

局部变量存储器可按位、字节、字、双字使用。PLC 运行时，根据需要动态地分配局部存储器：在执行主程序时，分配给子程序或中断程序的局部变量存储区是不存在的，当子程序调用或出现中断时，需要为之分配局部存储器，新的局部存储器可以是曾经分配给其他程序块的同一个局部存储器。不同程序的局部存储器不能互相访问。

7. 顺序控制继电器（S）

顺序控制继电器（SCR）用于机器的顺序控制或步进控制。它可按位、字节、字、双字使用，有效编址范围为 S0.0 ~ S31.7。

8. 定时器（T）

定时器相当于继电 – 接触器控制系统中的时间继电器，是 PLC 中累计时间增量的重要编程元件。自动控制的大部分领域都需要定时器进行延时控制，灵活地使用定时器可以编制出动作要求复杂的控制程序。

PLC 中的每个定时器都有 1 个 16 位有符号的当前值寄存器，使用时要提前输入时间预设值。当定时器的输入条件满足且开始计时时，当前值从 0 开始按一定的时间单位增加；当定时器的当前值达到预设值时，定时器动作，此时它的常开触点闭合，常闭触点断开，利用定时器的触点就可以得到控制所需要的延时时间。

S7 – 200 PLC 定时器的精度有 3 种：1ms、10ms 和 100ms，有效范围为 T0 ~ T255。

9. 计数器（C）

计数器用来累计输入脉冲的次数，其结构与定时器类似，使用时要提前输入它的设定值（计数的个数），通常设定值在程序中赋予，有时也可根据需求在外部进行设定。S7 – 200 PLC 提供 3 种类型的计数器：加计数器、减计数器、加减计数器，有效范围为 C0 ~ C255。

当输入触发条件满足时，计数器开始累计它的输入端脉冲电位上升沿（正跳变）的次数。当计数器计数达到预定的设定值时，其常开触点闭合，常闭触点断开。

10. 高速计数器（HSC）

高速计数器的工作原理与普通计数器基本相同，它用来累计比主机扫描速度更快的高速脉冲。高速计数器的当前值为双字长（32 位）的有符号整数，且为只读值。单脉冲输入时，计数器最高频率达 30kHz，CPU 221/CPU 222 提供了 4 路高速计数器 HC0，HSC3 ~ HSC5，CPU 224/CPU 226/CPU 226XM 提供了 6 路高速计数器 HC0 ~ HC5；双脉冲输入时，计数器最高频率达 20kHz，CPU 221/CPU 222 提供了 2 路高速计数器 HSC0、HSC1，CPU 224/CPU 226/CPU 226XM 提供了 4 路高速计数器 HSC0 ~ HSC3。

11. 模拟量输入映像寄存器（AI）

S7 – 200 PLC 模拟量输入模块能将现场连续变化的模拟量用 A/D 转换器转换为 1 个字长

的数字量，并存入模拟量输入映像寄存器中，供 CPU 处理。在模拟量输入寄存器中，1 个模拟量等于 16 个数字量，即 2 个字节，因此从偶数号字节进行编址来存取转换过的模拟量值，如：AIW0、AIW2、AIW4、AIW8 等。

模拟量输入寄存器只读取数据，模拟量转换的实际精度为 12 位。CPU 221 没有模拟量输入寄存器，CPU 222 的有效地址范围为 AIW0 ~ AIW30；CPU 224/CPU 226/CPU 226XM 的有效地址范围为 AIW0 ~ AIW62。

12. 模拟量输出映像寄存器（AQ）

S7 – 200 PLC 模拟量输出模块能将 CPU 已运算好的 1 个字长的数字量转换为模拟量，并存入模拟量输出映像寄存器中，供驱动外部设备使用。在模拟量输出寄存器中，1 个模拟量等于 16 位数字量，即 2 个字节，因此从偶数号字节进行编址来存取转换过的模拟量值，如：AQW0、AQW2、AQW4、AQW8 等。

模拟量输出寄存器只写数据，模拟量转换的实际精度为 12 位。CPU221 没有模拟量输出寄存器，CPU 222 的有效地址范围为 AQW0 ~ AQW30；CPU 224/CPU 226/CPU 226XM 的有效地址范围为 AQW0 ~ AQW62。

13. 累加器（AC）

累加器是用来暂存数据、计算的中间数据和结果数据、子程序传递参数、从子程序返回参数等的寄存器，它可以像存储器一样使用读/写存储区。S7 – 200 PLC 提供 4 个 32 位累加器，分别为 AC0、AC1、AC2、AC3，使用时可按字节、字、双字的形式存取累加器中的数据。按字节或字为单位存取时，累加器只使用了低 8 位或低 16 位，被操作数据的长度取决于访问累加器时所使用的指令。

3. 3. 4 S7 – 200 CPU 存储器区域的寻址方式

S7 – 200 将信息存储在不同的存储单元中，每个存储单元都有唯一的地址，S7 – 200 CPU 使用数据地址访问所有的数据，称为寻址。指令参与的操作数据或操作数据地址的方法，称为寻址方式。S7 – 200 系列的 PLC 有立即数寻址、直接寻址和间接寻址 3 种方式。

1. CPU 存储区域的立即数寻址

数据在指令中以常数形式出现，取出指令的同时也就取出了操作数，这种寻址方式称为立即数寻址方式。CPU 以二进制方式存储常数，常数可分为字节、字、双字数据，指令中还可用十进制、十六进制、ASCII 码或浮点数来表示。

2. CPU 存储区域的直接寻址

在指令中直接使用存储器或寄存器的元件名称、地址编号来查找数据，这种寻址方式称为直接寻址。直接寻址可以按位、字、字节、双字直接寻址，S7 – 200 PLC 直接寻址的内部元器件符号见表 3-6。

表 3-6 PLC 寻址的内部元器件符号

元件符号（名称）	所在数据区域	位寻址格式	其他寻址格式
I（输入继电器）	数字量输入映像位区	$A_{x.y}$	AT_x
Q（输出继电器）	数字量输出映像位区	$A_{x.y}$	AT_x

元件符号（名称）	所在数据区域	位寻址格式	其他寻址格式
M（位存储器）	位存储器标志位区	$A_{x.y}$	AT_x
SM（特殊存储器）	特殊存储器标志位区	$A_{x.y}$	AT_x
S（顺序控制继电器）	顺序控制继电器存储器区	$A_{x.y}$	AT_x
V（变量存储器）	变量存储器区	$A_{x.y}$	AT_x
L（局部变量存储器）	局部存储器区	$A_{x.y}$	AT_x
T（定时器）	定时器存储器区	A_y	AT_x
C（计数器）	计数器存储器区	A_y	无
AI（模拟量输入映像寄存器）	模拟量输入存储器区	无	ATx
AQ（模拟量输出映像寄存器）	模拟量输出存储器区	无	ATx
AC（累加器）	累加器区	无	A_y)
HC（高速计数器）	高速计数器区	无	A_y

表 3-8 中，A 为元件名称，即该数据在数据存储器中的区域地址。T 为数据类型，若为位寻址，则无该项，若为字节、字或双字寻址，则 T 的取值应分别为 B、W 和 D。

x 为字节地址；y 为字节内的位址，只有位寻址才有该项。

（1）位寻址方式。位寻址是指明存储器或寄存器的元件名称、字节地址和位号的一种直接寻址方式。按位寻址时的格式为：$A_{x.y}$，图 3.6 所示是输入继电器的位寻址方式举例。可以进行位寻址的编程元件有：输入继电器（I）、输出继电器（Q）、位存储器（M）、特殊存储器（SM）、局部变量存储器（L）、变量存储器（V）和顺序控制继电器（S）。

图 3.6　CPU 存储器中位数据表示方法和位寻址方式

（2）字节、字和双字的寻址方式。CPU 直接访问字节、字、双字数据时，必须指明数据存储区域、数据长度和存储区域的起始地址。当数据长度为双字时，最高有效字节为起始字节。对变量存储器 V 的数据操作见图 3.7 所示。

按字节寻址的元器件有：I、Q、M、SM、S、V、L、AC、常数。

按字寻址的元器件有：I、Q、M、SM、S、T、C、V、L、AC、常数。

按双字寻址的元器件有：I、Q、M、SM、S、V、L、AC、HC、常数。

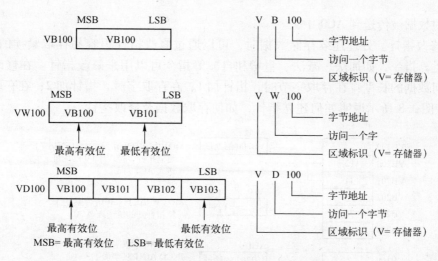

图 3.7　字节、字、双字的寻址方式

（3）特殊元器件的寻址方式。存储区内另有一些元件是有一定功能的器件，由于元件数量很少，所以不用指出它们的字节，而是直接写出其编号。这类元件包括：定时器（T）、计数器（C）、高速计数器（HC）和累加器（AC）。其中 T、C 和 HC 的地址编号中各包含两个相关变量信息，如 T1，既表示 T1 定时器位状态，又表示此定时器的当前值。累加器（AC）用来暂存数据，如运算数据、中间数据和结果数据，数据长度可以是字节、字和双字，使用时只表示出累加器的地址编号，如 AC2，数据长度取决于进出 AC2 的数据的类型。

3. CPU 存储器区域的间接寻址

数据存放在存储器或寄存器中，在指令中只出现所需数据所在单元的内存地址，需通过地址指针（存储单元地址的地址又称为地址指针）来存取数据，这种寻址方式称为间接寻址。在 S7 – 200 CPU 中允许使用指针进行间接寻址的元器件有：I、Q、V、M、S、T、C。其中 T 和 C 仅仅是当前值可以进行间接寻址，而对独立的位值和模拟量不能进行间接寻址。

使用间接寻址方式存取数据的过程如下。

（1）建立指针。使用间接寻址对某个存储器单元读、写时，首先建立地址指针。指针为双字长，是所要访问的存储器单元的 32 位的物理地址。可作为指针的存储区有：变量存储器（V）、局部变量存储器（L）和累加器（AC1、AC2、AC3）。必须用双字传送指令（MOVD），将存储器所要访问单元的地址装入用来作为指针的存储器单元或寄存器，装入的是地址而不是数据本身，格式如下：例如，

    MOVD　&VB100，VD204
    MOVD　&VB10，AC2
    MOVD　&C2，LD16

其中，"&" 为地址符号，它与单元编号结合表示所对应单元的 32 位物理地址；VB100 只是一个直接地址编号，并不是它的物理地址。指令中的第二个地址数据长度必须是双字长，如：VD、LD 和 AC 等。

（2）用指针来存取数据。在操作数的前面加 " ∗ " 表示该操作数为一个指针。如图 3.8 所示，AC1 为指针，用来存放要访问的操作数的地址。在这个例子中，存于 VB200、

VB201 中的数据被传送到 AC0 中去。

（3）修改指针。处理连续存储数据时，可以通过修改指针很容易存取紧挨的数据。简单的数学运算指令，如加法、减法、自增和自减等指令可以用来修改指针。在修改指针时，要记住访问数据的长度：在存取字节时，指针加 1；在存取字时，指针加 2；在存取双字时，指针加 4。图 3.8 所示说明如何建立指针，如何存取数据及修改指针。

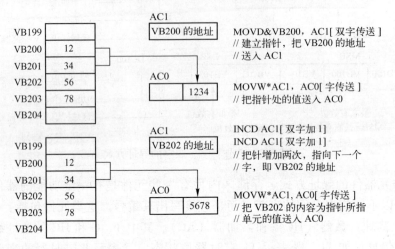

图 3.8　建立指针、存取数据及修改指针

3.4　任务四　STEP7 – Micro/WIN 编程软件的应用

【任务提出】

S7 – 200 系列 PLC 使用 STEP7 – Micro/WIN 编程软件进行编程，该软件有哪些功能？又是如何使用的呢？

【相关知识】

在使用 S7 – 200 PLC 时，需要使用编程软件对其编制用户程序。STEP 7 – Micro/WIN V4.0 编程软件就是由 SIEMENS 公司专门为 SIMATIC 系列 S7 – 200 可编程控制器研制开发的编程软件，它是基于 Windows 操作系统的应用软件，可以使用个人计算机作为图形编程器，用于在线（联机）或者离线（脱机）开发用户程序，并可在线实时监控用户程序的执行状态。

3.4.1　S7 – 200 PLC 编程系统概述

STEP 7 – Micro/WIN V4.0 编程软件功能强大，具有简单，易学，高效，节省编程时间，能够解决复杂的自动化任务等优点，尤其是在推出汉化程序后，它可在全汉化的界面下进行操作，使中国的用户使用起来更加方便和容易。

1. S7 – 200 PLC 编程系统的组成

S7 – 200Micro PLC 编程系统包括一台 S7 – 200 CPU、一台装有编程软件 STEP 7 – Micro/

WIN V4.0 的 PC 机或编程器，一根连接电缆，如图 3.9 所示。

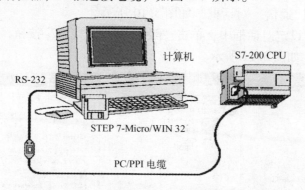

图 3.9　S7 – 200 PLC CPU 与计算机的连接

2. S7 – 200 PLC 编程系统硬件的连接

S7 – 200 PLC 以计算机之间的连接采用 PC/PPI 电缆。单台 PLC 与个人计算机之间的连接或通信，需要一根连到串行通信口的 PC/PPI 电缆（连接图见图 3.9），连接步骤如下：

（1）设置 PC/PPI 电缆上的 DIP 开关（DIP 开关的第 1，2，3 位用于设定波特率，第 4、5 位置 0），选择计算机支持的波特率，一般设置为 9.6KB 或 19.2KB。

（2）把 PC/PPI 电缆的 RS – 232 端（标着 PC）连接到计算机的串行通信口 COM1 或 COM2，并拧紧连接螺丝。

（3）把 PC/PPI 电缆的 RS – 485 端（标着 PPI）连接到 PLC 的串行通信口，并拧紧连接螺丝。

3. STEP 7 – Micro/WIN V4.0 软件的安装

STEP 7 – Micro/WIN V4.0 编程软件安装与一般软件的安装大同小异，也是使用 CD 光盘和 CD – ROM 驱动器。其安装过程和操作步骤如下：

（1）将 STEP 7 – Micro/WIN V4.0 CD 放入 CD – ROM 驱动器，系统自动进入安装向导；如果安装程序没有自动启动，可在 CD – ROM 的 F:（光盘）/STEP7/DISK1/setup.exe 找到安装程序。

（2）运行 CD 盘根目录下的 SETUP 程序，即用鼠标左键双击 SETUP，进入安装向导。

（3）根据安装向导的提示完成 STEP 7 – Micro/WIN V4.0 编程软件的安装。

（4）首次安装完成后，会出现一个"浏览 Readme 文件"选项对话框，你可以选择使用德语、英语、法语、西班牙语或意大利语阅读"Readme"文件。

一般出售的软件都采用英文版，使用时我们也可以通过专门的汉化软件将其操作界面汉化为中文界面，这样使用起来会更加方便，更加容易。

安装完成并已重新启动计算机后，"SIMATIC Manager（SIMATIC 管理器）"![图标]图标将会显示在 Windows 桌面上。

4. 通信参数的设定

在 STEP 7 – Micro/WIN V4.0 编程软件安装结束时，会出现"设置 PG/PC 接口"的对话框，可以在此处进行通信参数的设定。也可以在运行 STEP 7 – Micro/WIN V4.0 后，进行通信参数的设定。具体步骤如下：

（1）单击通信图标██，或单击"视图（View）"菜单，选择"通信（Communications）"选项，则会出现一个"通信"对话框，如图 3.10 所示。

（2）在"通信"设定对话框中，单击"设置 PG/PC 接口"按钮，将会出现"设置 PG/PC 接口"的对话框，如图 3.11 所示。

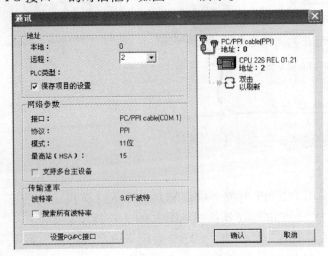

图 3.10　"通信"对话框　　　　　　　　　图 3.11　设置 PG/PC 接口对话框

（3）单击 Properties 按钮，将出现"接口属性"对话框，检查各参数的属性是否正确。如图 3.12（a）和图 3.12（b）所示，其中通信波特率（Transmission Rate）的设定值要根据自己的通信线缆型号来设置，PC/PPI 设为 9.60Kb/s，而 CP5611（PROFIBUS）设为 1.5Mb/s。早期单主机组态所显示的参数配置如下：

远程设备地址（Remote Address）：2

本地设备地址（Local Address）：0

通信模式（Module）：PC/PPI cable（COM1）PC/PPI 电缆（计算机通信端口为 COM1）

通信协议（Prorocol）：PPI

传送速率：（Transmission Rate）：9.6kb/s

传送字符数据格式（Mode）：11 位

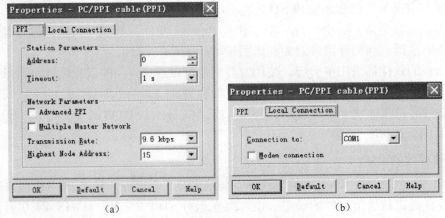

(a)　　　　　　　　　　　　　　　(b)

图 3.12　PG/PC 接口参数设置窗口

3.4.2 STEP 7 – Micro/WIN V4.0 的功能

STEP 7 – Micro/WIN V4.0 的基本功能可以简单地概括为：通过 Windows 平台用户自己编制应用程序。它的功能可以总结如下：

（1）在离线（脱机）方式下创建、编辑和修改用户程序。在离线方式下，计算机不直接与 PLC 联系，可以实现对程序的编辑、编译、调试和系统组态，此时所有的程序和参数都存储在计算机的存储器中。

（2）在在线（联机）方式下通过联机通信的方式上装和下载用户程序及组态数据，编辑和修改用户程序，可以直接对 PLC 进行各种操作。

（3）在编辑程序的过程中具有简单语法检查功能。利用此功能可提前避免一些语法和数据类型方面的错误；它主要在梯形图错误处下方自动加红色曲线或在语句表中错误行前加注红色叉，且在错误处下方加红色曲线。

（4）具有用户程序的文档管理和加密等一些工具功能。

此外，用户还可直接用编程软件设置 PLC 的工作方式、运行参数以及进行运行监控和强制操作等。

软件功能的实现可以在联机工作方式（在线方式）下进行，部分功能的实现也可以在脱机工作方式（离线方式）下进行。在线与离线的主要区别是：

（1）联机方式下可直接针对相连的 PLC 进行操作，如上装和下载用户程序和组态数据等。

（2）离线方式下不直接与 PLC 联系，所有程序和参数都暂时存放在计算机硬盘里，待联机后再下载到 PLC 中。

3.4.3 STEP 7 – Micro/WIN V4.0 的窗口组件及其功能

在中文环境下运行 STEP 7 – Micro/WIN V4.0 编程软件，它的主界面如图 3.13 所示。

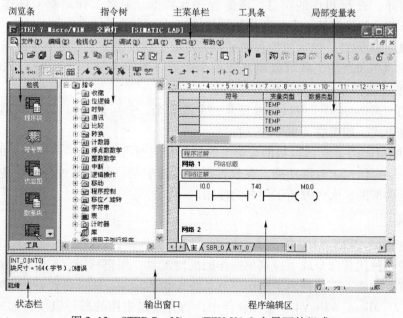

图 3.13　STEP 7 – Micro/WIN V4.0 主界面的组成

STEP 7 – Micro/WIN V4.0 编程软件主界面一般可以分为以下几个区域：主菜单条（包括 8 个主要菜单项）、工具条、浏览条、指令树、局部变量表、状态栏、输出窗口和程序编辑区。主界面采用了标准的 Windows 程序界面，如标题栏、主菜单条等，熟悉 Windows 操作的用户掌握起来会更加容易和便捷。编程器窗口包含的各组件名称及功能如下。

1. 主菜单条

主菜单条同其他基于 Windows 系统的软件一样，位于窗口最上面的就是 STEP 7 – Micro/WIN V4.0 编程软件的主菜单，它包括 8 个主菜单选项，这些菜单包含了通常情况下控制编程软件运行的功能和命令（括号后的字母为对应的操作热键），如图 3.14 所示。各主菜单项功能简介如下。

图 3.14 主菜单条

（1）文件（File）。文件操作的下拉菜单里包含如新建、打开、关闭、保存文件、上装和下载程序、文件的打印预览、设置和操作等。

（2）编辑（Edit）。程序编辑的工具。如选择、复制、剪切、粘贴程序块或数据块，同时提供查找、替换、插入、删除和快速光标定位等功能。

（3）检视（View）。视图可以设置软件开发环境的风格，如决定其他辅助窗口（如引导窗口、指令树窗口、工具条按钮）的打开与关闭；包含引导条中所有的操作项目；选择不同语言的编程器（包括 LAD、STL、FBD 三种）；设置 3 种程序编辑器的风格，如字体、指令盒的大小等。

（4）PLC（可编程控制器）。PLC 可建立与 PLC 联机时的相关操作，如改变 PLC 的工作方式、在线编译、查看 PLC 的信息、清除程序和数据、时钟、存储器卡操作、程序比较、PLC 类型选择及通信设置等。在此还提供离线编辑功能。

（5）调试（Debus）。包括监控和调试中的常用工具按钮，主要用于联机调试。

（6）工具（Tools）。工具可以用复杂指令向导（包括 PID 指令、NETR/NETW 指令和 Hsc 指令），使复杂指令编程时操作大大简化。

（7）窗口（Windows）。窗口可以打开一个或多个，并可进行窗口之间的切换；可以设置窗口的排放形式，如层叠、水平和垂直等。

（8）帮助（Help）。它通过帮助菜单上的目录和索引可查阅几乎所有相关的使用帮助信息，帮助菜单还提供网上查询功能。在软件操作过程中的任何步骤或任何位置都可以按 F1 键来显示在线的帮助，大大方便了用户的使用。

2. 工具条

STEP 7 – Micro/WIN V4.0 提供了两行快捷按钮工具条，用户也可以通过工具菜单自定义。工具条是一种代替命令或下拉菜单操作的简便工具，用户利用它们可以完成大部分的编程、调试及监控功能。下面列出了常用工具条各按钮的功能，供读者速查与参考。

在 STEP 7 – Micro/WIN V4.0 编程软件中，将各种最常用的操作以按钮形式设定到工具条。单击"检视（View）"菜单，选择"工具条（Toolbars）"选项，设置显示或隐藏工具条。常用的工具条有标准（Standard）、调试（Debug）、公用（Common）以及指令（Instruction）四种，图 3.15（a）、图 3.15（b）、图 3.15（c）所示为标准、调试、公用工具条所含快捷按钮及功能。指令工具条在编程时再进行讲解。

3. 浏览条

位于软件窗口的左方是浏览条，它显示编程特性的按钮控制群组，如：程序块、符号表、状态图、数据块、系统块、交叉引用及通信等显示按钮控制。该条可用"视图（View）"菜单中引导条"（Navigatiion bar）"选项来选择是否打开。

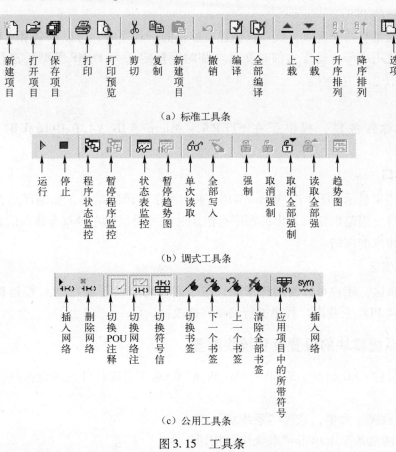

（a）标准工具条

（b）调式工具条

（c）公用工具条

图 3.15　工具条

浏览条为编程提供按钮控制，可以实现窗口的快速切换，在浏览条中单击任何一个按钮，则主窗口切换成此按钮对应的窗口。

4. 指令树

指令树以树形结构提供编程时用到的所有快捷操作命令和 PLC 指令，它由项目分支和指令分支组成。

在项目分支中，用鼠标右键单击"项目"，可将当前项目进行全部编译、比较和设置密码；在项目中可选择 CPU 的型号；用鼠标右键单击"程序块"文件夹，可插入新的子程序或中断程序；打开"程序块"文件夹，可以用密码保护本 POU，也可以插入新的子程序、中断程序或重新命名。

指令分支主要用于输入程序。打开指令文件夹并选择相应指令时，拖放或用鼠标左键双击指令，可在程序中插入指令；用鼠标右键单击指令，可从弹出的菜单中选择"帮助"，获得有关该指令的信息。

5. 局部变量表

每个程序块都对应一个局部变量表，局部变量表用来定义局部变量，局部变量只在建立局部变量的 POU 中才有效。例如，在带参数的子程序调用中，参数的传递就是通过局部变量表进行的。局部变量表包含对局部变量所做的赋值（即子例行程序和中断例行程序使用的变量）。在局部变量表中建立的变量使用暂时内存；地址赋值由系统处理；变量的使用仅限于建立此变量的 POU。

使用局部变量有两个优点：其一，创建可移植的子程序时，可以不引用绝对地址或全局符号；其二，使用局部变量作为临时变量（临时变量定义为 TEMP 类型）进行计算时，可以释放 PLC 内存。

6. 状态栏

状态栏又称任务栏，提供了在 STEP 7 – Micro/WIN V4.0 中操作时的操作状态信息。

7. 输出窗口

输出窗口用来显示 STEP 7 – Micro/WIN V4.0 程序编译的结果，如编译是否有错误、错误编码和位置等。当输出窗口列出的程序有错误时，可用鼠标左键双击错误信息，将在程序编辑区中显示相应的网络。

8. 程序编辑区

在程序编辑区，用户可以使用梯形图、指令表或功能块图编写 PLC 控制程序。在联机状态下，可以从 PLC 上载用户程序进行编辑和修改。

3.4.4 系统模块的设置及系统块配置

系统设置又称 CPU 组态，STEP 7 – Micro/WIN V4.0 编程软件系统设置路径有如下 3 种方法：

（1）在"检视"菜单，选择"系统块"项。

（2）在"浏览条"上单击"系统块"按钮。

（3）单击指令树内的系统块图标。

系统块配置的主要内容有数字量输入滤波、模拟量输入滤波、脉冲截取（捕捉）、输出表等配置，另外还有通信口、保存范围、背景时间及密码设置等。

下面结合系统块主要配置内容对配置功能和方法加以说明。

1. 数字量输入滤波设置（滤波器的用途——抑制噪声干扰）

S7 – 200 CPU 全部主机数字量输入点有选择地设置输入滤波器。通过设定输入延迟时间，可以过滤输入信号。当输入状态发生改变时，才能被认为有效，以抑制输入噪声脉冲的干扰。

选择输入过滤器项，可以对数字量输入点进行延迟的设定，如 CPU 22X 可定义的延迟时间为 0.2 ~ 12.8ms，系统默认延迟时间为 6.4ms。数字输入滤波器选择的系统设置界面如

图 3.16 所示。

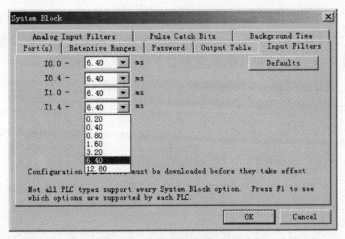

图 3.16　设置数字输入滤波

2.　模拟量输入滤波设置

使用 CPU222、CPU224 及 CPU226 时，可以对各模拟输入选择软件滤波器，进行模拟量的数字滤波设置。模拟量的数字滤波多用在输入信号变化缓慢的场合，高速变化信号一般不采用数字滤波。

模拟量输入信号经滤波后，求出平均值（滤波值）供用户程序使用。

滤波值的求解过程：CPU 运行时，系统按设定的周期采样个数，对模拟输入量进行采样，然后求出其总和的平均值，作为模拟输入滤波值。模拟输入滤波器选择的系统设置界面如图 3.17 所示，其中可选择的设置项共有 3 项。一是模拟输入点的选择，有 AIW0 ~ AIW62 共 32 点；二是样本数目，即一个周期内的采样次数，在 32 ~ 256 范围内设置，系统默认值为 64；三是静区设置，静区又称死区，模拟输入滤波器反应信号速度变化是有一定能力的，当输入与平均的差超过静区设定范围时，滤波器对最近的模拟量输入值变化认作是一个阶跃函数，而不是平均值。静区的设定值采用模拟量输入的数字信号值，设定范围是 16 ~ 4080，系统默认值为 320。

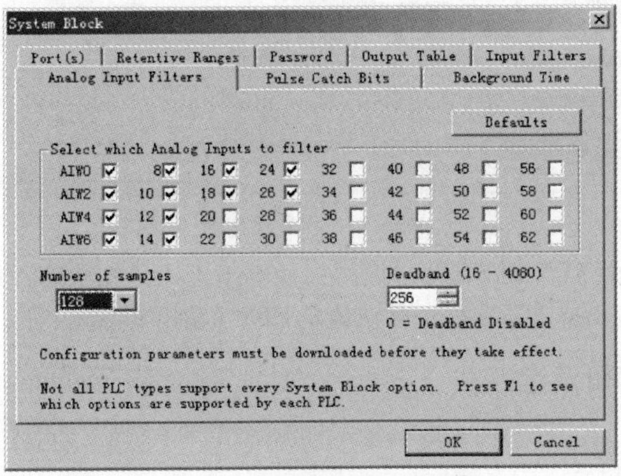

图 3.17　设置模拟输入滤波

3. 设置脉冲捕捉

　　设置脉冲捕捉功能的方法：首先正确设置输入滤波器的时间，使之不能将脉冲滤掉。然后在 System Block 选项卡中选择 Pulse Catch Bit 选项进行对输入要求脉冲捕捉的数字量输入点进行选择，如图 3.18 所示，系统默认为所有点都不用脉冲捕捉。

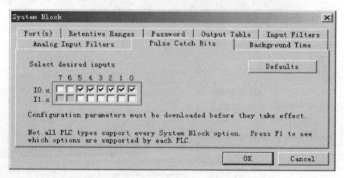

图 3.18　设置脉冲捕捉

4. 输出表的设置

　　S7 – 200 CPU 为其数字量输出点提供两种性能，一种是预置数字量输出点在 CPU 变为 STOP 方式后为已知值；另一种是设置数字量输出保持 CPU 变为 STOP 方式之前的状态。

　　设置输出表的方法是在系统块界面单击输出表标签，进入设置输出状态界面，然后对各数字输出点进行设置，如图 3.19 所示。

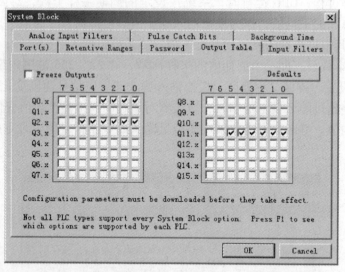

图 3.19　设置输出表

　　输出状态表允许由 RUN 到 STOP 过渡时，使输出进入已知状态，设置方法是对欲设定为 ON（1 态）的各输出单击选项栏，默认值是 OFF（输出 0 态）。

3.4.5　程序编辑及运行

1. 用户程序文件操作

　　（1）打开已有的项目文件。打开已有的项目文件常用以下两种方法：

① 用"文件（File）"菜单中的"打开（Open）"命令，在弹出的对话框中选择要打开的程序文件。

② 用 Windows 资源管理器找到适当的目录，项目文件在使用. mwp 扩展名的文件中。

（2）创建新项目（文件）。创建新项目文件常用以下三种方法：

① 单击工具条中的"新建"快捷按钮。

② 单击"文件（File）"菜单，选择"新建（New）"命令，在主窗口将显示新建程序文件的主程序区。

③ 单击浏览条中程序块图标，新建一个 STEP 7 – Micro/WIN V4.0 项目。

（3）选择主机 CPU 型号。一旦打开一个新项目，开始写程序之前可以选择 CPU 主机型号。确定 CPU 类型通常可采用以下两种方法：

① 在指令树中右键单击"项目1（Project1 CPU 221）"图标，在弹出的按钮中单击"类型（Type）"。

② 单击"PLC"菜单，选择"类型（Type）"命令，在弹出的对话框中选择 CPU 的型号，如图 3.20 所示。

图 3.20　CPU 型号的选择

（4）上载和下载程序文件。上载程序文件是指将存储在 PLC 主机中的程序文件装入到编程器（计算机）中。具体操作为：单击"文件（File）"菜单，选择"上载（Upload）"命令；或者用工具条中的 ▲（上载）按钮来完成操作。

下载程序文件是指将存储在编程器（计算机）中的程序文件装入到 PLC 主机中。具体操作为：单击"文件（File）"菜单，选择"下载（Download）"命令；或者用工具条中的 ▼（下载）按钮来完成操作。

2. 编辑程序

STEP 7 – Micro/WIN V4.0 编程软件有很强的编辑功能，熟练掌握编辑和修改控制程序操作可以大大提高编程的效率。

（1）输入编程元件。在使用 STEP 7 – Micro/WIN V4.0 编程软件中，一般采用梯形图编程，编程元件有线圈、触点、指令盒、标号及连接线。触点 ┤├ 代表电源可通过的开关，电源仅在触点关闭时通过正常打开的触点（逻辑值零）；线圈 ○ 代表由能流充电的中继或输出；指令盒 ⊓ 代表当能流到达方框时执行的一项功能（例如，计时器、计数器或数学运算）。输入编程元件的方法有两种：

方法 1：从指令树中双击或拖放。

① 在程序编辑器窗口中将光标放在所需的位置，一个选择方框在该位置周围出现。

② 在指令树中，浏览至所需的指令双击或拖放该指令。

③ 指令在程序编辑器窗口中显示。

方法 2：工具条按钮。

① 在程序编辑器窗口中将光标放在所需的位置，一个选择方框在光标位置周围出现。

② 单击指令工具条上的触点、线圈或指令盒等相应编程按钮，从弹出的下拉菜单中选择要输入的指令单击即可，也可使用功能键（F4 = 触点、F6 = 线圈、F9 = 指令盒）插入一

个类属指令。

在指令工具条上，编程元件输入有 7 个按钮：下行线、上行线、左行线和右行线按钮，用于输入连接线，可形成复杂梯形图结构；输入触点、输入线圈和输入指令盒按钮用于输入编程元件，如图 3.21 所示。

按 F4、F6 或 F9 键（或相应的工具条按钮）时，一条类属指令会被放在光标位置，并在下方出现一个列表框，列表框包括一个相同类型全部指令的指令记忆符排序列表。F4 键或工具条按钮放置类属接点并显示一份接点指令列表。F6 键或工具条按钮放置类属线圈并显示一份线圈指令列表。F9 键或工具条按钮放置类属方框并显示一份方框指令列表，如图 3.22 所示。

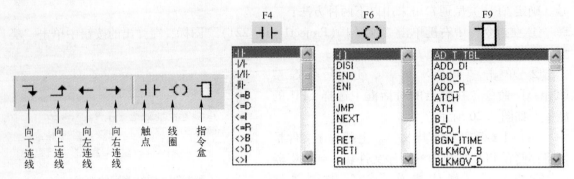

图 3.21　LAD 指令工具条　　　　　　　　图 3.22　类属指令列表

（2）编程结构输入。

① 顺序输入。此类结构输入非常简单，只需从网络的开始依次输入各编程元件即可，每输入一个元件，光标自动向后移动到下一列。在图 3.23 所示的网络 1 中，分支 1 所示为一个顺序输入例子，分支 3 中的图形就是一个网络的开始，此图形表示可在此继续输入元件。而分支 2 已经连续在一行上输入了两个触点，若想再输入一个线圈，可以直接在指令树中双击线圈图标；图中的方框为光标（大光标），编程元件就是在光标处被输入。

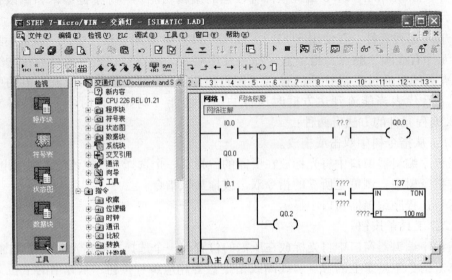

图 3.23　顺序程序结构输入

② 输入操作数。图 3.23 中所示的 "?? . ?" 和 "????" 表示此处必须有操作数，此处的操作数为触点的名称。可单击 "?? . ?" 或 "????" 然后键入操作数。

③ 任意添加输入。如果想在任意位置添加一个编程元件，只需单击这一位置将光标移到此处，然后输入编程元件即可。

④ 复杂结构。用指令工具条中的编程按钮 ↘ → ← →，可编辑复杂结构的梯形图，例如，在图 3.23 中，单击图中第一行下方的编程区域，则在本行下一行的开始处显示光标（图中方框），然后输入触点，生成新的一行。输入完成后将光标移到要合并的触点处，单击 → 按钮即可，网络 1 的分支 1 就是在 Q0.0 处单击 → 按钮的结果。如果要在一行的某个元件后向下分支，可将光标移到该元件，单击 → 按钮，然后便可在生成的分支处顺序输入各元件。网络 1 的分支 2 就是在 I0.1 处单击 → 按钮的结果。

（3）在 LAD 中编辑程序。

① 剪切、复制、粘贴或删除网络。通过拖曳鼠标或使用 Shift 键和 Up（向上）、Down（向下）箭头键，您可以选择多个相邻的网络，用于剪切、复制、粘贴或删除选项。使用工具条按钮或从 "编辑" 菜单选择相应的命令，或用鼠标右键单击，弹出快捷菜单选择命令。在编辑中，不能选择部分网络，当您尝试选择部分网络时，系统会自动选择整个网络。

② 编辑单元格、指令、地址和网络。当您单击程序编辑器中的空单元格时，会出现一个方框，显示您已经选择的单元格。您可以使用弹出菜单在空单元格中粘贴一个选项，或在该位置插入一个新行、列、垂直线或网络，您也可以从空单元格位置删除网络或编辑网络。如图 3.24 所示。

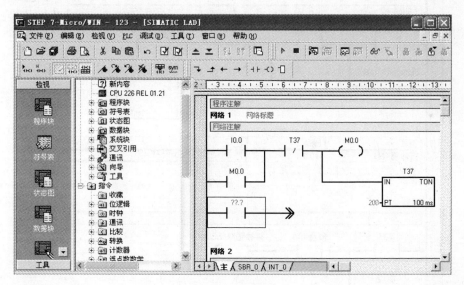

图 3.24　编辑网络

③ 插入和删除。编程中经常用到插入和删除一行、一列、一个网络、一个子程序或中断程序等。方法有两种：在编程区右击要进行操作的位置，弹出快捷菜单，选择 "插入（Insert）" 或 "删除（Delete）" 选项，再弹出子菜单，单击要插入或删除的选项，然后进行编辑；也可用 "编辑（Edit）" 菜单中的命令进行上述相同的操作。

对于元件的剪切、复制和粘贴等操作方法也与上述类似。

（4）编写符号表。使用符号表，可将地址编号用具有实际含义的符号代替，有利于程序结构清晰易读。单击浏览条中的符号表按钮，建立如图3.25所示的符号表。操作步骤如下：

			符号	地址	注释
1			启动	I0.0	启动按钮SB1
2			停止	I0.1	停止按钮SB2
3			接触器KM1	Q0.0	控制电动机M1的接触器KM1
4			接触器KM2	Q0.1	控制电动机M2的接触器KM2
5					

图3.25　符号表

① 在"符号"列输入符号名（如启动、停止等）。符号名的长度不能超过23个字符。在给空号指定地址前，该符号下有绿色波浪下划线。在给定地址后，绿色波浪下划线自动消失。

② 在"地址"列输入相应的地址编号（如I0.0，I0.1等）。

③ 在"注释"列输入相应的注释（如启动按钮、停止按钮等）。是否注释也可根据实际情况而定，可以不输入注释。

④ 编写好符号表后，单击"检视（View）"菜单，选择"符号表（Symbol Table）"选项，在弹出的级联菜单中单击"将符号表应用于项目（S）"命令，然后打开程序窗口，则对应的梯形图如图3.26所示。

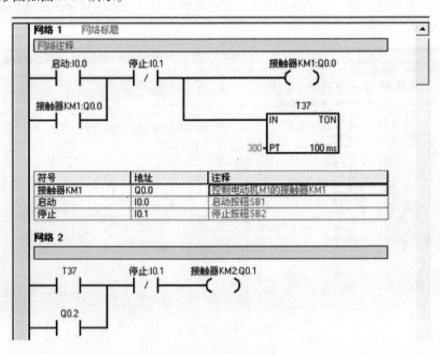

图3.26　符号表应用

（5）编写数据块。利用块操作对程序做大面积删除、移动、复制操作十分方便。块操作包括选择、剪切块、删除块、复制和粘贴块。这些操作非常简单，与一般的文字处理软件中的相应操作方法完全相同。

（6）编程语言转换。STEP7 - Micro/WIN V4.0 软件可实现三种编程语言（编辑器）之间的任意切换。单击"检视（View）"菜单，选择"STL"、"梯形图（LAD）"或"FBD"三种程序的任何一种便可进入对应的编程环境。使用最多的是 STL 和梯形图（LAD）之间的互相切换，STL 的编程可以按照或不按照网络块的结构顺序编程，但 STL 只有在严格按照网络块编程的格式编程才可切换到梯形图（LAD），否则无法实现转换。

（7）注释。梯形图编程器中的"网络 n（Network n）"标志每个梯级，同时又是标题栏，可在此为该梯级加标题或必要的注释说明，使程序清晰易读。方法：单击"网络 n"，在其右边的空白区域输入相应的"网络标题"，在其正下方的方框区域输入相应的"网络注解"。每个梯形图程序也可在其最上方标注"程序注解"如图 3.27 绿色字体所示的"程序注解"、"网络标题"和"网络注解"。

（8）编译。程序编辑完成后，单击"PLC"菜单，选择"编译（Compile）"或"全部编译（All Compile）"命令进行离线编译。或者直接单击工具条上的按钮☑（编译）或☑（全部编译）也可完成编译。编译结束，在输出窗口会显示编译结果信息。

（9）下载。如果编译无误，便直接单击下载按钮◼，或者单击"文件（File）"菜单，选择"下载"命令，将用户程序下载到 PLC 中。

3.4.6　程序调试运行与监控

在成功地完成下载程序后，则可利用 STEP 7 - Micro/WIN V4.0 编程软件"调试"工具条的诊断特征，在软件环境下调试并监视用户程序的执行。STEP7 - Micro/WIN V4.0 编程软件提供了一系列工具来调试并监控正在执行的用户程序。

1. 选择工作模式

S7 - 200PLC 的 CPU 具有停止和运行两种操作模式。在停止模式下，可以创建、编辑程序，但不能执行程序；在运行模式下，PLC 读取输入，执行程序，写输出，反应通信请求，更新智能模块，进行内部事物管理及恢复中断条件，不仅可以执行程序，也可以创建、编辑及监控程序操作和数据，为调试提供帮助，加强了程序操作和确认编程的能力。

如果 PLC 上的模式开关处于"RUN"或"TERM"位置，可通过 STEP7 - Micro/WIN V4.0 软件执行菜单命令"PLC"→"运行"或"PLC"→"停止"，进入相应工作模式；也可单击工具栏中的▶（运行）按钮，或◼（停止）按钮，进入相应工作模式；还可以手动改变 PLC 上小门内的状态开关改变工作模式。"运行"工作模式时，PLC 上的黄色"STOP"指示灯灭，绿色"RUN"指示灯亮。

2. 梯形图程序的状态监视

编程设备和 PLC 之间建立通信并向 PLC 下载程序后，STEP7 - Micro/WIN V4.0 可对当前程序进行在线调试。利用菜单栏中"调试（D）"列表选择或单击"调试工具条"中的按钮，可以在梯形图程序编辑器窗口查看以图形形式表示的当前程序的运行状况，还可直接在程序指令上进行强制或取消强制数值等操作。

运行模式下，单击"调试（D）"菜单，选择"开始程序状态（P）"命令，或单击工具条中的▩（程序状态）按钮，用程序状态功能监视程序运行的情况，PLC 的当前数据值会显示在引用该数据的 LAD 旁边，LAD 以彩色显示活动能流分支。由于 PLC 与计算机之间有通信时间延迟，PLC 内所显示的操作数数值总在状态显示变化之前先发生变化。所以，用户在屏幕上观察到的程序监控状态并不是完全如实迅速变化的元件的状态。屏幕刷新的速率取决于 PLC 与计算机的通信速率以及计算机的运行速度。

（1）执行状态监控方式。"使用执行状态"功能使监控窗口能显示程序扫描周期内每条指令的操作数数值和能流状态。或者说，所显示的 PLC 中间数据值都是从一个程序扫描周期中采集的。

在程序状态监控操作之前，单击"调试（D）"菜单，选择"使用执行状态"命令（此命令行前面出现一个"√"即可），进入可监控状态，如图 3.27 所示。在这种状态下，PLC 处于运行模式时，按下 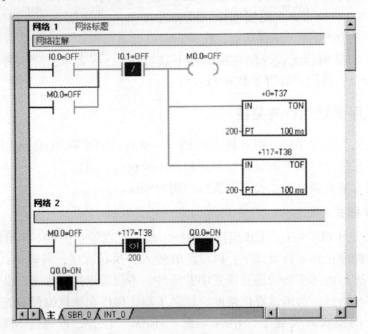（程序状态）按钮启动程序状态，STEP7 – Micro/WIN V4.0 将用默认颜色（浅灰色）显示并更新梯形图中各元件的状态和变量数值。什么时候想退出监控，再按此按钮即可。

图 3.27　对 PLC 梯形图运行状态的监控

启动程序状态监控功能后，梯形图中左边的垂直"母线"和有能流流过的"导线"变为蓝色；如果位操作数为逻辑"真"，其触点和线圈也变成蓝色；有能流流入的指令盒的使能输入端变为蓝天色；如该指令被成功执行则指令盒的方框也变为蓝色；定时器和计数器的方框为绿色时表示他们已处在工作状态；红色方框表示执行指令时出现了错误；灰色表示无能流、指令被跳过、未调用或 PLC 处于停止模式。

运行过程中，按下 （暂停程序状态）按钮，或者右击正处于程序监控状态的显示区，在弹出的快捷菜单中选择"暂停程序状态（M）"，将使这一时刻的状态信息静止地保持在屏幕上以提供仔细分析与观察，直到再按一次 （暂停程序状态）按钮，才可以取消该功能，继续维持动态监控。

（2）扫描结束状态的状态监控方式。"扫描结束状态"显示在程序扫描周期结束时读取的状态结果。首先使菜单命令"调试（D）"→"使用执行状态"命令行前面的"√"消失，进入扫描结束状态。由于快速的 PLC 扫描循环和相对慢速的 PLC 状态数据通信采集之间存在的速度差别，"扫描结束状态"显示的是多个扫描周期结束时采集的数据值，也就是说显示值并不是即时值。

在该状态 STEP7 – Micro/WIN V4.0 经过多个扫描周期采集状态值，然后刷新梯形图中各值的状态并显示。但是不显示 L 存储器或累加器的状态。在"扫描结束状态"下，"暂停程序状态"功能不起作用。

在运行模式下启动程序状态监控功能，电源"母线"或逻辑"真"的触点和线圈显示为蓝色，梯形图中所显示的操作数的值都是 PLC 在扫描周期完成时的结果。

程序注解						
网络 1 网络标题						
网络注解						
		操作数 1	操作数 2	操作数 3	0123	中
LD	I0.0	OFF			0000	0
LPS					0000	
AN	T37	OFF			0000	1
=	Q0.1	OFF			0000	0
LPP					0000	
AN	T41	OFF			0000	1
TON	T37, 250	+0	250		0000	1
网络 2						
		操作数 1	操作数 2	操作数 3	0123	中
LD	T42	OFF			0000	0
AN	T43	OFF			0000	1
A	SM0.5	ON			0000	1
LD	Q0.1	OFF			0000	0
AN	T42	OFF			0000	1
OLD					0000	
=	Q0.2	OFF			0000	0
网络 3						

图 3.28 PLC 语句表程序运行状态的监控

3. 用状态图监视与调试程序

如果需要同时监视的变量不能在程序编辑器中同时显示，可以使用状态表监视功能。虽然梯形状态监视的方法很直观，但受到屏幕的限制，只能显示很小一部分程序。利用 STEP7 – Micro/WIN V4.0 的状态表不仅能监视比较大的程序块或多个程序，而且可以编辑、读、写、强制和监视 PLC 的内部变量；还可使用诸如单次读取、全部写入、读取全部强制等功能，可以大大方便程序的调试。状态表始终显示"扫描结束状态"信息。

（1）打开和编辑状态图。在程序运行时，可以用状态图来读、写、强制和监视 PLC 的内部变量。单击浏览条中的"状态图"图标，或右键单击指令树中的"状态图"选项，在弹出的快捷菜单中选择"打开"命令；或单击"检视（V）"菜单，选择"元件（C）"命令，在弹出的级联菜单中单击"状态图（C）"选项，均可以打开状态图，如图 3.29 所示。打开后对它进行编辑。如果项目中有多个状态图，可以用状态图询问的选项卡切换。

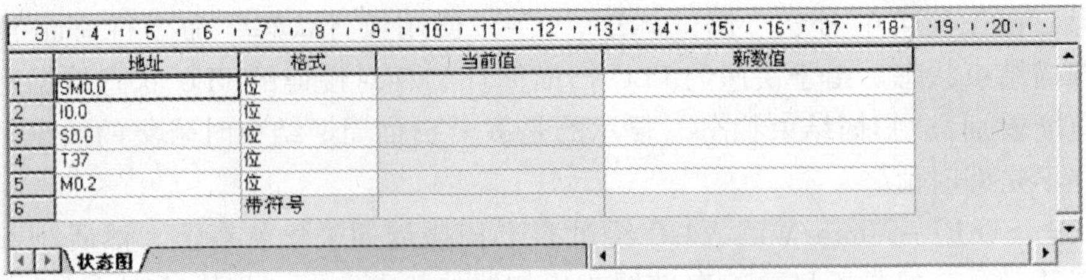

	地址	格式	当前值	新数值
1	SM0.0	位		
2	I0.0	位		
3	S0.0	位		
4	T37	位		
5	M0.2	位		
6		带符号		

图 3.29 状态图窗口

未启动状态图的监视功能时，可以在状态图中输入要监视的变量的地址和数据类型，定时器和计数器可以分别按位或按字监视。如果按位监视，显示的是它们的输出位的 ON/OFF 状态；如果按字监视，显示的是它们的当前值。

单击“编辑（E）”菜单，选择“插入”命令，或用鼠标右键单击状态图中的单元，选择弹出的快捷菜单中的“插入（I）”命令，可以在状态图中当前光标位置的上部插入新的行。将光标置于最后一行中的任意单元后，按向下的箭头键，可以将新的行插在状态图的底部。在等号表中选择变量并将其复制在状态图中，可以加快创建状态图的速度。

（2）创建新的状态图。可以创建几个状态图，分别监视不同的元件组。用鼠标右键单击指令树中的状态图图标或单击已经打开的状态图，在弹出的快捷菜单中选择“插入（I）”命令，再在弹出的级联菜单中单击“图（C）”选项，可以创建新的状态图。

（3）启动和关闭状态图的监视功能。与 PLC 的通信连接成功后，单击“调试（D）”菜单，选择“开始图状态（C）”命令或单击调试工具条上的（图状态）图标，可以启动状态图的监视功能，在状态图的“当前值”列将会出现从 PLC 中读取的动态数据，如图 3.30 所示。单击“调试（D）”菜单，选择“停止图状态（C）”命令，或再次单击（图状态）图标，可以关闭状态图。状态图的监视功能被启动后，编程软件从 PLC 收集状态信息，并对表中的数据更新。这时还可以强制修改状态图中的变量，用二进制方式监视字节、字或双字，可以在一行中同时监视 8 点、16 点或 32 点位变量。

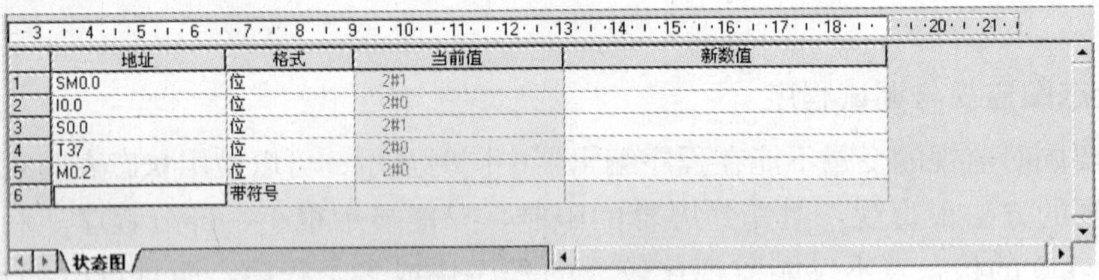

	地址	格式	当前值	新数值
1	SM0.0	位	2#1	
2	I0.0	位	2#0	
3	S0.0	位	2#1	
4	T37	位	2#0	
5	M0.2	位	2#0	
6		带符号		

图 3.30 状态图监控

3.4.7 在 RUN 模式下编辑用户程序

在 RUN（运行）模式下，不必转换到 STOP（停止）模式，便可以对程序作较小的改动，并将改动下载到 PLC 中。

建立好计算机与 PLC 之间的通信联系后，当 PLC 处于 RUN 模式时，单击“调试（D）”菜单，选择“‘运行’中程序编辑（E）”命令，进行程序编辑，如果编程软件中打开的项目与 PLC 中的程序不同，将提示上载 PLC 中的程序。该功能只能编辑 PLC 中的已有程序。进入 RUN 模式编辑状态后，将会出现一个跟随鼠标移动的 PLC 图标。两次单击“调试

（D）"菜单，选择"'运行'中程序编辑（E）"命令，退出 RUN 模式编辑。

编辑前应退出程序状态监视，修改程序后，需要将改动下载到 PLC。下载之前一定要仔细考虑可能对设备或操作人员造成的各种影响。

在 RUN 模式编辑状态下修改程序后，CPU 对修改的处理方法可以查阅系统手册。

3.4.8　使用系统块设置 PLC 的参数

单击"检视（V）"菜单，选择"元件（C）"命令，在弹出的级联菜单中单击"系统块（B）"选项，或直接单击浏览条中的 ▨（系统块）图标，则可以直接进入系统块中对应的对话框。

系统块主要包括：通信端口、断电数据保持、密码、数字量和模拟量输出表配置、数字量和模拟量输入滤波器、脉冲捕捉位和通信背景时间等。如图 3.31 所示。

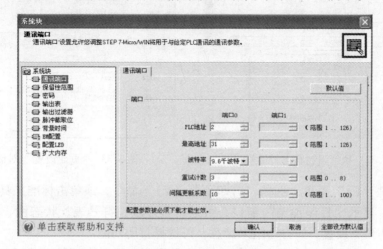

图 3.31　系统快对话框

打开系统块后，用鼠标单击感兴趣的图标，进入对应的选项卡后，可以进行有关的参数设置。有的选项卡中有"默认"按钮，按"默认"按钮可以自动设置编程软件推荐的设置值。设置完成后，按"确认"按钮确认设置的参数，并自动退出系统块窗口。设置完所有的参数后，需要立即将新的设置下载到 PLC 中，参数便存储在 CPU 模块的存储器中。

3.4.9　梯形图程序状态的强制功能

在 PLC 运行模式时执行强制状态，此时右击某元件地址位置，在弹出的菜单中可以对该元件执行写入、强制或取消强制的操作，如图 3.32 所示。强制和取消强制功能不能用于 V、M、AI 和 AQ 的位。执行强制功能后，默认情况下 PLC 上的故障灯显示为黄色。

在 PLC 停止模式时也会显示强制状态，但只有在非"使用执行状态"和"程序状态监控"条件下，单击"调试（D）"菜单，选择"'停止'模式中写入 – 强制输出（O）"命令后，才能执行对输出 Q 和 AQ 的写和强制操作。

3.4.10　程序的打印输出

打印的相关功能在菜单栏"文件（F）"菜单中，包括页面设置、打印预览和打印。

单击"文件（F）"菜单，选择"页面设置（T）……"命令，或单击标准工具条上的 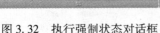（打印）按钮，在弹出的打印对话框中单击"页面设置（T）……"按钮，出现页面设置对话框，如图3.33所示。可在页面设置对话框中单击"页眉/页脚……"按钮，弹出"页眉/脚注"对话框；可在该对话框中进行项目名、对象名称、日期、时间、页码以及左对齐、居中、右对齐的设定。

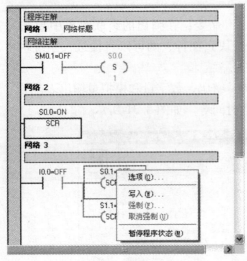

图3.32　执行强制状态对话框

图3.33　"页面设置"对话框

单击"文件（F）"菜单，选择"打印预览（V）"命令，或单击标准工具条上的（打印预览）按钮，显示"打印预览"窗口，可进行程序块、符号表、状态图、数据块、系统块、交叉引用的预览设置。如打印结果满意，可选择打印功能。

单击"文件（F）"菜单，选择"打印（P）"命令，或单击标准工具条上的（打印）按钮，在"打印"对话框中，可选择需要打印的文件的组件的复选框，选择打印主程序网络1~网络20的梯形图程序，但如果还希望打印程序的附加组件，例如，还要打印符号表等，则所选打印范围无效，将打印全部LAD网络。

单击标准工具条上的（选项）按钮，在出现的"打印选项"对话框中选择是否打印程序属性、局部变量表和数据块属性。

习　题　3

3.1　S7-200系统PLC有哪几种寻址方式？

3.2　S7-200系统PLC内部资源是如何进行分配的？

3.3　一个控制系统如果需要12点数字量输入，30点数字量输出，10点模拟量输入和2点模拟量输出。问：

（1）可以选用哪种主机型号？

（2）如何选择扩展模块？

（3）各模块如何连接到主机？画出连接图。

（4）按上问所画出的图形，其主机和各模块的地址如何分配？

模块4 基本指令

知识目标

（1）掌握 PLC 的触点和线圈、置位与复位、边沿与取反、触发器、定时器、计数器等指令。

能力目标

（1）能熟练应用所学指令编程；
（2）能用经验编程法设计程序。

4.1 任务一 电动机的基本控制

【任务提出】

工厂中常用的砂轮机（如图4.1所示），要求其单向旋转，使磨屑向下飞离砂轮。那么如何利用 PLC 控制实现砂轮机的单向连续运转呢？我们首先来分析一下，利用接触器如何来实现对其单向运转的控制。

由图4.2所示的接触器控制电路图可知，当按下启动按钮 SB$_1$ 时，接触器线圈 KM 通电，主电路中 KM 主触点闭合，电动机开始运行，同时控制电路中的 KM 辅助触点闭合形成自锁；当按下停止按钮 SB$_2$ 时，接触器线圈 KM 断电，电动机停止运行。

使用 PLC 如何实现对电动机的单向控制呢？通过分析可以知道，系统的输入是启动按钮和停止按钮，输出为接触器 KM。图4.2中所示的接触器控制是一系列按钮、触点和线圈的硬件组合，这些硬件的逻辑组合现在都要通过编程实现。接下来学习相关的知识。

图4.1 砂轮机

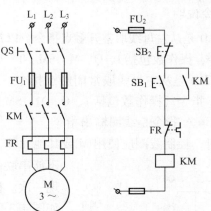

图4.2 三相异步电动机自锁控制

【相关知识】

PLC 的程序指令中也有与继电器–接触器控制电路相似的触点和线圈。它的触点和线圈是以指令的形式体现的。

1. 触点及线圈的指令格式及功能（如表4-1所示）

表4-1　触点及线圈的指令格式及功能

名　称	梯　形　图	语　句　表	功　能
常开触点	bit ——┤├——	LD　bit A　bit O　bit	LD：装载常开触点 A：串联常开触点 O：并联常开触点
常闭触点	bit ——┤/├——	LDN　bit AN　bit ON　bit	LDN：装载常闭触点 AN：串联常闭触点 ON：并联常闭触点
线圈	bit ——（　）——	＝　　bit	＝：输出指令
常开触点	bit ——┤I├——	LDI　bit AI　bit OI　bit	LDI：装载常开立即触点 AI：串联常开立即触点 OI：并联常开立即触点
常闭触点	bit ——┤/I├——	LDNI　bit ANI　bit ONI　bit	LDNI：装载常闭立即触点 ANI：串联常闭立即触点 ONI：并联常闭立即触点
线圈	bit ——（I）——	＝I　bit	＝I：立即输出指令

　　梯形图形式中，bit 表示存储区域的某一个位，必须指定存放地址才能存取这个位。以 I0.2 为例，表示的是输入过程映像寄存器 I 的第 0 个字节的第 2 位。

　　触点代表 CPU 对存储器某个位的读操作，常开触点和存储器的位状态相同，常闭触点和存储器的位状态相反。

　　线圈代表 CPU 对存储器某个位的写操作。若程序中逻辑运算结果为 1，表示 CPU 将该线圈所对应的存储器位置 1；若程序中逻辑运算结果为 0，表示 CPU 将该线圈所对应的存储器位置 0。

2. 指令说明

　　（1）LD 是从左母线取常开触点指令，以常开触点开始逻辑行的电路块（分支电路）也使用这一指令，操作数包括 I、Q、M、SM、T、C、V、S、L。

　　（2）LDN 是从左母线取常闭触点指令，以常闭触点开始逻辑行的电路块（分支电路）也使用这一指令。操作数包括 I、Q、M、SM、T、C、V、S、L。

　　（3）"＝"指令是线圈输出指令。"＝"指令不能用于输入过程映像寄存器 I，输出端不接负载时，控制线圈应使用 M 或其他元件，而不能用 Q；"＝"可以并联使用任意次，但不能串联使用，并且编程时同一程序中同一线圈只能出现一次。操作数包括 I、Q、M、SM、T、C、V、S、L，如图 4.3 所示。

　　（4）A 指令完成逻辑"与"操作，AN 指令完成逻辑"与反"操作，可连续使用任意次。操作数包括 I、Q、M、SM、T、C、V、S、L。

　　（5）O 指令完成逻辑"或"操作，ON 指令完成逻

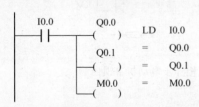

图 4.3　输出指令并联使用的
梯形程序图与语句表程序

辑"或反"操作。操作数包括 I、Q、M、SM、T、C、V、S、L。

（6）立即触点指令只能用于输入量 I。执行该指令时，立即读入外部输入点的值，根据该值判断触点的通断状态，但并不更新该物理输入点对应的输入过程映像寄存器。

（7）立即输出指令只能用于输出量 Q。执行该指令时，将逻辑运算结果立即写入指定的物理输出点和对应的输出过程映像寄存器。

（8）立即触点与立即输出指令常用于对实时控制要求较高的场合。

3. 举例应用

【例 4-1】触点串联指令应用：使用三个开关同时控制一台电机单向运行，要求三个开关全部闭合时电机转动，其他情况电机停。

三个开关分别接 PLC 的输入 I0.0、10.1 和 10.2，控制电机的接触器接输出 Q0.0。梯形图及语句表程序如图 4.4 所示。

【例 4-2】触点并联指令应用：使用三个开关控制一台电机单向运行，要求任意一个开关闭合时电机都能运行。

三个开关分别接 PLC 的输入 I0.0、10.1 和 10.2，控制电机的接触器接输出 Q0.0。梯形图及语句表程序如图 4.5 所示。

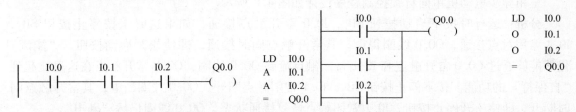

图 4.4　例 4-1 梯形图及语句表程序　　　　图 4.5　例 4-2 梯形图及语句表程序

【例 4-3】试设计联锁电路。

当输入信号 I0.0 接通时，M0.0 线圈得电并自保持，使 Q0.0 得电输出，同时 M0.0 的常闭触点断开，即使 I0.1 再接通也不能使 M0.1 动作，因此 Q0.1 不能输出。若 I0.1 先接通，则刚好相反。在控制环节中该电路可实现信号间的联锁。梯形图及语句表程序如图 4.6 所示。

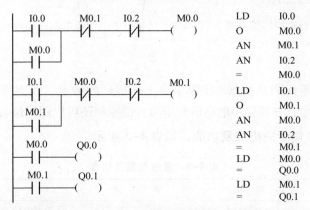

图 4.6　例 4-3 联锁电路梯形图及语句表

【任务实施】

1. I/O 地址分配

砂轮机的单向控制即三相异步电动机自锁控制，如上分析我们知道，系统的输入是启动按钮和停止按钮，输出为接触器 KM。要把这些输入输出与 PLC 联系起来，就要进行如表 4–2 所示的 I/O 地址分配。

表 4–2　I/O 分配

输　　入		输　　出	
启动按钮 SB$_1$	I0.0	电动机运行控制 KM	Q0.0
停止按钮 SB$_2$	I0.1		

2. PLC 控制系统原理图

根据 I/O 分配表，可画出砂轮机 PLC 控制的原理图如图 4.7 所示。

3. 程序设计

三相异步电动机单向自锁控制程序设计如图 4.8 所示。

分析： 运行时按下启动按钮 SB$_1$，I0.0 常开触点接通，如果这时未按停止按钮 SB$_2$，I0.1 常闭触点接通，Q0.0 线圈得电，其常开触点同时接通，即使松开启动按钮，"能流"仍然能够通过 Q0.0 常开触点和 I0.1 常闭触点流到 Q0.0 线圈，Q0.0 常开触点在这里就起到"自保持"的功能。按下停止按钮 SB$_2$，I0.1 常闭触点断开，Q0.0 线圈断电，其常开触点同时断开，即使松开停止按钮，I0.1 常闭触点恢复接通状态，Q0.0 线圈仍然"断电"。

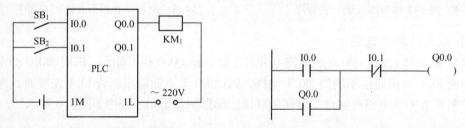

图 4.7　砂轮机 PLC 控制原理图　　图 4.8　三相异步电动机单向自锁控制的 PLC 梯形图程序

【扩展方案一】

西门子 S7–200 系列 PLC 的基本指令中除上述讲到的触点、线圈指令外，还包括其他指令，如置位、复位指令，三相异步电动机的单向自锁控制还可以用置位与复位指令来实现。

1. 置位与复位类指令的格式及功能，如表 4–3 所示。

表 4–3　置位与复位指令

名　　称	梯　形　图	语　句　表	功　　能
线圈置位	bit —（ S ） N	S　bit,N	从指定的位地址 bit 开始的 N 个连续的位地址都被置位（变为 1）并保持
线圈复位	bit —（ R ） N	R　bit,N	从指定的位地址 bit 开始的 N 个连续的位地址都被复位（变为 0）并保持

名　称	梯　形　图	语　句　表	功　能
线圈立即置位	bit —(SI) N	SI　bit,N	从指定的位地址 bit 开始的 N 个连续的位地址都被立即置位（变为1）并保持
线圈立即复位	bit —(RI) N	RI　bit,N	从指定的位地址 bit 开始的 N 个连续的位地址都被立即复位（变为0）并保持

2. 说明

（1）对同一元件可以多次使用 S/R 指令。

（2）与扫描工作方式有关，当置位、复位指令同时有效时，位于后面的指令具有优先权。

（3）置位、复位指令的操作数 N 的取值范围是 1 ~ 255。

（4）置位、复位指令通常成对使用，也可以单独使用或与功能块配合使用。可用复位指令对定时器或计数器进行复位。

（5）立即置位与立即复位指令只能用于输出量（Q）新值，被同时写入对应的物理输出点和输出过程映像寄存器。

（6）立即置位与立即复位指令的操作数 N 的取值范围是 1 ~ 128。

3. 任务实施

三相异步电动机的单向自锁控制系统，I/O 地址分配及 PLC 控制原理图与上述相同，这里不再复述。使用置位、复位指令的控制程序如图 4.9 所示。

当启动按钮 I0.0 按下时，Q0.0 被置为 1（N 为 1），电动机开始运行；当按下停止按钮的 I0.1 时 Q0.0 被复位为 0（N 为 1），电动机停止运行。使用置位与复位指令进行控制不需要考虑如何实现自锁，电动机会一直保持运行状态直到按下停止按钮。

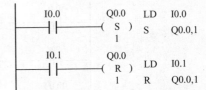

图 4.9　使用置位与复位指令实现的三相异步电动机单向控制梯形图程序

【扩展方案二】

在上述梯形图程序控制中存在这样的问题：当启动按钮按下后电动机开始运行，如果启动按钮出现故障不能弹起，按下停止按钮电动机能够停止转动，一旦松开停止按钮，电动机又马上开始运行了，这种情况在实际生产时是不允许存在的。如何解决这个问题呢？这需要用到下面的知识。

1. 跳变触点、取反指令格式及功能（如表 4-4 所示）

表 4-4　跳变触点、取反指令

类　型	梯形图程序	语句表程序	指令功能
正跳变触点	—| P |—	EU	在 EU 指令前的逻辑运算结果的上升沿产生一个脉冲，驱动后面的输出线圈
负跳变触点	—| N |—	ED	在 ED 指令前的逻辑运算结果的下降沿产生一个脉冲，驱动后面的输出线圈
取反指令	—|NOT|—	NOT	将其左侧电路的逻辑运算结果取反

2. 说明

（1）EU、ED 指令只有在输入信号发生变化时有效，其输出信号的脉冲宽度为一个机器扫描周期。

（2）对于开机时就为接通状态的输入条件，EU 指令不被执行。

（3）EU、ED 指令无操作数。

（4）取反指令没有操作数。执行该指令时，能流到达该触点时即停止；若能流未到达该触点，该触点为其右侧提供能流。

3. 举例应用

【**例4-4**】试采用一个按钮控制两台电动机依次启动。控制要求：按下按钮 SB$_1$，第一台电动机启动；松开按钮 SB$_1$，第二台电动机启动；按下停止按钮 SB$_2$，两台电动机同时停止。

I/O 分配如表 4-5 所示。梯形图及语句表程序如图 4.10 所示。使用跳变触点指令可以使两台电动机的启动时间分开，从而防止电动机同时启动对电网造成不良影响。

表 4-5　I/O 分配

输　入		输　出	
启动按钮 SB$_1$	I0.0	电动机 1 运行控制接触器 KM$_1$	Q0.0
停止按钮 SB$_2$	I0.1	电动机 2 运行控制接触器 KM$_2$	Q0.1

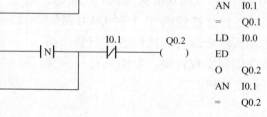

图 4.10　例 4-4 梯形图与语句表程序

【**例4-5**】根据图 4.11 所示的梯形图程序及给出的 I0.0 的波形画出 M0.0、M0.1 和 Q0.0 的波形（单按钮启停电路）。

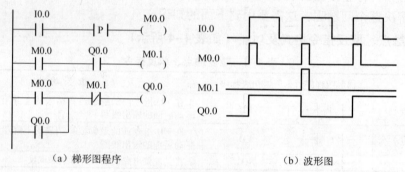

（a）梯形图程序　　　　　　　　　　　（b）波形图

图 4.11　梯形图程序及波形图

使用 PLC 可以实现对输入信号的任意分频。例 4-5 是一个二分频电路。将脉冲信号加到 I0.0 端，在第一个脉冲的上升沿到来时，M0.0 产生一个扫描周期的单脉冲，使 M0.0 的常开触点闭合，由于 Q0.0 的常开触点断开，M0.1 线圈断开，常闭触点 M0.1 闭合，Q0.0 的线圈接通并自保持；第二个脉冲上升沿到来时，M0.0 又产生一个扫描周期的单脉冲，M0.0 的常开触点又接通一个扫描周期，此时 Q0.0 的常开触点闭合，M0.1 线圈通电，常闭触点 M0.1 断开，Q0.0 线圈断开；直到第三个脉冲到来时，M0.0 又产生一个扫描周期的单脉冲，使 M0.0 的常开触点闭合。由于 Q0.0 的常开触点断开，M0.1 线圈断开，其常闭触点 M0.1 闭合，Q0.0 的线圈又接通并自保持。以后循环往复，不断重复以上过程。由波形图可以看出，输出信号 Q0.0 是输入信号 I0.0 的二分频。

PLC 控制实现某个项目的编程方法可以有很多种，应用下述异或程序图 4.12 所示，亦可实现二分频（单按钮启停）控制。读者可自行分析其工作原理。

4. 任务实施

系统 I/O 地址分配及 PLC 控制原理图与上述相同，这里不再复述。当启动按钮出现故障不能弹起时，采用图 4.13 所示梯形图控制程序即可解决系统停止问题。

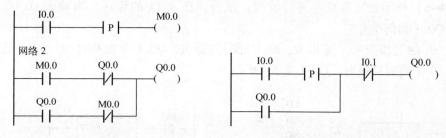

图 4.12　单按钮启停控制程序　　　　图 4.13　梯形图控制程序

分析：按下启动按钮 I0.0，正跳变触点检测到 I0.0 的上升沿接通，线圈 Q0.0 得电，电动机自锁运行；按下停止按钮 I0.1，线圈 Q0.0 断电，电动机停止转动。即使按钮 I0.0 不能马上断开，由于检测不到 I0.0 的上升沿，正跳变触点不能接通，所以停止按钮 I0.1 闭合后电动机不能运行，只有在 I0.0 断开并再次按下后电动机才能再次运行。

【扩展方案三】

使用触发器指令亦可实现三相异步电动机的自锁运行。

1. 触发器指令格式与真值表（如表 4-6 所示）

表 4-6　触发器指令

类　型	梯形图程序	真　值　表			指　令　功　能
		S1	R	输出（bit）	
置位优先触发器指令（SR）	bit ─S1　OUT├─ 　　SR ─R	0	0	保持前一状态	置位优先，当置位信号（S1）和复位信号（R）都为 1 时，输出为 1
		0	1	0	
		1	0	1	
		1	1	1	

续表

<table>
<tr><th>类 型</th><th>梯形图程序</th><th colspan="3">真 值 表</th><th>指 令 功 能</th></tr>
<tr><td rowspan="5">复位优先触发器指令（RS）</td><td rowspan="5">
</td><td>S</td><td>R1</td><td>输出（bit）</td><td rowspan="5">复位优先，当置位信号（S）和复位信号（R1）都为1时，输出为0</td></tr>
<tr><td>0</td><td>0</td><td>保持前一状态</td></tr>
<tr><td>0</td><td>1</td><td>0</td></tr>
<tr><td>1</td><td>0</td><td>1</td></tr>
<tr><td>1</td><td>1</td><td>0</td></tr>
</table>

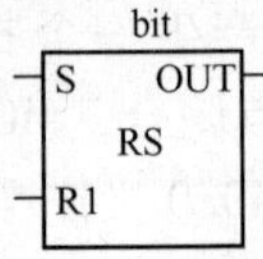

2. 说明

（1）触发器指令的语句表形式比较复杂，常使用梯形图形式。

（2）符号—▸|表示输出是一个可选的能流，可以级联或串联。

（3）S、R1、S1、R、OUT 端的操作数包括 I、Q、V、M、SM、S、T、C、L 和能流。

（4）bit 端的操作数包括 I、Q、V、M 和 S。

3. 举例应用

【例 4-6】 使用触发器指令进行编程，试分析图 4.14 的程序，当输入 I0.0、I0.1 同时闭合时，Q0.1 如何变化？

对于 SR 触发器指令，当 I0.0、I0.1 同时接通时，Q0.1 变为 ON；对于 RS 触发器指令，当 I0.0、10.1 同时接通时，Q0.1 变为 OFF。

```
LD    I0.0
LD    I0.1
NOT
A     Q0.1
OLD
=     Q0.1
```

（a）SR 触发器指令

```
LD    I0.0
LD    I0.1
NOT
LPS
A     Q0.1
=     Q0.1
LPP
ALD
O     Q0.1
=     Q0.1
```

（b）RS 触发器指令

图 4.14 两种触发器指令梯形图程序与语句表程序

4. 任务实施

I/O 地址分配及 PLC 控制原理图与上述相同，这里不再复述。

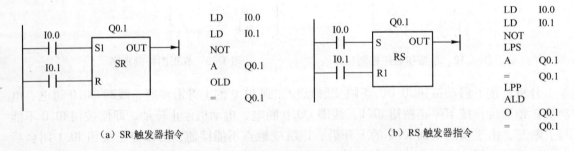

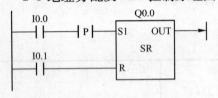

图 4.15 电动机启动的触发器指令程序

触发器控制的三相异步电动机的自锁运行梯形图程序如图 4.15 所示。

分析： 按下启动按钮 I0.0，置位 S1 端为 1，Q0.0 得电，电动机开始运行；按下停止按钮 I0.1，复位 R 端为 1，Q0.0 断电，电动机停止运行。

【知识巩固】

实现三相异步电动机的正、反转控制。要求：按下正转启动按钮 SB_1，KM_1 线圈得电，电动机开始正转；按下反转启动按钮 SB_2，KM_2 线圈得电，电动机开始反转，必须保证电动机不能同时进行正、反转；按下停止按钮图 SB_3，电动机马上停止运行。I/O 分配如表 4-7 所示，硬件接线如图 4.16 所示，梯形图程序如图 4.17 所示。

表 4-7 I/O 分配

输　　入		输　　出	
停止按钮 SB$_3$	I0.0	电动机正转输出 KM$_1$	Q0.0
正转启动按钮 SB$_1$	I0.1	电动机反转输出 KM$_2$	Q0.1
反转启动按钮 SB$_2$	I0.2		

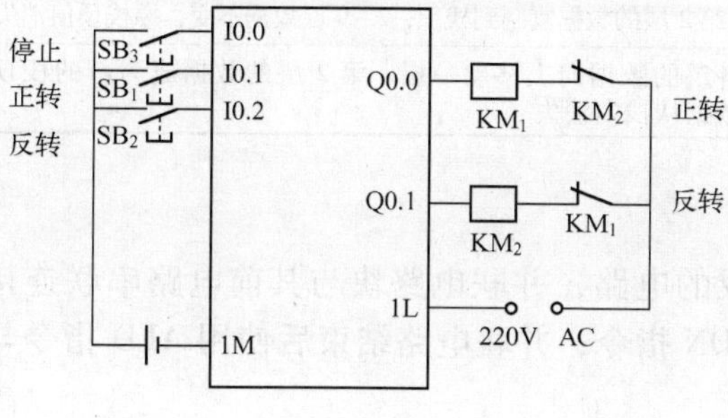

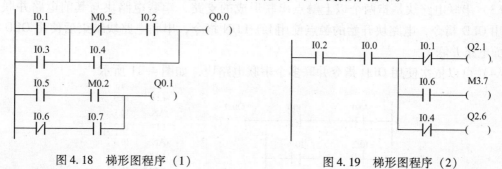

图 4.16　电机正、反转 PLC 控制原理图 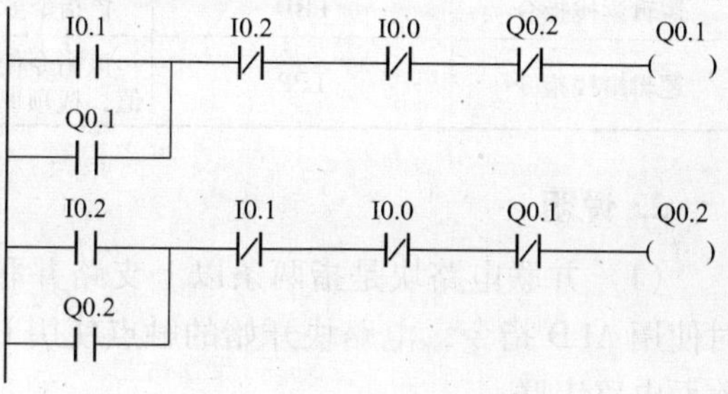　　　图 4.17　电动机正、反转梯形图控制程序

4.2　任务二　分支指令的应用

在实际应用中，不但要求能够进行程序设计，有时还需要能够读懂他人编写的程序。在编制控制程序时，还会出现多个分支电路同时受一个或一组触点控制的情况。

【任务提出】

如图 4.18 和图 4.19 所示的梯形图程序，如果采用前面学过的指令将梯形图程序转换成语句表程序会有许多问题，所以在这个任务中需要学习堆栈操作指令。

图 4.18　梯形图程序（1）　　　图 4.19　梯形图程序（2）

【相关知识】

S7-200 系列 PLC 提供一个 9 层的堆栈，用于保存逻辑运算结果及断点地址，称为逻辑堆栈。在堆栈中，栈顶用来存储逻辑运算结果，下面的 8 位用来存储中间运算结果。堆栈中的数据按"先进后出"的原则存取。

1. 堆栈指令的编程格式及功能（如表4-8所示）

表4-8 堆栈指令

名　称	语 句 表	功　能
栈装载"与"	ALD	电路块的"与"操作，用于串联连接多个并联电路块
栈装载"或"	OLD	电路块的"或"操作，用于并联连接多个串联电路块
逻辑入栈指令	LPS	该指令复制栈顶值并将其压入堆栈的下一层，栈中原来的数据依次下移一层，栈底值丢失。
逻辑读栈指令	LRD	该指令将堆栈中第2层的数据复制到栈顶，2~9层数据不变，原栈顶值消失
逻辑出栈指令	LPP	该指令使栈中各层的数据向上移动一层，第2层的数据成为新的栈顶值，栈顶原来的数据从栈内消失

2. 说明

（1）并联电路块是指两条以上支路并联形成的电路，并联电路块与其前电路串联连接时使用 ALD 指令，电路块开始的触点使用 LD/LDN 指令，并联电路结束后使用 ALD 指令与前面电路串联。

（2）可以依次使用 ALD 指令串联多个并联电路块，如图4.20所示。

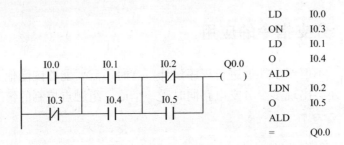

图4.20 使用 ALD 指令的多个并联电路块

（3）串联电路块是指两个以上触点串联形成的支路，串联电路块与其前电路并联连接时使用 OLD 指令，电路块开始的触点使用 LD/LDN 指令，串联电路块结束后使用 OLD 指令与前面电路并联。

（4）可以依次使用 OLD 指令并联多个串联电路块，如图4.21所示。

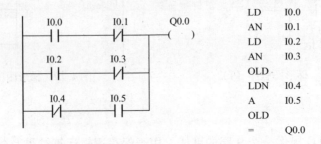

图4.21 使用 OLD 指令的多个串联电路块

（5）LPS、LRD、LPP 指令用于多个分支电路同时受一个或一组触点的控制情况。LPS 指令用于生成一条新的母线（假设的概念，有助于理解指令的使用），其左侧为原来的主逻辑块，右侧为新的从逻辑块，LPS 指令用于对右侧一个从逻辑块编程；LRD 用于对第二个及以后的从逻辑块编程；LPP 用于对新母线右侧最后一个从逻辑块编程，在读取完离它最近的 LPS 压入堆栈内容的同时复位该条新母线。

（6）逻辑堆栈指令可以嵌套使用，但受堆栈空间限制，最多只能使用9 次，如图 4. 22 所示。

```
LD    M0.0
LPS
A     M0.1
LPS
A     M0.2
LPS
A     M0.3
=     Q0.0
LPP
=     Q0.1
LPP
=     Q0.2
LPP
=     Q0.3
```

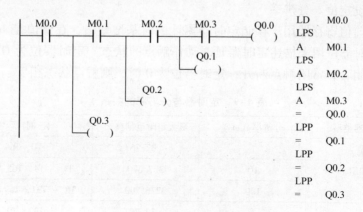

图 4. 22　逻辑堆栈指令的嵌套使用

（7）LPS 和 LPP 指令必须成对使用，它们之间可以使用 LRD 指令。

（8）ALD、OLD、LPS、LRD 和 LPP 指令无操作数。

【任务实施】

图 4. 18 和图 4. 19 的语句表程序如图 4. 23 所示。

```
LD    I0.1
O     I0.3
LDN   M0.5
A     I0.2
O     I0.4
ALD
=     Q0.0

LD    I0.5
A     M0.2
LDN   I0.6
A     I0.7
OLD
=     Q0.1
```

```
LD    I0.2
A     I0.0
LPS
AN    I0.1
=     Q2.1
LRD
A     I0.6
=     M3.7
LPP
AN    I0.4
=     Q2.6
```

图 4. 23　图 4. 18、4. 19 梯形图程序对应的语句表程序

4. 3　任务三　定时器指令应用

【任务提出】

电动机正反、转控制中，按下正转按钮电动机开始正转，按下反转按钮电动机停止正转马上开始反转，这样改变电动机的转向会对电动机有所损伤。为了保护电动机，通常要求：按下正转按钮 I0. 0，2s 后电动机开始正转，如果按下反转按钮，电动机停止正转，2s 后开始反转；如果先按下反转按钮 I0. 2，2s 后电动机开始反转，如果按下正转按钮，电动机停止反转，2s 后开始正转；如果按下停止按钮，电动机停止转动。这种控制要求在传统继电器控制中需要使用时间继电器，而使用 PLC 控制则需要使用定时器指令。因此我们先来学习西门子 S7 - 200 系列定时器指令。

【相关知识】

S7 - 200 系列 PLC 的定时器相当于继电器控制中的时间继电器，用于对内部时钟累计时

间增量进行计时。分辨率是指定时器单位时间的时间增量，也称时基增量，S7 – 200 提供 1ms、10 ms、100 ms 三种分辨率的定时器。分辨率不同，定时器的定时精度、定时范围和刷新方式也不相同。定时器与分辨率的关系见表4-9。定时器的设定时间等于设定值与分辨率的乘积，即

设定时间 = 设定值 × 分辨率

定时器的当前值寄存器用于存储定时器累计的时基增量值，存储值是 16 位有符号整数 1 ~ 32 767。定时器位用来描述定时器延时动作触点的状态。定时器位为 ON 时，梯形图中对应的常开触点闭合，常闭触点断开；定时器位为 0 时，则触点状态相反。

表4-9　定时器与分辨率的关系

定时器类型	分辨率/(ms)	最大定时范围/(s)	定 时 器 号
TONR	1	32.767	T0，T64
	10	327.670	T1 ～ T4，T65 ～ T68
	100	3276.700	T5 ～ T31，T69 ～ T95
TON、TOF	1	32.767	T32，T96
	10	327.670	T33 ～ T36，T97 ～ T100
	100	3276.700	T37 ～ T63，T101 ～ T255

1. 定时器指令的格式及功能（如表4-10所示）

表4-10　定时器指令

定时器类型	梯形图程序	语句表程序	指 令 功 能
接通延时定时器（TON）	T××× IN TON PT	TON T×××, PT	使能输入端（IN）的输入电路接通时开始定时。当前值大于等于预置时间 PT 端指定的设定值时，定时器位变为 ON，梯形图中对应的定时器的常开触点闭合，常闭触点断开。达到设定值后，当前值继续计数，直到最大值时停止
断开延时定时器（TOF）	T××× IN TOF PT	TOF T×××, PT	使能输入端接通时，定时器当前值被清零，同时定时器位变为 ON。当输入端断开时，当前值从 0 开始增加达到设定值，定时器位变为 OFF，对应梯形图中常开触点断开，常闭触点闭合，当前值保持不变
保持型接通延时定时器（TONR）	T××× IN TONR PT	TONR T×××, PT	输入端接通时开始定时，定时器当前值从 0 开始增加；当未达到定时时间而输入端断开时，定时器当前值保持不变；当输入端再次接通时，当前值继续增加，达到设定值时，定时器位变为 ON

2. 说明

（1）T×××表示定时器号，IN 表示输入端，PT 端的取值范围是 1 ~ 32 767。

（2）接通延时定时器输入电路断开时，定时器自动复位，即当前值被清零，定时器位变为 OFF，也可以用复位指令对其复位。

（3）TON 与 TOF 指令不能共享同一个定时器号，即在同一程序中，不能对同一定时器同时使用 TON 和 TOF 指令。

（4）断开延时定时器 TOF 可以用复位指令进行复位。

（5）保持型接通定时器只能使用复位指令进行复位，即定时器当前值被清零，定时器位变为 OFF。

（6）保持型接通定时器可实现累计输入端接通时间的功能。

3. 举例应用

为了更好地理解定时器指令的应用，我们举几个例子，对定时器指令进行分析，例子中输入 I0.0 接的是启动开关（带自锁）。

【**例 4-7**】接通延时定时器程序与时序图如图 4.24 所示。

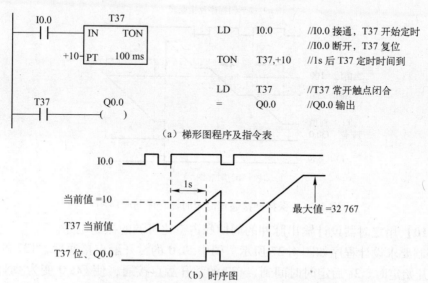

（a）梯形图程序及指令表

（b）时序图

图 4.24　接通延时定时器程序与时序图

【**例 4-8**】断开延时定时器程序与时序图如图 4.25 所示。

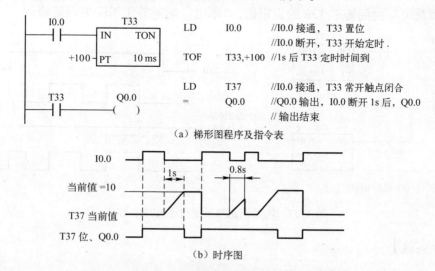

（a）梯形图程序及指令表

（b）时序图

图 4.25　断开延时定时器程序与时序图

【**例 4-9**】保持型接通延时定时器程序与时序图如图 4.26 所示。

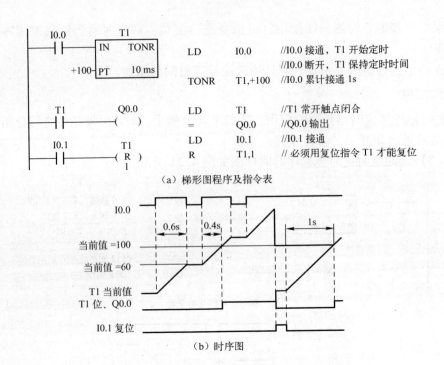

（a）梯形图程序及指令表

（b）时序图

图 4.26　保持型接通延时定时器程序与时序图

【例 4-10】用定时器设计输出脉冲的周期和占空比可调的振荡电路。

根据控制要求设计程序如图 4.27 所示。图中 I0.0 的常开触点接通后，T37 的 IN 输入端接通，T37 开始定时。2s 后定时时间到，T37 的常开触点接通，使 Q0.0 变为 ON，同时 T38 开始计时。3s 后 T38 的定时时间到，它的常开触点断开，使 T37 的 IN 输入端断开，T37 的常开触点断开，Q0.0 变为 OFF，同时使 T38 的输人变为 0 状态，其常开触点接通，T37 又开始定时，以后 Q0.0 的线圈将这样周期性地"通电"和"断电"，直到 I0.0 变为 OFF，Q0.0 线圈"通电"时间等于 T38 的设定值，"断电"时间等于 T37 的设定值。

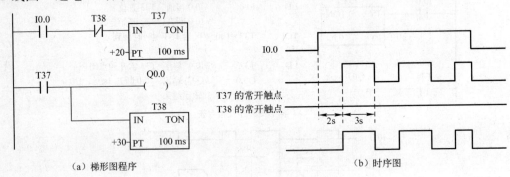

（a）梯形图程序　　　　　　　　　　（b）时序图

图 4.27　闪烁电路梯形图程序与时序图

【任务实施】

1. I/O 地址分配

根据任务要求，系统的输入为正转按钮、反转按钮及停止按钮，输出为电机正转接触器

KM$_1$、电机反转接触器 KM$_2$。所对应的 I/O 分配表如表 4-11 所示。

表 4-11 电机正反转 PLC 控制 I/O 分配

输 入		输 出	
停止按钮 SB$_3$	I0.0	电动机正转接触器 KM$_1$	Q0.0
正转启动按钮 SB$_1$	I0.1	电动机反转接触器 KM$_2$	Q0.1
反转启动按钮 SB$_2$	I0.2		

2. PLC 控制系统原理图

根据 I/O 分配表，可画出电机正、反转 PLC 控制的原理图如图 4.28 所示。

3. 程序设计

根据控制要求设计 PLC 程序如图 4.29 所示。

分析：如果先按下正转按钮 I0.1，定时器 T37 开始定时，2s 后 Q0.0 得电，电动机开始正转；如果按下反转按钮 I0.2，电动机停止正转，定时器 T38 开始定时，2s 后 Q0.1 得电，电动机开始反转。程序中 M0.0 和 M0.1 线圈起自锁作用，保证定时器输入端接通。

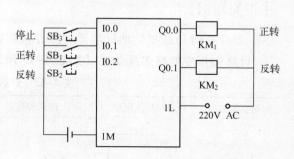

图 4.28 电机正反转 PLC 控制原理图

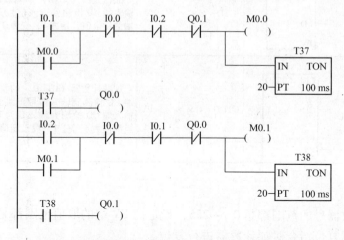

图 4.29 使用定时器控制电动机正反转梯形图程序

【知识巩固】

三台电机顺序启动，启动按钮按下后，第一台电机启动并运行；10s 后第二台电机启动并运行；第二台电机运行 10s 后，第三台电机启动并运行；按下停止按钮三台电机同时停止运行。

4.4 任务四 计数器指令应用

【任务提出】

某工厂产品由传送带输送至仓库储存，在输送过程中要求对产品自动计数，当数量达到仓库存储上限时，发出灯光报警，并停止传送带的运行。具体控制要求如下：

按下启动按钮，电机转动带动传送带运行，产品到达检测位置时，光电传感器输出高电平，表示有货物通过，PLC 自动计数一次，当产品数量达到 100 时，报警灯点亮，同时停止传送带的运行，等待启动按钮再次按下；按下复位按钮计数器清零，关闭报警灯。在工作过程中按下停止按钮，传送带停止运行，系统停止运行。

分析任务要求可知，要实现对产品的计数，就要用到 PLC 的计数器指令。

【相关知识】

S7 - 200 系列 PLC 提供加计数器、减计数器和加减计数器，用于进行相关的计数操作。

1. 计数器指令的格式及功能（如表 4-12 所示）

表 4-12　计数器指令

计数器类型	梯形图程序	语句表程序	指 令 功 能
加计数器 （CTU）	Cxxx CU CTU R PV	CTU C×××, PV	加计数器（CTU）的复位端 R 断开且脉冲输入端 CU 检测到输入信号正跳变时当前值加 1，直到达到 PV 端设定值时，计数器位变为 ON
减计数器 （CTD）	Cxxx CD CTD LD PV	CTD C×××, PV	减计数器（CTD）的装载输入端 LD 断开且脉冲输入端 CD 检测到输入信号正跳变时当前值从 PV 端的设定值开始减 1，变为 0 时，计数器位变为 ON
加减计数器 （CTUD）	Cxxx CU CTUD CD R PV	CTUD C×××, PV	加减计数器（CTUD）的复位端 R 断开且加输入端 CU 检测到输入信号正跳变时当前值加 1，当减输入端 CD 检测到输入信号正跳变时当前值减 1，当前值大于等于 PV 段设定值时，计数器位变为 ON

2. 说明

（1）三种计数器号的范围都是 0 ~ 255，设定值 PV 端的取值范围都是 1 ~ 32 767。

（2）可以使用复位指令对加计数器进行复位。

（3）减计数器的装载输入端 LD 为 ON 时，计数器位被复位，设定值被装入当前值；对于加计数器与加减计数器，当复位输入（R）为 ON 或执行复位指令时，计数器被复位。

（4）对于加减计数器，当前值达到最大值 32 767 时，下一个 CU 的正跳变将使当前值变为最小值 - 32 768，反之亦然。

3. 举例应用

【例 4-11】分析图 4.30 ~ 图 4.32 程序及其时序图，有助于更好地理解计数器指令的应用。

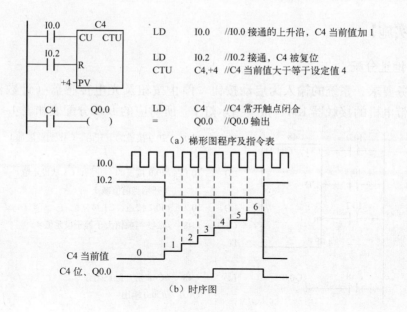

```
LD    I0.0    //I0.0 接通的上升沿，C4 当前值加 1
LD    I0.2    //I0.2 接通，C4 被复位
CTU   C4,+4   //C4 当前值大于等于设定值 4
LD    C4      //C4 常开触点闭合
=     Q0.0    //Q0.0 输出
```

（a）梯形图程序及指令表

（b）时序图

图 4.30 加计数器程序与时序图

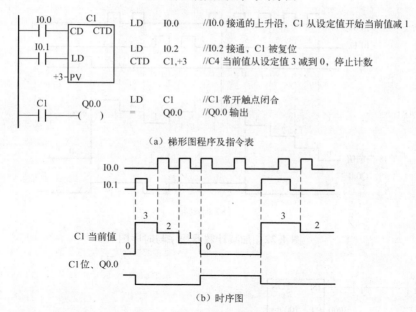

```
LD    I0.0    //I0.0 接通的上升沿，C1 从设定值开始当前值减 1
LD    I0.2    //I0.2 接通，C1 被复位
CTD   C1,+3   //C4 当前值从设定值 3 减到 0，停止计数
LD    C1      //C1 常开触点闭合
=     Q0.0    //Q0.0 输出
```

（a）梯形图程序及指令表

（b）时序图

图 4.31 减计数器程序与时序图

【例 4-12】用计数器扩展定时器的定时范围。

如图 4.33 所示，当 I0.2 接通并保持时，T37 开始定时。300s 后 T37 的定时时间到，其当前值等于设定值，常闭触点断开，使 T37 复位当前值变为 0，同时常闭触点接通，T37 线圈通电，又开时定时。T37 周而复始地工作，直到 I0.2 变为 OFF。T37 产生的脉冲送给 C4 计数，计满 12 000 个数后，C4 的当前值等于设定值，其常开触点闭合。设 T37 和 C4 的设定值分别为 K_T 和 K_c。对于 100ms 定时器，总的定时时间为

$$T = 0.1 K_T K_C (\text{s})$$

【任务实施】

1. I/O 地址分配

根据任务要求，系统的输入为启动按钮、停止按钮及光电传感器（计数器输入信号），输出为传送带电机的接触器 KM、报警指示灯 L。所对应的 I/O 分配表如表 4-13 所示。

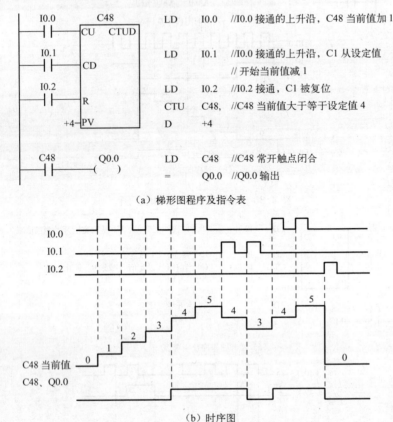

LD	I0.0	//I0.0 接通的上升沿，C48 当前值加 1
LD	I0.1	//I0.0 接通的上升沿，C1 从设定值
		// 开始当前值减 1
LD	I0.2	//I0.2 接通，C1 被复位
CTU	C48,	//C48 当前值大于等于设定值 4
D	+4	
LD	C48	//C48 常开触点闭合
=	Q0.0	//Q0.0 输出

（a）梯形图程序及指令表

图 4.32　加减计数器程序与时序图

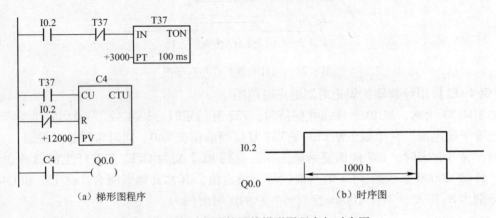

（a）梯形图程序　　　　　　　　（b）时序图

图 4.33　定时范围扩展的梯形图程序与时序图

· 74 ·

表 4-13　电机正、反转 PLC 控制 I/O 分配

输　　　入		输　　　出	
启动按钮 SB₁	I0.0	传送带电机输出 KM	Q0.0
停止按钮 SB₂	I0.1	报警指示灯 L	Q0.1
复位按钮 SB₃	I0.2		
光电传感器 SC	I0.3		

2. PLC 控制系统原理图

根据 I/O 分配表，可画出产品计数控制的原理图如图 4.34 所示。

3. 程序设计

产品计数程序设计如图 4.35 所示。

程序分析：启动按钮 I0.0 按下后，Q0.0
输出，传送带电机转动，传送带运行，计数器
C0 准备工作，当产品到达检测位置时，光电
传感器输出，I0.3 闭合，计数器加 1，直到计
数器当前值达到 100 时，计数器位置 1，C0 常
开触点闭合，Q0.1 输出，报警指示灯点亮；
C0 常闭触点断开，Q0.0 断电，传送带电机停
止运行。按下复位按钮 I0.2，计数器清零，同

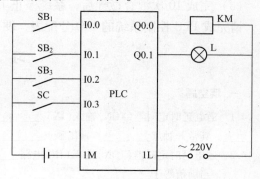

图 4.34　产品计数控制原理图

时 Q0.1 断电，报警灯熄灭。在工作过程中按下停止按钮，Q0.0 断电，传送带电机停止运
行，计数器保持当前计数值不变，再次按下启动按钮时，计数器继续计数直到设定值。

【知识巩固】

两种液体混合控制如图 4.36 所示。按一下启动按钮装置，开始按下列规律操作：

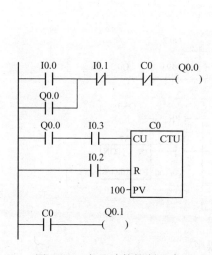

图 4.35　产品计数控制程序

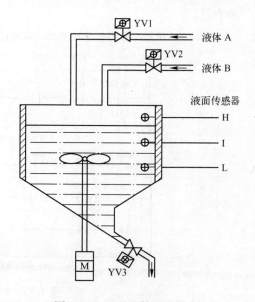

图 4.36　两种液体混合控制

（1）YV1 = ON，液体 A 流入容器。当液面升到 I 时，I = ON，使 YV1 = OFF，YV2 = ON，即关闭液体 A 阀门，打开液体 B 阀门。

（2）当液面升到 H 时，使 YV2 = OFF，M = ON，即关掉液体 B 阀门，电动机 M 启动开始搅拌。

（3）搅拌 6s 后，停止搅拌（M = OFF），开始放出混合液体（YV3 = ON）。

（4）当液面降到 L 时（L 从 ON→OFF），再过 2s 后，容器即可放空，使 YV3 = OFF，由此完成一个混合搅拌周期。随后将开始一个新的周期。

（5）按一下停止按钮后，只有在当前的混合操作处理完毕后，才停止操作。

（6）完成 10 次混合搅拌后，系统停止工作。

请完成 PLC 控制系统的 I/O 分配表、硬件原理图、程序设计。

习　题　4

一、填空题

4.1　通电延时定时器（TON）输入（IN）_____时开始定时，当前值大于等于设定值时定时器位变为_____，其常开触点_____，常闭触点_____。

4.2　通电延时定时器（TON）输入（IN）电路_____时被复位，复位后常开触点_____，常闭触点_____，当前值等于_____。

4.3　若加计数器的计数输入电路（CU）_____，复位输入电路（R）_____，计数器的当前值加 1。当前值大于等于设定值（PV）时，其常开触点_____，常闭触点_____，复位输入电路_____时计数器被复位，复位后其常开触点_____，常闭触点_____，当前值为_____。

4.4　输出指令（＝）不能用于_____映像寄存器。

4.5　外部的输入电路接通时，对应的输入映像寄存器为_____状态，梯形图程序中对应的常开触点_____，常闭触点_____。

4.6　若梯形图中输出 Q 的线圈"断电"，对应的输出映像寄存器为_____状态，在输出刷新后，继电器输出模块中对应的硬件继电器的线圈_____，其常开触点_____。

二、综合题

4.7　将图题 4.37 所示梯形图程序转换为语句表程序。

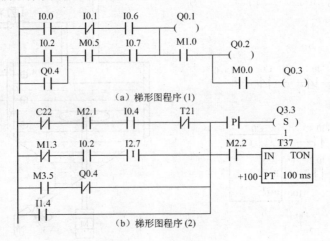

（a）梯形图程序 (1)

（b）梯形图程序 (2)

图 4.37　梯形图程序

4.8 写出图 4.38 所示语句表对应的梯形图程序。

4.9 使用置位指令复位指令，编写两套程序，控制要求如下：

(1) 启动时，电动机 M_1 启动后，电动机 M_2 才能启动；停止时，电动机 M_1、M_2 同时停止。

(2) 启动时，电动机 M_1、M_2 同时启动；停止时，只有在电动机 M_2 停止后，电动机 M_1 才能停止。

4.10 用 S、R 和跳变指令设计出如图 4.39 所示波形图的梯形图程序。

4.11 如图 4.40 所示，按钮 I0.0 按下后，Q0.0 变为 1 状态并自保持，I0.1 输入 3 个脉冲后（用 Cl 计数），T37 开始定时，5s 后，Q0.0 变为 0 状态，同时 Cl 被复位，在可编程控制器刚开始执行用户程序时，Cl 也被复位。请设计梯形图程序。

4.12 设计周期为 5s、占空比为 20% 的方波输出信号程序。

LD	I0.2	LD	I0.1	LD	I0.7	
AN	I0.0	AN	I0.0	AN	I2.7	
O	Q0.3	LPS		LD	Q0.3	
ON	I0.1	AN	I0.2	ON	I0.1	
LD	Q0.2	LPS		A	M0.1	
O	M3.7	A	I0.4	OLD		
AN	I1.5	=	Q2.1	LD	I0.5	
LDN	I0.5	LPP		A	I0.3	
A	I0.4	A	I4.6	O	I0.4	
OLD		R	Q3.1,1	ALD		
ON	M0.2	LRD		ON	M0.2	
ALD		A	I0.5	NOT		
O	I0.4	=	M3.6	=	Q0.4	
LPS		LPP		LD	I2.5	
EU		AN	M0.0	LDN	M3.5	
=	M3.7	TON	T37,25	ED		
LPP		(b) 语句表程序 (2)		CTU	C41,30	
AN	M0.0			(c) 语句表程序 (3)		
NOT						
S	Q0.3,1					
(a) 语句表程序 (1)						

图 4.38 语句表程序

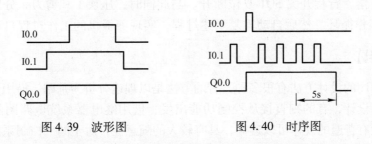

图 4.39 波形图　　图 4.40 时序图

模块 5　顺序控制指令的应用

5.1　任务一　顺序功能图程序设计方法及其应用

知识目标

(1) 掌握顺序功能图的画法；
(2) 掌握顺序控制指令及应用。

能力目标

(1) 会编写顺序控制流程图；
(2) 能用 SCR 指令编写顺序控制梯形图。

【任务提出】

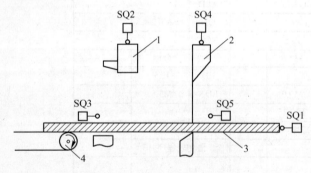

1—压块；2—剪刀；3—物料；4—送料机

图 5.1　液压剪板机示意图

液压剪板机控制系统设计。液压剪板机工作示意图如图 5.1 所示。液压剪板机在初始位置时，压紧板料的压块 1 在上面位置，行程开关 SQ2 压合，剪刀 2 也在上面，行程开关 SQ4 压合。行程开关 SQ1、SQ3 和 SQ5 均为断开状态。剪板机进入工作状态前，物料放在送料皮带上，然后启动液压系统并升压到工作压力后，开动送料机 4，向前输送物料 3，当物料送至规定的剪切长度时压下行程开关 SQ1，送料机 4 停止，压块 1 由液压缸带动下落，当压块下落到压紧物料位置触动 SQ3 时，剪刀 2 由另一液压缸带动下降，剪刀切断物料后，行程开关 SQ5 接通。料下落，行程开关 SQ1 复位断开。与此同时，压块 1 和剪刀 2 分别回程复位，即完成一次自动工作循环。然后自动重复上述过程，实现剪板机的工作过程自动控制。

【相关知识】

PLC 应用程序的设计方法有很多种，有的方法是以理论分析为基础，沿用数字电路的逻辑设计方法来进行设计，有的则直接从控制功能出发，借用继电器系统电路图的原理来进行设计。上述方法没有普遍的规律可以遵循，具有较大的随意性，对于同一控制系统，不同的设计人员设计的程序会有很大的差别。这种设计方法叫经验设计法。采用经验设计法设计梯形图程序时，凭借技术人员的经验，不断地修改、调试和完善，花费大量的时间却不一定取得好的效果。本模块将介绍一种专门针对顺序控制系统的程序设计方法——顺序功能图程序设计法。

5.1.1 顺序功能图简介

顺序功能图SFC（Sequential Function Chart）又称功能流程图或功能图，它是描述控制系统的控制过程、功能和特性的一种图形，也是设计PLC顺序控制程序的有力工具。

1. 功能图的产生

20世纪80年代初，法国科技人员根据PETRI NET理论，提出了可编程序控制器设计的Grafacet法。Grafacet法是专用于工业顺序控制程序设计的一种功能说明语言，现在已成为法国国家标准（NFC03190）。IEC（国际电工委员会）于1988年公布了类似的"控制系统功能图准备"标准（IEC848）；我国也在1986年颁布了顺序功能图的国家标准（GB 6988.6—86），1994年5月公布的IEC PLC标准（IEC1131）中，顺序功能图被确定为PLC位居首位的编程语言。

2. 顺序功能图的基本概念

顺序功能图主要由步、转移及有向线段等元素组成。如果适当运用组成元素，就可得到控制系统的静态表示方法，再根据转移触发规则模拟系统的运行，就可以得到控制系统的动态过程。

（1）步。将控制系统的一个周期划分为若干个顺序相连的阶段，这些阶段称为步，并用编程元件来代表各步。步的符号如图5.2所示。矩形框中可写上该步的编号或代码。步可分为初始步和工作步两种。

（2）初始步。与系统初始状态相对应的步称为初始。初始状态一般是系统等待启动命令的相对静止的状态，一个控制系统至少要有一个初始步。初始步的图形符号为双线的矩形框，如图5.3所示。在实际使用时，有时也画成单线矩形框，有时画一条横线表示功能图的开始。

（3）活动步。当控制系统正处于某一步所在的阶段时，该步处于活动状态，称该步为"活动步"。其前一步称为"前级步"，后一步称为"后续步"，除"活动步"以外的其他各步则称为"非活动步"。步处于活动状态时，相应的动作被执行；处于不活动状态时，相应的非存储型的动作被停止执行。

（4）与步对应的动作或命令。在每个稳定的步下，可能会有相应的动作。动作的表示方法如图5.4所示。

（5）转移。为了说明从一个步到另一个步的变化，要用转移概念，即用一个有向线段来表示转移的方向。两个步之间的有向线段上再用一段横线表示这一转移。转移的符号如图5.5所示。

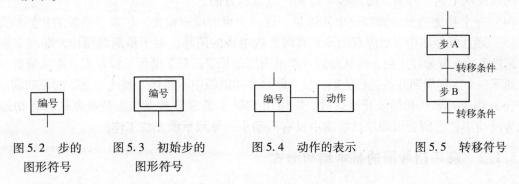

图5.2 步的图形符号　　图5.3 初始步的图形符号　　图5.4 动作的表示　　图5.5 转移符号

与步对应的动作又分为存储型动作和非存储型动作。存储型动作是指某步变为非活动步时，与这一步对应的动作继续保持。可在顺序功能图中使用置位和复位指令控制存储型动作的保持和结束。非存储型动作是指某步变为非活动步时，与这一步对应的动作停止执行。

转移是一种条件，当此条件成立，称为转移使能。该转移如果能够使步发生转移，则称为触发。一个转移能够触发必须满足：步为活动步及转移使能。转移条件是指使系统从一个步向另一个步转移的必要条件，通常常用文字、逻辑方程及符号来表示。

3. 顺序功能图中转换实现的基本规则

要实现步与步之间的转换，必须同时满足两个条件：

（1）该转换的前级步必须都为活动步。

（2）相应的转换条件得到满足。

步与步的转换实现后将完成以下两个操作：

（1）使后续步变为活动步。

（2）使前级步变为非活动步。

很显然，在顺序功能图中，当某一步的前级步是活动步时，该步才有可能变为活动步。如果用没有断电保持功能的编程元件来代表各步，则在 PLC 进入 RUN 模式时，它们均处于 OFF 状态，必须用 SM0.1 的常开触点作为转换条件，将初始步预置为活动步，以保证顺序功能图的正常运行。

4. 顺序功能图程序设计法的基本思路和设计思路

顺序功能图程序设计法的最基本思想是：将控制系统的一个工作周期划分为若干个顺序相连的阶段，这些阶段称为"步"（Step），并用编程元件（如内部标志位存储器 M 或顺控继电器 S）来代表各步。

顺序功能图程序设计法的设计思路：用"转移"控制代表各步的"编程元件"，再用代表各步的"编程元件"去控制"输出继电器"。

5. 绘制功能图的注意事项

控制系统功能图的绘制需要注意以下几点：

（1）步与步不能相连，必须用转移分开。

（2）转移与转移不能相连，必须用步分开。

（3）步与转移、转移与步之间的连接采用有向线段，从上向下画时，可以省略箭头；当有向线段从下向上画时，必须画上箭头，以表示方向。

（4）一个功能图至少要有一个初始步。这一步可能没有输出，仅表示系统的初始状态。

（5）顺序功能图中一般应有由步和有向连线组成的闭环。对于单周期操作，即在完成一次工艺过程的全部操作之后，应从最后一步返回到初始步。对于循环工作方式，应从最后一步返回到下一个工作周期开始运行的第一步。即顺序功能图中不能有"到此为止"的死胡同。

（6）程序若要从初始步开始运行，需使用 SM0.1 的常开触点作为转换条件，将初始步预置为活动步，否则会因顺序功能图中没有活动步而导致系统无法工作。

5.1.2 顺序功能图的基本结构形式

顺序功能图的基本结构形式有 3 种：单序列、选择序列和并行序列。如图 5.6 所示。

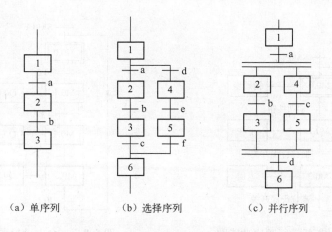

(a) 单序列   (b) 选择序列   (c) 并行序列

图 5.6　顺序功能图的基本结构

1. 单序列

由一系列相继激活的步组成，每一步后仅有一个转移，每一个转移后也只有一个步，如图 5.6（a）所示。

2. 选择序列

当系统的某一步活动后，满足不同的转移条件能够激活不同的步，这种序列称为选择序列，如图 5.6（b）所示。选择序列的开始称为分支，其转换符号只能标在水平连线下方。选择序列中如果步 1 是活动步，满足转移条件 a 时，步 2 变为活动步；满足转移条件 d 时，步 4 变为活动步。选择序列的结束称为合并，其转换符号只能标在水平连线上方。如果步 3 是活动步且满足转移条件 c，则步 6 变为活动步；如果步 5 是活动步且满足转换条件 f，则步 6 变为活动步。

3. 并行序列

当系统的某一步活动后，满足转移条件后能够同时激活几步，这种序列称为并行序列，如图 5.6（c）所示。并行序列的开始称为分支，为强调转移的同步实现，水平连线用双线表示，水平双线上只允许有一个转移符号。并行序列中当步 1 是活动步，满足转移条件 a 时，转移的实现将导致步 2 和步 4 同时变为活动步。并行序列的结束称为合并，在表示同步的水平双线之下只允许有一个转移符号。当步 3 和步 5 同时都为活动动步且满足转换条件 d 时，步 6 才能变为活动步。

5.1.3　举例应用

【例 5-1】先用一个例子来说明功能图的绘制。某一冲压机的初始位置是冲头抬起，处于高位；当操作者按动启动按钮时，冲头向工件冲击；到最低位置时，触动低位行程开关；然后冲头抬起，回到高位，触动高位行程开关，停止运行。图 5.7 所示为功能图表示的冲压机运行过程。冲压机的工作顺序可分为三个步：初始步、下冲和返回。从初始步到下冲步的转移必须满足启动信号和高位行程开关信号同时为 ON 才能发生；从下冲步到返回步，必须满足低位行程开关为 ON 才能发生。

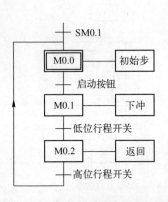

图 5.7　冲压机运行顺序功能图

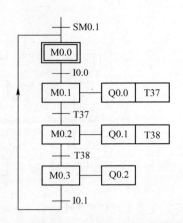

图 5.8　三台电动机顺序功能图

【例 5-2】　三台电动机顺序运行控制系统，若启动按钮 I0.0 为 ON，则电动机 M_1 启动，延时数秒，M_1 停止运行，M_2 启动，再延时数秒，M_2 停止运行，M_3 启动，若停止控制 I0.0 为 ON，3 台电动机同时停止工作。其顺序功能流程图如图 5.8 所示，控制程序设计如图 5.9 所示。该系统控制任务也可由 S7-200 系列 PLC 提供的顺控指令来完成。

【任务实施】

1. 列液压剪板机控制系统 I/O 分配表（见表 5-1）。

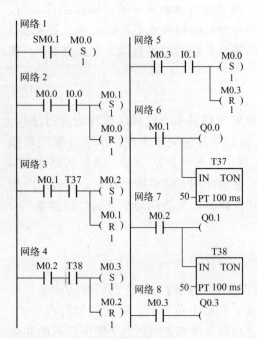

图 5.9　三台电动机顺序工作梯形图程序

表 5-1　液压剪板机控制 I/O 分配表

输　入		输　出	
PLC 端子	说　明	PLC 端子	说　明
I0.0	启动按钮 SB$_1$	Q0.0	板料送料
I0.1	压钳原位开关 SQ$_2$	Q0.1	压钳压行
I0.2	压钳压力到位开关 SQ$_3$	Q0.2	压钳返回
I0.3	剪刀原位开关 SQ$_4$	Q0.3	剪刀剪行
I0.4	剪刀剪到开关 SQ$_5$	Q0.4	剪刀返回
I0.5	板料到位开关 SQ$_1$		

2. 绘制顺序功能流程图（如图 5.10 所示）

这是一个单序列加并列序列的简单功能图。需要说明的是当压钳到位后，剪刀下行的同时，压钳要保持，即 Q0.1 在 M0.2、M0.3 步都为 ON，即常说的存储性命令。编程的时候有两种简单的解决办法，一种是用置位指令，另一种是用位存储器过渡。当剪刀剪断板料后，是一个并列结构，压钳和剪刀返回后，都加了一个空操作步，是为了并列结构的合并，同时满足后，转移到下一步。

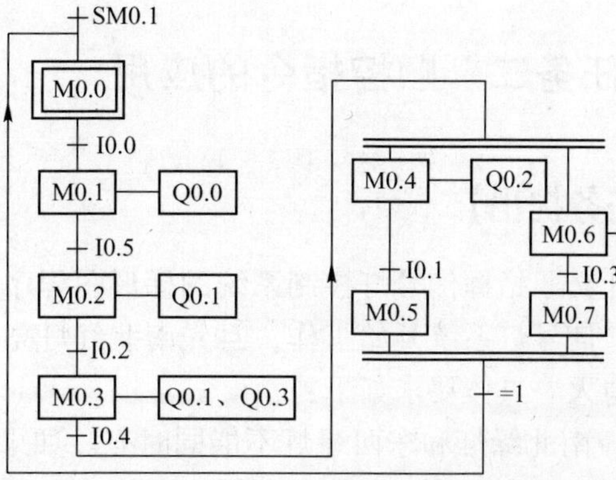

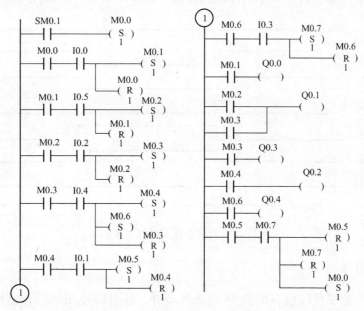

图 5.10　液压剪板机的顺序功能图

3. 程序设计

根据工作过程编制控制梯形图，如图 5.11 所示。在控制梯形图中，每一步的输出接点作为下一步启动的条件，而这一步的终止条件是下一步启动的决定条件，一旦下一步变为活动步，同时也要复位上一步。编程时要注意置位和复位指令的使用，对某一位置位，在该程序中，一定也要对它复位，否则这一位永远处于一种状态，无法循环使用。如在压钳和剪刀都返回原位后，M0.5 和 M0.7 都要复位，在程序的最后面。

图 5.11　液压剪板机控制梯形图

【知识巩固】

控制要求如下：初始状态时某冲压机的冲压头停在上面，限位开关 I0.2 为 ON，按下启动按钮 I0.0，输出位 Q0.0 控制的电磁阀线圈通电并保持，冲压头下行。压到工件后压力升高，压力继电器动作，使输入位 I0.1 变为 ON，用 T37 保压延时 5s 后，Q0.0 变为 OFF，Q0.1 变为 ON，上行电磁阀线圈通电，冲压头上行。返回到初始位置时碰到限位开关 I0.2，系统回到初始状态，Q0.1 变为 OFF，冲压头停止上行。试画出本系统顺序功能图。

5.2　任务二　顺控指令的应用

【任务提出】

设计交通指挥信号灯控制系统的梯形图程序。信号灯受一个启动开关控制，当启动开关接通时，信号灯系统开始工作，且先南北红灯亮，东西绿灯亮；当启动开关断开时，所有信号灯都熄灭。具体要求如下：

（1）南北绿灯和东西绿灯不能同时亮。如果同时亮应关闭信号灯系统，并立即报警。

（2）南北红灯亮维持25s。在南北红灯亮的同时东西绿灯也亮，并维持20s。20s时，东西绿灯闪亮，闪亮3s后熄灭。在东西绿灯熄灭时，东西黄灯亮，并维持2s。到2s后，东西黄灯熄灭，东西红灯亮。同时，南北红灯熄灭，南北绿灯亮。

（3）东西红灯亮维持30s。南北绿灯亮维持25s，然后闪亮3s，再熄灭。接着南北黄灯亮，维持2s后熄灭，这时南北红灯亮，东西绿灯亮。

（4）周而复始，循环往复。

根据控制要求可知，这是一个时序逻辑控制系统。图5.12是其时序图。

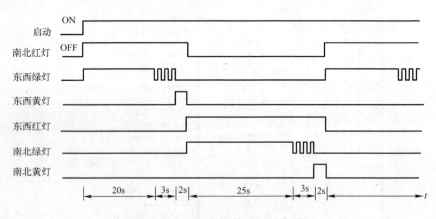

图 5.12　交通指挥信号灯时序图

【相关知识】

顺序功能图中除了使用位存储器 M 代表各步外，还可以使用顺序控制继电器 S 代表各步。使用 S 代表各步的顺序功能图设计梯形图程序时，需要用 SCR 指令。使用 SCR 指令时相应的顺序功能图中的步用 S_bit 表示，顺序功能图如图 5.13 所示。

1. 顺序控制指令编程格式

S7 – 200 PLC 提供了三条顺序控制指令，编程格式与功能见表 5–2。S7 – 200 的系统 CPU 中的顺序控制继电器 S 是专门用于编制与时序相关的控制程序的。它能够按照自然的工艺过程编制状态控制程序。

2. 指令说明

（1）顺序控制指令仅对顺序控制继电器 S 有效，S 也具有一般继电器的功能，所以对它能够使用其他指令。S 的范围为：S0.0～S31.7。

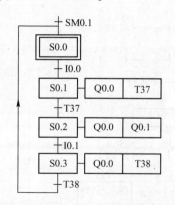

图 5.13　使用 SCR 指令的顺序功能图

表 5-2　顺序控制指令的形成及功能

名　　称	梯　形　图	语　句　表	功　　能	操 作 对 象
SCR 装载指令	bit —[SCR]	LSCR bit	顺序状态开始	S
SCR 传送指令	bit —(SCRT)	SCRT bit	顺序状态转移	S
SCR 结束指令	—(SCRE)	SCRE	顺序状态结束	无

（2）SCR 段程序能否执行取决于该步（S）是否被置位，SCRE 与下一个 LSCR 之间的指令逻辑不影响下一个 SCR 段程序的执行。

（3）在 SCR 段输出时，常用特殊标志位继电器 SM0.0 执行 SCR 段的输出操作。因为线圈不能直接和母线相连接，所以必须借助于一个常 ON 的 SM0.0 来完成任务。

（4）不能把同一个 S 位用于不同程序中，例如，如果在主程序中用了 S1.1，则在子程序中就不能再使用它。

（5）在 SCR 段中不能使用 JMP 和 LBL 指令，就是说不允许跳入、跳出或在内部跳转，但可以在 SCR 段附近使用跳转和标号指令。

（6）在 SCR 段中不能使用 FOR、NEXT 和 END 指令。

（7）在步发生转移后，所有的 SCR 段的元器件一般也要复位，如果希望继续输出，可使用置位/复位指令。

（8）在使用功能图时，顺序控制继电器的编号可以不按顺序安排。

3. 举例应用

在使用功能图编程时，应先画出功能图，然后对应功能图画出梯形图。

【例 5-3】用 SCR 指令编制图 5.13 所示顺序功能图的梯形图程序。

使用 SCR 指令编程时，在 SCR 段中使用 SM0.0 的常开触点驱动该步中的输出线圈，使用转移条件对应的触点或电路驱动转移到后续步的 SCRT 指令。虽然 SM0.0 一直为 1，但是只有当某一步活动时相应的 SCR 段内的指令才能执行。对应的梯形图如图 5.14 所示。

【例 5-4】使用 SCR 指令编写图 5.15 所示顺序功能图的梯形图程序。

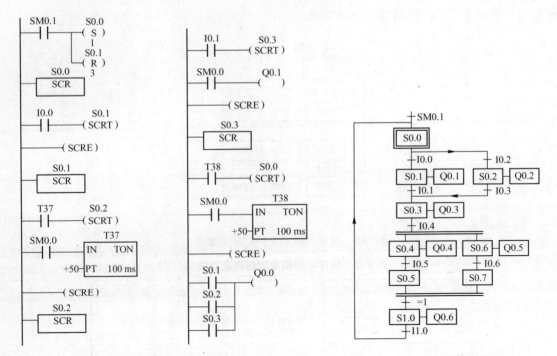

图 5.14　使用 SCR 指令编写的梯形图程序　　　　　图 5.15　选择、并行序列的顺序功能图

在顺序功能图 5.15 中，步 S0.0 之后是一个选择序列分支。当该步活动时，满足 I0.0 的转移条件时，步 S0.1 变为活动步；满足 I0.2 的转移条件时，步 S0.2 变为活动步。在梯形图程序中，当 S0.0 的 SCR 段被执行时，如果满足 I0.0 的转移条件，执行程序段中的"SCRT S0.1"指令，转换到步 S0.1 对应的 SCR 段；如果满足 I0.2 的转移条件，则执行程序段中的"SCRT S0.2"指令，转移到步 S0.2 对应的 SCR 段。

步 S0.3 之前是选择序列合并。当步 S0.1 为活动步且满足 I0.1 的转移条件或者步 S0.2 为活动步且满足 I0.3 的转移条件时，步 S0.3 都能变为活动步。在对应的 SCR 段中，分别用 I0.1 和 I0.3 驱动"SCRT S0.3"指令，实现选择序列合并。

步 S0.3 之后是并行序列分支。当步 S0.3 活动且满足 I0.4 的转移条件时，步 S0.4 和步 S0.6 同时变为活动步，在 S0.3 对应的 SCR 段中使用 I0.4 驱动"SCRT S0.4"和"SCRT S0.6"指令实现并行序列分支。

步 S1.0 之前是并行序列合并。因为转移条件为 1 总是能够被满足，转移实现的条件是所有的前级步 S0.5 和 S0.7 都是活动步。在梯形图程序中，用 S0.5 和 S0.7 的常开触点串联置位、复位指令实现步 S1.0 变为活动步和步 S0.5、S0.7 变为不活动步。

对应的梯形图程序如图 5.16 所示。

【例 5-5】如图 5.17 所示中的两条传送带用来传送钢板之类的长物体，要求尽可能地减少传送带的运行时间。在传送带端部设置了两个光电开关 I0.1 和 I0.2，传送带 A、B 的电机分别由 Q0.1 和 Q0.2 驱动。SM0.1 使系统进入初始步，按下启动按钮，I0.0 变为"1"状态时，系统进入步 S0.1，传送带 Q0.1 开始运行，被传送的物体的前沿使 I0.1 变为"1"状态时，系统进入步 S0.2，两条传送带同时运行。被传送物体的后沿离开 I0.1 时，传送带 A 停止运行，物体的后沿离开 I0.2 时，传送带 B 也停止运行，系统返回初始步。

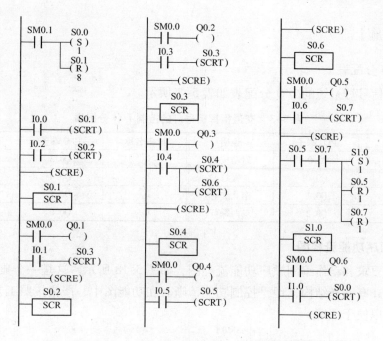

图 5.16　选择、并行序列的 SCR 指令程序

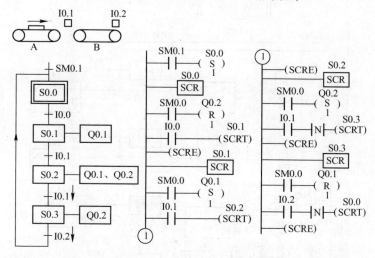

图 5.17　顺序功能图和控制梯形图

　　系统顺序功能图及控制程序梯形图如图 5.17 所示，初始化脉冲 SM0.1 用来置位 S0.0，即把 S0.0（步 1）激活；在步 1 的 SCR 段要做的工作是复位 Q0.2。按启动按钮 I0.0 后，步发生转移，I0.0 即为步转移条件，I0.0 的常开触点将 S0.1（步 2）置位（激活）的同时，自动使原步 S0.0 复位。在步 2 的 SCR 段，要做的工作是置位 Q0.1，当 I0.1 变为"1"状态时，步从步 2（S0.1）转移到步 3（S0.2），同时步 2 复位。在步 3 的 SCR 段，要做的工作是置位 Q0.2，当 I0.1 断开时，步从步 3（S0.2）转移到步 4（S0.3）。在步 4 的 SCR 段，要做的工作是复位 Q0.1，当 I0.2 断开时，步从步 4（S0.3）转移到步 1（S0.0）。

【任务实施】

1. 列 I/O 分配表

交通指挥信号灯系统的 I/O 分配表如表 5-3 所示。

表 5-3　交通指挥信号灯的控制 I/O 分配表

设备名称	PLC 端子	说明	设备名称	PLC 端子	说明
按钮 SB_1	I0.0	启动按钮	L_3	Q0.3	东西黄灯
L_0	Q0.0	警灯	L_4	Q0.4	东西红灯
L_1	Q0.1	南北红灯	L_5	Q0.5	南北绿灯
L_2	Q0.2	东西绿灯	L_6	Q0.6	南北黄灯

2. 绘制顺序功能流程图

根据控制要求和动作编制顺序功能流程图，如图 5.18 所示。这是一个典型的并列结构，在并列结构中还有选择结构，但是控制功能清晰。在功能图中，严格按照工艺流程过程编制顺序功能图，以便于理解。

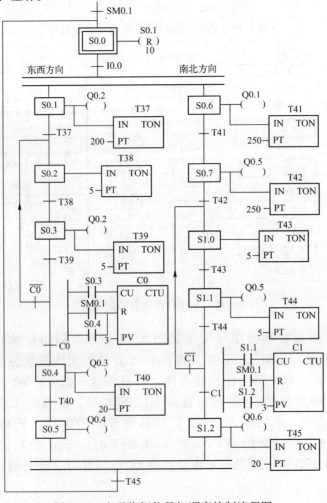

图 5.18　交通指挥信号灯顺序控制流程图

3. 程序设计

绘制控制梯形图，如图 5.19 所示。S7 - 200 PLC 的顺控指令不支持直接输出（=）的

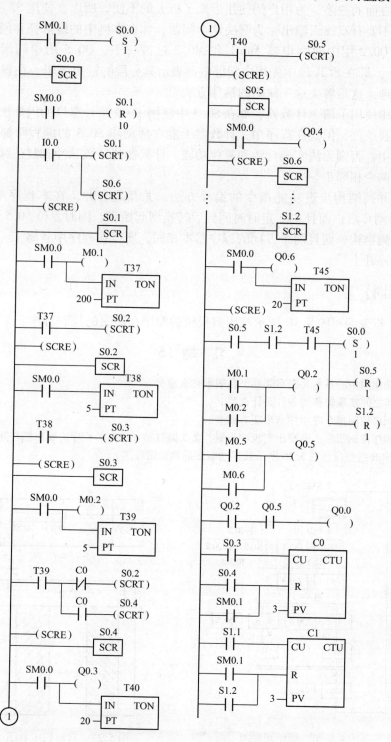

图 5.19　交通指挥信号灯顺序控制梯形图

双线圈操作。如果在图 5.19 中的状态 S0.1 的 SCR 段有 Q0.2 输出，在状态 S0.3 的 SCR 段也有 Q0.2 输出，则不管在什么情况下，在前面的 Q0.2 永远不会有效，这是 S7-200 PLC 顺控指令设计方面的缺陷，为用户的使用带来了极大的不便，所以在使用 S7-200 PLC 的顺控指令时一定不要有双线圈输出。为解决这个问题，如在本例中的绿灯亮和闪烁的控制逻辑设计，这里的 Q0.2 用中间继电器 M0.1 和 M0.2 过渡一下，Q0.5 用中间继电器 M0.5 和 M0.6 过渡一下，即在 SCR 段中先用中间继电器表示其分段的输出逻辑，在程序的最后再进行合并输出处理，这是解决这一缺陷的最佳方法。

在功能图中使用了两个计数器，如在 S0.3 中使用了 C0 来记绿灯的闪烁次数，而且作为选择支路的转换条件，但是在程序中，计数器不能在活动步 S0.3 的编程阶梯中，必须编制在公共段程序中，否则无法实现计数和复位功能。计数器的计数脉冲和复位脉冲分别是满足条件后转换的两个相邻步。

还要注意并列结构步进功能指令的编程方法，尤其是合并，在本程序中，当 S0.5 和 S1.2 都变成活动步后，而且 T45 定时时间到后转换到起始步，同时复位 S0.5 和 S1.2。

由于是并列结构，而且两个方向的程序基本相同，所以在程序中省略了一部分，请读者参考前面的程序补上。

【知识巩固】

试用 SCR 指令编写图 5.10 所示液压剪板机的顺序功能图的控制程序。

习 题 5

5.1 顺序功能图中的基本元素有哪些？各表示什么意义？

5.2 步与步之间实现转移的条件是什么？

5.3 使用顺序控制指令应用注意事项有哪些？

5.4 使用顺序控制指令，编写出实现红、绿、黄 3 盏灯循环点亮的程序，要求循环间隔时间为 1s。

5.5 使用 SCR 指令设计图 5.20 所示顺序功能图的梯形图程序。

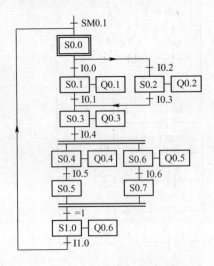

图 5.20 顺序功能图

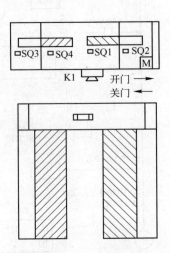

图 5.21 自动门示意图

5.6 根据控制要求，设计自动门的顺序功能流程图以及控制梯形图。自动门的示意图如图 5.20 所示，K_1 是微波人体检测开关，SQ_3、SQ_4 是开门限位开关，SQ_1、SQ_2 是关门限位开关。开、关门的主电机 M，电机高速控制接触器 KM_2、KM_4 和低速控制接触器 KM_1、KM_3，电机和门运动系统之间有安全离合器。

（1）控制要求及过程。微波人体检测开关检测到有人，高速开门，高速开门减速开关动作，转为低速开门，开门到位，停止开门并延时；延时到，高速关门，高速关门减速开关动作，转为低速关门，关门到位，停止关门；在关门期间，微波人体检测开关检测到有人，停止关门，延时 1 秒，自动转换为高速开门。

（2）自动门输入/输出地址分配。

输 入			输 出		
设 备 名 称	PLC 端子	说 明	设 备 名 称	PLC 端子	说 明
K_1	I0.0	微波开关	接触器 KM_1	Q0.1	低速关门
限位开关 SQ_1	I0.1	关门极限开关	接触器 KM_2	Q0.2	高速关门
限位开关 SQ_2	I0.2	关门减速开关	接触器 KM_3	Q0.3	低速开门
限位开关 SQ_3	I0.3	开门极限开关	接触器 KM_3	Q0.4	高速开门
限位开关 SQ_4	I0.4	开门减速开关			

5.7 图 5.22 为两种液体的混合装置结构图。SL_1、SL_2、SL_3 为液面传感器，液面淹没时接通，两种液体（液体 A、液体 B）的流入和混合液体流出分别由电磁阀 YV_1、YV_2、YV_3 控制，M 为搅匀电动机，控制要求如下：

（1）初始状态：当装置投入运行时，容器内为放空状态。

（2）启动操作：按下启动按钮，装置就开始按规定动作工作。液体 A 阀门打开，液体 A 流入容器。当液面到达 SL_2 时，关闭液体 A 阀门，打开液体 B 阀门。当液面到

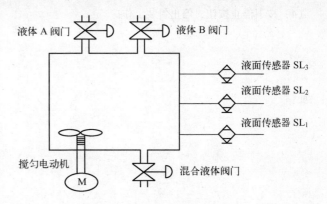

图 5.22 液体混合装置结构图

达 SL_3 时，关闭液体 B 阀门，搅匀电机开始转动。搅匀电机工作 1min 后，停止搅动，混合液体阀门打开，开始放出混合液体。当液面下降到 SL_1 时，SL_1 由接通变为断开，经过 20s 后，容器放空，混合液体阀门关闭，接着开始下一循环操作。

（3）停止操作：按下停止按钮后，当处理完当前循环周期剩余的任务后，系统停止在初始状态。

根据工艺过程编制顺序功能图和控制程序。

5.8 设计如图 5.23 所示的顺序功能图的梯形图程序。

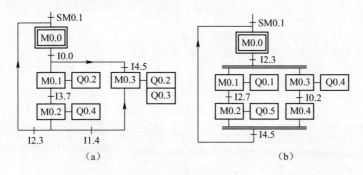

图 5.23 顺序功能图

5.9 自动封装系统示意图如图5.24所示。它用来自动封装定量产品，例如牛奶、面粉等。控制任务如下：

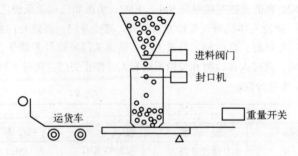

图 5.24 自动封装系统示意图

（1）按下启动按钮，重量开关动作，使进料阀门打开，物料落入包装袋中。

（2）当重量达到时，重量开关动作，使进料阀们关闭，同时封口作业开始，将包装袋热凝封口5s。

（3）移去已包装好的物品，重量开关重新动作，进料阀门打开，进行下一循环的封装作业。

（4）按下停止按钮，停止封装工作。

模块 6　数据处理指令的应用

知识目标

(1) 理解数据类型的表示含义；

(2) 掌握数据传送、比较、移位、运算、转换指令的格式、功能及应用；

(3) 掌握表功能指令的格式及应用；

(4) 了解时钟指令的用法。

能力目标

(1) 能应用数据传送、比较、移位、运算、转换指令编写控制程序；

(2) 能应用表功能指令完成数据表格的创建以及对表中数据的操作。

PLC 的数据处理类指令主要用于完成对工业生产中的数据采集、分析和处理等任务。S7 – 200 的 PLC 数据处理指令包括传送指令、比较指令、移位指令、运算指令、转换指令、表功能指令等。

6.1　任务一　数据的传送

【任务提出】

用数据传送指令实现 8 个彩灯同时点亮和熄灭控制。I0.0 为启动信号，I0.1 为停止信号，8 个彩灯分别由 Q0.0 ~ Q0.7 驱动。

【相关知识】

S7 – 200 的数据传送指令，包含了对字节、字、双字、实数的操作，传送指令的操作对象可以是单个的数据，也可以是数据块（如字节块、字块、双字块等等）。传送指令用来实现各存储器单元之间数据的传送和复制。

6.1.1　单一数据传送指令

1. 单一数据传送指令编程格式及功能

单一数据传送指令一次完成一个字节、字、双字或实数的传送。指令格式与功能参见表 6-1。

2. 说明

(1) 操作码中的 B(字节)、W(字)、D(双字)和 R(实数)代表被传送数据的类型。

(2) 操作码的寻址范围与指令码一致，如字数据传送只能寻址字型存储器，常量仅限输入寻址。

表 6-1　单一数据传送指令格式

指令名称		字节传送指令	字传送指令	双字传送指令	实数传送指令
梯形图		MOV_B EN ENO ????- IN OUT -????	MOV_W EN ENO ????- IN OUT -????	MOV_DW EN ENO ????- IN OUT -????	MOV_R EN ENO ????- IN OUT -????
语句表		MOVB IN, OUT	MOVW IN, OUT	MOVD IN, OUT	MOVR IN, OUT.
操作数及 数据类型	IN	VB, IB, QB, MB, SB, SMB, LB, AC, 常量	VW, IW, QW, MW, SW, SMW, LW, T, C, AIW, 常量, AC	VD, ID, QD, MD, SD, SMD, LD, HC, AC, 常量	VD, ID, QD, MD, SD, SMD, LD, AC, 常量
	OUT	VB, IB, QB, MB, SB, SMB, LB, AC	VW, T, C, IW, QW, SW, MW, SMW, LW, AC, AQW	VD, ID, QD, MD, SD, SMD, LD, AC	VD, ID, QD, MD, SD, SMD, LD, AC
功能		在使能输入有效时，即 EN = 1 时，将数据输入端 IN 的数据（包括字节、字/整数、双字/双整数、实数）送到 OUT 指定的存储单元。在传送过程中不改变数据的大小，传送后，输入存储器 IN 中的内容不变			

（3）影响使能输出 ENO 正常工作的出错条件是：SM4.3（运行期间）、0006（间接寻址错误）。

3. 举例应用

【例 6-1】　在程序初始化过程中，常需要将某些字节、字或双字存储器清零或设置初值，为后续控制做相关准备。例如，在开机运行时，字节变量 VB0 清零，字变量存储器 VW30 中内容送到 VW10，这一任务该如何完成呢？

程序设计如图 6.1 所示。在程序运行后的第一个扫描周期，字节传送指令 MOV_B 将 0 传送给 VB0，字传送指令 MOV_W 将 VB30 的内容传送给 VB10，完成程序初始化。在为变量赋值时，为保证数据传送只执行一次，数据传送指令一般与 SM0.1 或跳变指令联合使用。

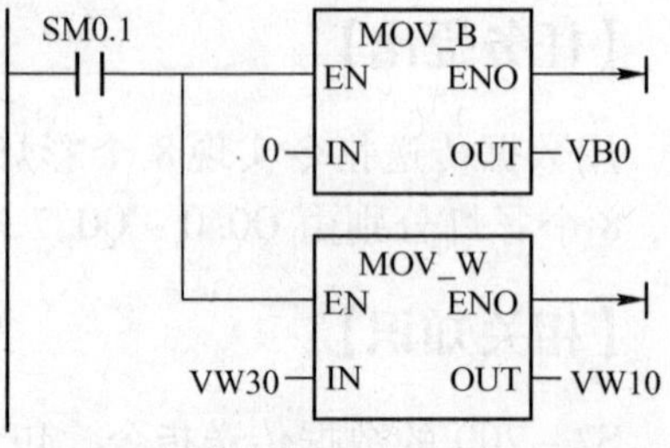

图 6.1　变量初始化梯形图

6.1.2　其他数据传送类指令

1. 指令格式及功能（见表 6-2 所示）

表 6-2　其他数据传送类指令格式及功能

名称	梯形图	语句表	功能
数据块 传送指令	BLKMOV_B EN ENO ????- IN OUT -???? ????- N BLKMOV_W EN ENO ????- IN OUT -???? ????- N BLKMOV_D EN ENO ????- IN OUT -???? ????- N	BMB IN, OUT, N BMW IN, OUT, N BMD IN, OUT, N	分别实现字节、字、双字的块传送 当使能输入有效时，即 EN = 1 时，把从 IN 存储单元开始的连续的 N 个数据传送到从 OUT 开始的连续的 N 个存储单元中。N 为字节变量，N = 1 ~ 255

名　称	梯　形　图	语　句　表	功　能
字节立即 读写指令	MOV_BIR EN ENO ????－IN OUT－????　　????－EN ENO MOV_BIW IN OUT－????	BIR IN, OUT BIW IN, OUT	MOV_BIR 为字节立即读 指令；MOV_BIW 为字节立 即写指令
字节交 换指令	SWAP EN ENO ????－IN	SWAP　IN	使能输入 EN 有效时，将 输入字 IN 的高字节与低字 节交换，结果仍放在 IN 中
填充指令	FILL_N EN ENO IN OUT N	FILL IN, OUT, N	使能输入 EN 有效时，即 EN＝1，将字型输入数据 IN 填充到从 OUT 开始的 N 个 字存储单元

2. 说明

（1）字节立即读 MOV_BIR 指令读取一个字节的物理输入 IN，将结果写入 OUT，但输入映像寄存器未更新，IN 只能是 IB；字节立即写 MOV_BIW 指令将输入给出的一个字节的数值写入到物理输出 OUT，同时刷新对应的输出映像寄存器，OUT 只能是 QB。

（2）SWAP 指令的操作数只能是字型数据存储器。

3. 举例应用

【例6-2】将变量存储器 VB20 开始的 4 个字节（VB20～VB23）中的数据，移至 VB100 开始的 4 个字节中（VB100～VB103）。程序如图 6.2 所示。

【例6-3】字节交换指令应用举例。如图 6.3 所示。

当输入 I0.1 为 1 时，将 VW50 的高低字节交换，程序执行结果：

指令执行之前 VW50 中的字为：D6 C3

指令执行之后 VW50 中的字为：C3 D6

【例6-4】字节立即写指令应用举例。如图 6.4 所示。

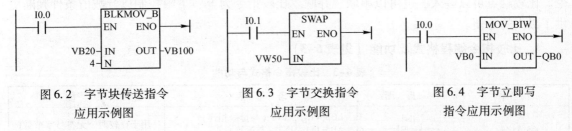

图 6.2　字节块传送指令　　　　图 6.3　字节交换指令　　　　图 6.4　字节立即写
　　　　应用示例图　　　　　　　　　应用示例图　　　　　　　指令应用示例图

当 I0.0 为 1 时，字节立即写 MOV_BIR 指令将存储器 VB0 的数据写入 QB0。

【例6-5】PLC 初始化时，将从 VB30 开始的连续 40 个字的存储单元清零。程序如图 6.5所示。

【任务实施】

用数据传送指令实现 8 个彩灯同时点亮和熄灭控制的程序设计如图 6.6 所示。

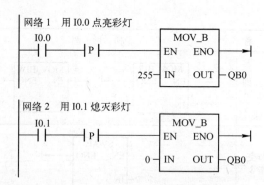

网络 1　用 I0.0 点亮彩灯

网络 2　用 I0.1 熄灭彩灯

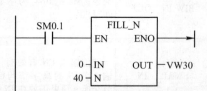

图 6.5　填充指令应用示例图　　　　图 6.6　彩灯控制梯形图程序

网络 1 中，当 I0.0 按下后，字节传送指令 MOV_B 的 EN 端为 1，则将 255 传送给 QB0，即 8 个灯全部点亮。当 I0.1 按下后，网络 2 中，字节传送指令 MOV_B 的 EN 端为 1，则将 0 传送给 QB0，即 8 个灯全部熄灭。

【知识巩固】

试设计程序，实现将 QW0 的高位字节和低位字节的内容每隔 1 s 交换一次。

6.2　任务二　数据的比较

【任务提出】

用比较指令完成三台电动机（M1、M2、M3）分时启动控制。要求按下启动按钮，每隔 5 s 按 M1、M2、M3 顺序启动运行，按下停止按钮，三台电动机同时停止。

【相关知识】

比较指令是 PLC 中的重要基本指令，用来完成比较判断，两个操作数（IN1、IN2）比较结果为真时，触点闭合，否则断开。梯形图程序中，用带参数和运算符的触点表示比较指令。比较触点可以装入，也可以串联、并联。比较指令为上、下限控制以及数值条件判断提供了极大的方便。

1. 比较指令编程格式及功能（见表 6–3）

表 6–3　比较指令格式与功能

名　称	梯　形　图	语　句　表	功　能
字节比较	IN1 ==B IN2	LDB = IN1，IN2（与母线相连） AB = IN1，IN2（与运算） OB = IN1，IN2（或运算）	用于比较两个无符号字节数的大小
字整数比较	IN1 ==I IN2	LDW = IN1，IN2（与母线相连） AW = IN1，IN2（与运算） OW = IN1，IN2（或运算）	用于比较两个有符号整数的大小
双字整数比较	IN1 ==D IN2	LDD = IN1，IN2（与母线相连） AD = IN1，IN2（与运算） OD = IN1，IN2（或运算）	用于比较两个有符号双字型整数的大小

名　称	梯　形　图	语　句　表	功　能
实数比较	IN1 —| ==R |— IN2	LDR = IN1，IN2（与母线相连） AR = IN1，IN2（与运算） OR = IN1，IN2（或运算）	用于比较两个有符号实数的大小
字符串比较	IN1 —| ==S |— IN2	LDS = IN1，IN2（与母线相连） AS = IN1，IN2（与运算） OS = IN1，IN2（或运算）	用于比较两个字符串的 ASCII 码字符是否相等

2. 说明

（1）表 6-3 中给出了相等比较的指令格式，数据比较运算符号还有 <=（小于等于）、>=（大于等于）、<（小于）、>（大于）、< >（不等于）。

（2）注意字整数比较指令，梯形图是 I，语句表是 W。

（3）数据比较 IN1、IN2 操作数的寻址范围为 I、Q、M、SM、V、S、L、AC、VD、LD 和常数。

3. 举例应用

【例 6-6】 有一个恒温水池，要求温度在 30℃~50℃之间，当温度低于 30℃时，启动加热器加热，红灯亮；当温度高于 50℃时，停止加热，指示绿灯亮。假设将温度数据存放在 SMB10 中。

程序设计如图 6.7 所示。

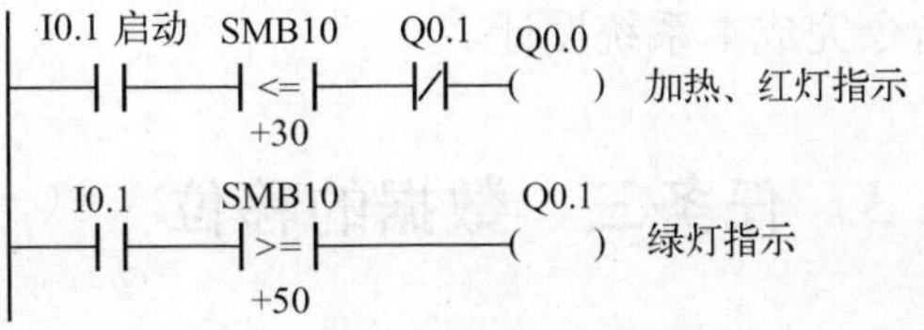

【例 6-7】 用定时器和比较指令组成占空比可调的脉冲发生器。

M0.0 和 100ms 定时器 T37 组成脉冲发生器，比较指令用来产生脉冲宽度可调的方波，脉宽的调整由比较指令的第二个操作数实现，梯形图程序和脉冲波形如图 6.8 所示。

图 6.7　恒温控制梯形图

【例 6-8】 调整模拟调整电位器 0，改变 SMB28 字节数值，当 SMB28 数值小于或等于 50 时，Q0.0 输出；当 SMB28 数值在 50 和 150 之间时，Q0.1 输出；当 SMB28 数值大于或等于 150 时，Q0.2 输出。

梯形图程序如图 6.9 所示。

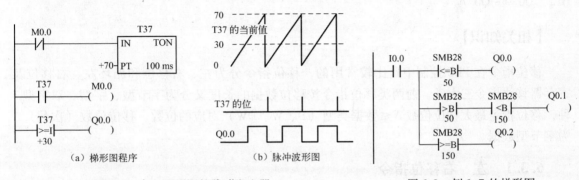

（a）梯形图程序　　　　　（b）脉冲波形图

图 6.8　占空比可调的脉冲发生器　　　　图 6.9　例 6-7 的梯形图

·97·

【任务实施】

1. 列 I/O 分配表（见表 6-4）。

表 6-4　三台电机分时启动 I/O 分配表

输　入			输　出		
设 备 名 称	PLC 端子	说　明	设 备 名 称	PLC 端子	说　明
按钮 SB$_1$	I0.1	启动按钮	接触器 KM$_1$	Q0.1	电动机 1
按钮 SB$_2$	I0.2	停止按钮	接触器 KM$_2$	Q0.2	电动机 2
			接触器 KM$_3$	Q0.3	电动机 3

2. 程序设计

三台电机分时启动梯形图设计如图 6.10 所示。

【知识巩固】

某计数器，计到 10 次时 Q0.1 通电；计到 12 次至 20 次期间 Q0.2 通电；计到 30 次时 Q0.3 通电。用比较指令完成本系统设计。

6.3　任务三　数据的移位

【任务提出】

有一组霓虹灯 HL$_1$ ～ HL$_8$，要求能左右单灯循环显示，用一个开关控制循环的启动和停止，另一个开关控制循环方向，循环移动周期为 1 秒。I/O 分配：启动、停止按钮 I0.0，左右循环按钮：I0.1，彩灯 HL$_1$ ～ HL$_8$：Q0.0 ～ Q0.7。

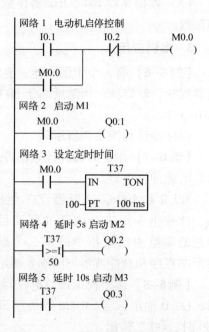

图 6.10　三台电机分时启动梯形图

【相关知识】

移位指令在 PLC 控制中是比较常用的，移位指令分为左、右移位和循环左、右移位及寄存器移位指令三大类。前两类移位指令按移位数据的长度又分为字节型、字型、双字型 3 种，移位指令最大移位位数 $N \leqslant$ 数据类型（B、W、DW）对应的位数，移位位数（次数）N 为字节型数据。

6.3.1　左、右移位指令

左、右移位数据存储单元的移出端与 SM1.1（溢出）端相连，移出位被放到 SM1.1 特殊存储单元，移位数据存储单元的另一端补0。当移位操作结果为0时，零标志位SM1.0置1。

1. 左、右移位指令编程格式与功能（见表6-5）

表6-5　移位指令格式及功能

梯　形　图			语　名　表	功　　能
SHL_B —EN　ENO— ????—IN　OUT—???? ????—N	SHL_W —EN　ENO— ????—IN　OUT—???? ????—N	SHL_DW —EN　ENO— ????—IN　OUT—???? ????—N	SLB　OUT, N SLW　OUT, N SLD　OUT, N	字节、字、双字左移
SHR_B —EN　ENO— ????—IN　OUT—???? ????—N	SHR_W —EN　ENO— ????—IN　OUT—???? ????—N	SHR_DW —EN　ENO— ????—IN　OUT—???? ????—N	SRB　OUT, N SRW　OUT, N SRD　OUT, N	字节、字、双字右移

2. 说明

（1）被移位的数据是无符号的。

（2）左移位指令SHL（Shift Left）。使能输入有效时，将输入的字节、字或双字IN左移N位后（右端补0），将结果输出到OUT所指定的存储单元中，最后一次移出位保存在SMl.1（溢出）。

（3）右移位指令SHR（Shift Right）。使能输入有效时，将输入的字节、字或双字IN右移N位后，将结果输出到OUT所指定的存储单元中，最后一次移出位保存在SMl.1。

（4）移位位数N与移位数据长度有关，一般N≤数据类型对应的位数。

3. 举例应用

【例6-9】字节左移指令应用示例。

梯形图程序如图6.11所示，将VB0的内容左移3位，再送回VB0中。移位过程如图6.12所示。

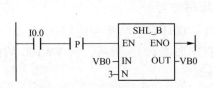

图6.11　字节左移指令应用示例

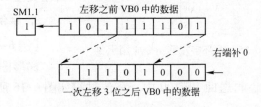

图6.12　左移位过程

【例6-10】字节右移指令应用示例。

梯形图程序如图6.13所示，将VB8的内容右移3位，再送回VB8中。移位过程如图6.14所示。

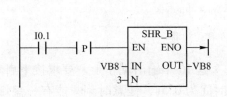

图6.13　字节左移指令应用示例

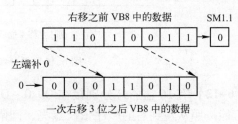

图6.14　右移位过程

6.3.2 循环左、右移位

循环移位将移位数据存储单元的首尾相连，同时又与溢出标志 SM1.1 连接，SM1.1 用来存放被移出的位。

1. 循环移位指令编程格式与功能（见表 6-6）

表 6-6 循环移位指令格式及功能

梯 形 图			语 名 表	功 能
ROL_B —EN ENO— ????—IN OUT—???? ????—N	ROL_W —EN ENO— ????—IN OUT— ????—N	ROL_DW —EN ENO— ????—IN OUT—???? ????—N	RLB OUT, N RLW OUT, N RLD OUT, N	字节、字、双字 循环左移位
ROR_B —EN ENO— ????—IN OUT—???? ????—N	ROR_W —EN ENO— ????—IN OUT— ????—N	ROR_DW —EN ENO— ????—IN OUT—???? ????—N	RRB OUT, N RRW OUT, N RRD OUT, N	字节、字、双字 循环右移位

2. 说明

（1）被移位的数据是无符号的。

（2）循环左移位指令 ROL（Rotate Left）。使能输入有效时，字节、字或双字 IN 数据循环左移 N 位后，将结果输出到 OUT 所指定的存储单元中，并将最后一次移出位送 SM1.1。

（3）循环右移位指令 ROR（Rotate Right）。使能输入有效时，字节、字或双字 IN 数据循环右移 N 位后，将结果输出到 OUT 所指定的存储单元中，并将最后一次移出位送 SM1.1。

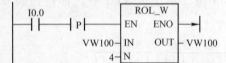

图 6.15 循环字左移指令应用示例

（4）移位位数 N 与移位数据长度有关，一般 $N \leqslant$ 数据类型对应的位数。

3. 举例应用

【例 6-11】循环字左移指令应用示例。

梯形图程序如图 6.15 所示，将 VW100 的内容左移 4 位，再送回 VW100 中。移位过程如图 6.16 所示。

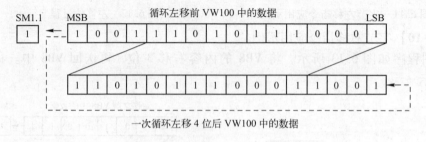

图 6.16 循环字左移位过程

【例 6-12】有 16 盏彩灯分别接在 Q0.0 ~ Q1.7 这 16 个输出端子上。要求按下启动按钮后，彩灯能按照从左到右的顺序依次点亮，间隔时间为 0.5s，任意时刻只能有一盏灯点亮。

按下停止按钮，循环结束。

控制程序设计如图 6.17 所示。

6.3.3 移位寄存器指令 SHRB

移位寄存器指令是一个移位长度和移位方向可指定的移位指令。在顺序控制和步进控制中，应用移位寄存器编程是很方便的。

1. 移位寄存器指令格式及功能（见表 6-7）

2. 说明

梯形图中 DATA 为数值输入，指令执行时将该位的值移入移位寄存器。S_BIT 为寄存器的最低位。N 为移位寄存器的长度（$1 \sim 64$），N 为正值时左移位（由低位到高位），DATA 值从 S_BIT 位移入，移出位进入 SM1.1；N 为负值时右移位（由高位到低位），S_BIT 移出到 SM1.1，另一端补充 DATA 移入位的值，移出位进入 SM1.1 中。

3. 举例应用

【例 6-13】 移位寄存器指令应用示例。

梯形图程序如图 6.18 所示，移位过程如图 6.19 所示。

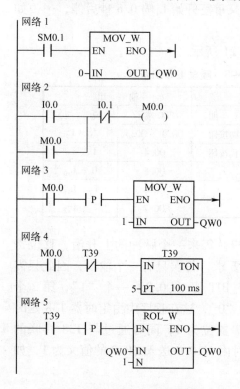

图 6.17　彩灯循环点亮梯形图

表 6-7　寄存移位指令

梯 形 图	语 句 表	功 能
 SHRB EN ENO DATA S_BIT N	SHRB DATA, S_BIT, N	移位寄存器

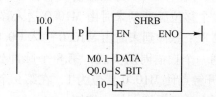

图 6.18　移位寄存器指令示例梯形图

【例 6-14】 用 PLC 构成喷泉的控制。用灯 $L_1 \sim L_{12}$ 分别代表喷泉的 12 个喷水柱。喷水柱的布局如图 6.20 所示。

控制要求：按下启动按钮后，L_1 喷 0.5 秒后停，接着 L_2 喷 0.5 秒后停，接着 L_3 喷 0.5 秒

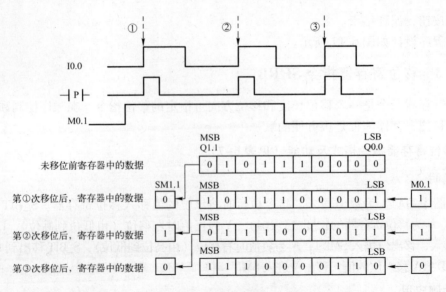

图 6.19　移位寄存器移位过程

后停，接着 L_4 喷 0.5 秒后停，接着 L_5、L_9 喷 0.5 秒后停，接着 L_6、L_{10} 喷 0.5 秒后停，接着 L_7、L_{11} 喷 0.5 秒后停，接着 L_8、L_{12} 喷 0.5 秒后停，又重复开始 L_1 喷 0.5 秒后停，……如此循环，直至按下停止按钮。

I/O 分配如表 6-8 所示，对应的梯形图程序如图 6.21 所示。

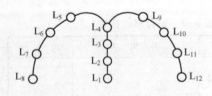

图 6.20　喷水柱的布局图

表 6-8　喷泉 I/O 分配表

输　　入		输　　出	
PLC 端子	说　　明	PLC 端子	说　　明
I0.0	启动按钮	Q0.0 ~ Q0.3	L_1 ~ L_4
I0.1	停止按钮	Q0.4	L_5、L_9
		Q0.5	L_6、L_{10}
		Q0.6	L_7、L_{11}
		Q0.7	L_8、L_{12}

在移位寄存器指令 SHRB 中，EN 连接移位脉冲 T37，每来一个脉冲的上升沿，移位寄存器移动一位。M10.0 为数据输入端 DATA。根据控制要求，每次只有一个输出，因此只需要在第 1 个移位脉冲到来时由 M10.0 送入移位寄存器 S_BIT 位（Q0.0）一个 "1"，第 2 个脉冲至第 8 个脉冲到来时由 M10.0 送入 Q0.0 的值均为 "0"，这在程序中由定时器 T38 延时 0.5s 导通一个扫描周期实现，第 8 个脉冲到来时 Q0.7 置位为 1，同时通过与 T38 并联的 Q0.7 常开触点使 M10.0 置位为 1，在第 9 个脉冲到来时由 M10.0 送入 Q0.0 的值又为 1，如此循环下去，直至按下停止按钮。

【任务实施】

霓虹灯左、右单灯循环显示控制梯形图如图 6.22 所示，采用循环移位指令编制。I0.0 控制闪烁电路，也即控制程序的启动与停止；I0.1 控制程序的左、右循环；用循环指令实现任意时刻的霓虹灯左、右移位。

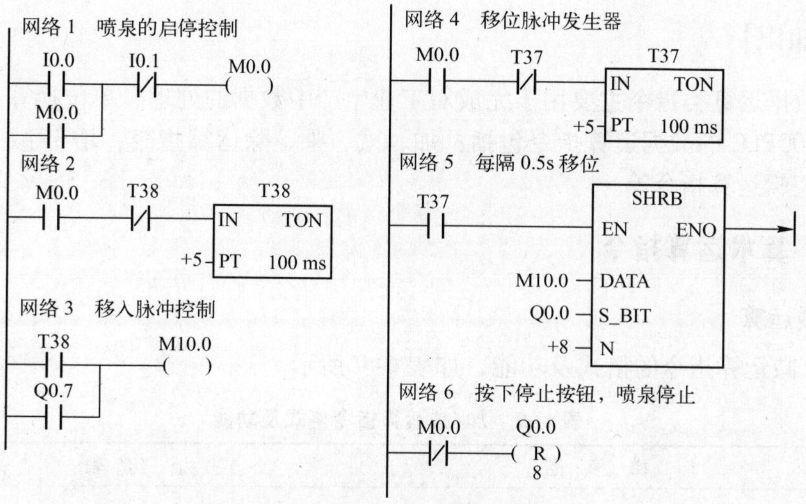

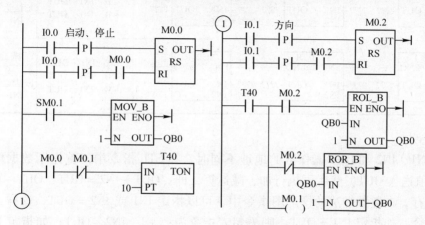

图 6.21 喷泉控制梯形图

图 6.22 霓虹灯左、右单灯循环显示控制梯形图

【知识巩固】

有 12 盏彩灯分别接在 PLC 的 Q0.0 ～ Q1.3 这 12 个输出端子上。要求按下启动按钮后，彩灯能按照从左到右的顺序依次点亮，间隔时间为 1s，任意时刻只能有一盏灯点亮。按下停止按钮，循环结束。用移位寄存器指令编写梯形图程序。

6.4 任务四 数据的运算

【任务提出】

在模拟量数据采集中，为了防止干扰，经常通过程序进行数据滤波，其中常用的一种方法为平均值滤波法。要求连续采集 5 次数据后，求其平均值，并将其作为采集值参与模拟量控制的运算中。这 5 个数据通过 5 个周期进行采集。该如何设计此滤波程序呢？

【相关知识】

PLC 的数据运算类指令主要用于完成对工业生产中数据的处理、单位换算及数值计算等任务。S7 - 200PLC 的数据运算指令包括：加、减、乘、除运算指令，增1/减1 指令，数学函数指令，逻辑运算指令等。

6.4.1　算术运算指令

1. 加/减运算

（1）加/减运算指令的格式及功能，如表6-9 所示。

表6-9　加/减运算指令格式及功能

梯　形　图			语　句　表	功　能
ADD_I EN ENO ???? IN1 OUT ???? ???? IN2	ADD_DI EN ENO ???? IN1 OUT ???? ???? IN2	ADD_R EN ENO ???? IN1 OUT ???? ???? IN2	+I　IN1, OUT +D　IN1, OUT +R　IN1, OUT	加运算：实现整数、双整数、实数的加法运算 IN1 + IN2 = OUT
SUB_I EN ENO ???? IN1 OUT ???? ???? IN2	SUB_DI EN ENO ???? IN1 OUT ???? ???? IN2	SUB_R EN ENO ???? IN1 OUT ???? ???? IN2	−I　IN1, OUT −D　IN1, OUT −R　IN1, OUT	减运算：实现整数、双整数、实数的减法运算 IN1—IN2 = OUT

（2）说明。

① 当 IN1、IN2 和 OUT 操作数的地址不同时，在 STL 指令中，首先用数据传送指令将 IN1 中的数值送入 OUT，然后再执行加、减运算，即：OUT + IN2 = OUT、OUT − IN2 = OUT。为了节省内存，在整数加法的梯形图指令中，可以指定 IN1 或 IN2 = OUT，这样，可以不用数据传送指令。如指定 IN1 = OUT，则语句表指令为：+I　IN2, OUT；如指定 IN2 = OUT，则语句表指令为：+I　IN1, OUT。在整数减法的梯形图指令中，可以指定 IN1 = OUT，则语句表指令为：−I　IN2, OUT。这个原则适用于所有的算术运算指令，且乘法和加法对应，减法和除法对应。

② 整数与双整数加减法指令影响算术标志位 SM1.0（零），SM1.1（溢出）和 SM1.2（负数）。

（3）举例应用。

【例6-15】 求 100 加 200 的和，100 在数据存储器 VW100 中，结果存入 VW200。

梯形图程序如图 6.23 所示。

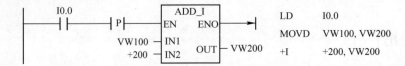

图6.23　加法指令应用梯形图

2. 乘/除运算

（1）乘/除运算指令格式见表6-10。

表6-10 乘/除运算指令格式及功能

梯 形 图			语 句 表	功 能
MUL_I EN ENO ????-IN1 OUT-???? ????-IN2	MUL_DI EN ENO ????-IN1 OUT-???? ????-IN2	MUL_R EN ENO ????-IN1 OUT-???? ????-IN2	＊I IN1，OUT ＊D IN1，OUT ＊R IN1，OUT	乘法运算：实现整数、双整数、实数的乘法运算 IN1＊IN2＝OUT
DIV_I EN ENO ????-IN1 OUT-???? ????-IN2	DIV_DI EN ENO ????-IN1 OUT-???? ????-IN2	DIV_R EN ENO ????-IN1 OUT-???? ????-IN2	/I IN1，OUT /D IN1，OUT /R IN1，OUT	除法运算：实现整数、双整数、实数的除法运算 IN1/IN2＝OUT
	MUL EN ENO ????-IN1 OUT-???? ????-IN2		MUL IN1，OUT	整数乘法产生双整数运算：两个16位整数相乘，得到一个32位整数乘积
	DIV EN ENO ????-IN1 OUT-???? ????-IN2		DIV IN1，OUT	带余数的除法运算：两个16位整数相除，得到一个32位的结果，其低16位是商，高16位是余数

（2）说明。乘/除运算指令执行的结果影响算术状态位（特殊标志位）：SMl. 0（零），SMl. 1（溢出），SMl. 2（负），SMl. 3（除数为零）。

若乘法运算过程中 SMl. 1 被置位，则不写输出，并且所有其他的算术状态位置为0（整数乘法产生双整数指令输出不会产生溢出）。

若除法运算过程中 SMl. 3 置位，则其他的算术状态位保留不变，原始输入操作数不变。若 SMl. 3 不被置位，则所有有关的算术状态位都是算术操作的有效状态。

（3）举例应用。

【例6-16】 乘/除法指令的应用示例。程序运行结果如图6.24所示。

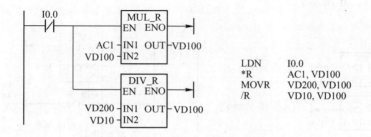

图6.24 乘/除法指令的应用梯形图

6.4.2 函数运算指令

函数运算指令包括平方根、自然对数、指数、三角函数等几个常用的函数指令，这些指令均完成的是双字长（32位）的实数运算。除 SQRT 外，数学函数需要 CPU 224 1.0 以上版本支持。

1. 函数运算指令编程格式及功能（见表6-11）

表6-11　函数运算指令编程格式及功能

梯　形　图	语　句　表	功　　能
SQRT EN　ENO ????－IN　　OUT－????	SQRT IN, OUT	平方根指令： SQRT（IN）＝OUT
LN EN　ENO ????－IN　　OUT－????	LN IN, OUT	自然对数指令： LN（IN）＝OUT
EXP EN　ENO ????－IN　　OUT－????	EXP IN, OUT	指数指令： EXP（IN）＝OUT
SIN　COS　TAN EN ENO　EN ENO　EN ENO ????－IN OUT－????　????－IN OUT－????　????－IN OUT－????	SIN IN, OUT COS IN, OUT TAN IN, OUT	三角函数指令： SIN（IN）＝OUT COS（IN）＝OUT TAN（IN）＝OUT

2. 说明

（1）IN 和 OUT 按双字寻址，不能寻址专用的字及双字存储器 T、C、HC 等，OUT 不能寻址常数。

（2）在三角函数指令中，输入数据 IN 以弧度为单位。

（3）函数运算指令将影响内部特殊标志位：SMl.0(零)，SMl.1(溢出)，SMl.2(负)。

3. 举例应用

【例6-17】编程求以 10 为底，200 的常用对数。设数据 200 存于 VDl00，结果放到 AC1（应用对数的换底公式求解 $\log_{10}200 = \ln200/\ln10$）。梯形图程序如图 6.25 所示。

【例6-18】求 65°的正切值。

65°是角度值，要先将角度值转换成实数弧度值。其方法是用角度值乘以 π/180 即可。梯形图程序如图 6.26 所示。

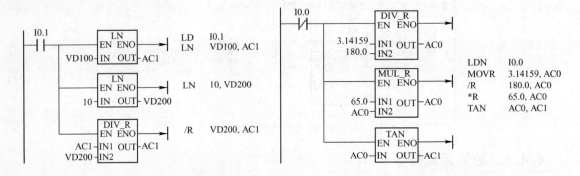

图 6.25　自然对数和除法应用梯形图　　　　图 6.26　三角函数应用梯形图

6.4.3 增 1/减 1 运算指令

增 1/减 1 运算指令用于自增、自减操作，以实现累加计数和循环控制等程序的编制。

1. 增 1/减 1 运算指令格式及功能（见表 6-12）

表 6-12 增 1/减 1 计数指令格式及功能

梯　形　图			语　句　表	功　能
INC_B EN ENO ????-IN OUT-????	INC_W EN ENO ????-IN OUT-????	INC_DW EN ENO ????-IN OUT-????	INCB OUT INCW OUT INCD OUT	增 1 指令：实现字节、整数和双整数的加 1 运算，即 OUT + 1 = OUT
DEC_B EN ENO ????-IN OUT-????	DEC_W EN ENO ????-IN OUT-????	DEC_DW EN ENO ????-IN OUT-????	DECB OUT DECW OUT DECD OUT	减 1 指令：实现字节、整数和双整数的减 1 运算，即 OUT – 1 = OUT

2. 说明

操作数的寻址范围要与指令码中一致，其中对字节操作时，不能寻址专用的字及双字存储器 T、C、HC 等，OUT 不能寻址常数。

【例 6-19】某饮料厂对生产线上的盒装产品进行计数，每 24 盒为一箱，要求能记录生产的箱数。程序设计如图 6.27 所示。

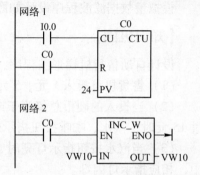

图 6.27 产品计数程序

6.4.4 逻辑运算指令

逻辑运算是对无符号数进行的逻辑处理，主要包括逻辑与、逻辑或、逻辑异或和取反等运算指令。按操作数长度可分为字节、字和双字逻辑运算。IN1、IN2、OUT 操作数的数据类型：B、W、DW。

1. 逻辑运算指令格式及功能（见表 6-13）

表 6-13 逻辑运算指令格式及功能

梯　形　图			语　句　表	功　能
WAND_B EN ENO IN1 OUT IN2	WAND_W EN ENO IN1 OUT IN2	WAND_DW EN ENO IN1 OUT IN2	ANDB IN1, OUT ANDW IN1, OUT ANDD IN1, OUT	"与"运算指令：实现字节、字、双字的按位"与"运算
WOR_B EN ENO IN1 OUT IN2	WOR_W EN ENO IN1 OUT IN2	WOR_DW EN ENO IN1 OUT IN2	ORB IN1, OUT ORW IN1, OUT ORD IN1, OUT	"或"运算指令：实现字节、字、双字的按位"或"运算

梯 形 图			语 句 表	功 能
WXOR_B ─EN ENO─ ─IN1 OUT─ ─IN2	WXOR_W ─EN ENO─ ─IN1 OUT─ ─IN2	WXOR_DW ─EN ENO─ ─IN1 OUT─ ─IN2	XORB IN1，OUT XORW IN1，OUT XORD IN1，OUT	"异或"运算指令：实现字节、字、双字的按位"异或"运算
INV_B ─EN ENO─ ─IN1 OUT─ ─IN2	INV_W ─EN ENO─ ─IN1 OUT─ ─IN2	INV_DW ─EN ENO─ ─IN1 OUT─ ─IN2	INVB OUT INVW OUT INVD OUT	"取反"运算指令：实现字节、字、双字的按位取反运算

2. 举例应用

【例6-20】 字或、双字异或、字求反、字节与操作编程示例。梯形图程序如图6.28所示。

【任务实施】

模拟量数据滤波程序设计如图6.29所示。

【知识巩固】

设计自动售货机梯形图程序，控制要求如下：

（1）售货机可投入1元、5元、10元硬币。

（2）当投入的硬币总值等于或超过12元时，汽水按钮指示灯亮；当投入的硬币总值超过15元时，汽水、咖啡按钮指示灯都亮。

（3）当汽水按钮指示灯亮时，按汽水按钮，则汽水排出7s后自动停止。汽水排出过程中，相应指示灯闪烁。

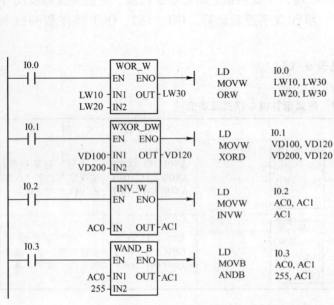

图6.28 字或、双字异或、字求反、字节与操作的梯形图

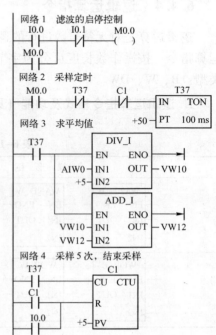

图6.29 模拟量数据滤波程序

（4）当咖啡按钮指示灯亮时，动作同上。

（5）若投入的硬币总值超过所需钱数（汽水 12 元、咖啡 15 元）时，找钱指示灯点亮，并退出多余的钱。

6.5　任务五　数据的转换

【任务提出】

抢答器是娱乐、竞赛等场所常用的工具，它一般有多个抢答小组。设计一个四组抢答器，即有 4 组选手，一位主持人。主持人有一个开始答题按钮，一个系统复位按钮。如果主持人按下开始答题按钮后，开始计时，时间在数码管上显示，在 8 秒内仍无选手抢答，则系统超时指示灯亮，此后不能再有选手抢答；如果有人抢答，优先抢到者抢答指示灯亮，同时选手序号在数码管上显示（不再显示时间），其他选手按钮不起作用。如果主持人未按下开始答题按钮，就有选手抢答，则认为犯规，犯规指示灯亮并闪烁，同时选手序号在数码管上显示，其他选手按钮不起作用。所有各种情况，只要主持人按下系统复位按钮后，系统回到初始状态。抢答器的示意图如图 6.30 所示。

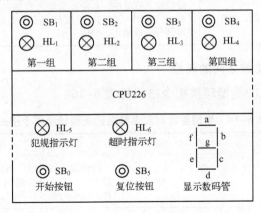

图 6.30　抢答器的示意图

【相关知识】

转换指令是对操作数的类型进行转换，并输出到指定的目标地址中去。转换指令包括数据类型转换指令、数据的编码和译码指令以及字符串类型转换指令。

6.5.1　数据类型转换指令

在进行数据的处理时，不同性质的操作指令需要不同数据类型的操作数。数据类型转换指令的功能是将一个固定的数值，根据操作指令对数据类型的需要进行相应的转换。

1. BCD 码与整数之间的转换 IBCD，BCDI

BCD 码与整数之间的类型转换是双向的。BCD 码与整数类型转换的指令格式见表6-14。

表 6–14 BCD 码与整数类型转换的指令格式

梯 形 图	语 句 表	功 能
BCD_I EN ENO ????- IN OUT -????	BCDI OUT	使能输入有效时，将 BCD 码输入数据 IN 转换成字整数类型，并将结果送到 OUT 输出
I_BCD EN ENO ????- IN OUT -????	IBCD OUT	使能输入有效时，将字整数输入数据 IN 转换成 BCD 码类型，并将结果送到 OUT 输出

2. 字节与字整数之间的转换

字节型数据是无符号数，字节型数据与字整数类型之间转换的指令格式见表 6–15。整数转换到字节指令 ITB 中，输入数据的大小为 0～255，若超出这个范围，则会造成溢出，使 SMl.1 = 1。

表 6–15 字节型数据与字整数类型转换的指令格式

梯 形 图	语 句 表	功 能
B_I EN ENO ????- IN OUT -????	BTI IN, OUT	使能输入有效时，将字节型输入数据 IN 转换成字整数类型，并将结果送到 OUT 输出
I_B EN ENO ????- IN OUT -????	ITB IN, OUT	使能输入有效时，将字整数输入数据 IN 转换成字节型类型，并将结果送到 OUT 输出。当输入数据超出字节型数据的表示范围（0～255）时，超出部分导致溢出，SM1.1 = 1

3. 字型整数与双字整数之间的转换

字型整数与双字整数的类型转换指令格式见表 6–16。

表 6–16 字型整数与双字整数的类型转换指令格式

梯 形 图	语 句 表	功 能
DI_I EN ENO ????- IN OUT -????	DTI IN, OUT	使能输入有效时，将双整数输入数据 IN 转换成字整数类型，并将结果送到 OUT 输出。当输入数据超出整数型数据的表示范围时，产生溢出
I_DI EN ENO ????- IN OUT -????	ITD IN, OUT	使能输入有效时，将字整数输入数据 IN 转换成双整数类型，并将结果送到 OUT 输出

4. 双字整数与实数之间的转换

双字整数与实数的类型转换指令格式见表 6–17。

表 6–17 双字整数与实数的类型转换指令格式

梯 形 图	语 句 表	功 能 描 述
ROUND EN ENO ????- IN OUT -????	ROUND IN OUT	使能输入有效时，将实数型输入数据 IN 转换成双字整数类型数据（对 IN 中的小数部分进行四舍五入处理），并将结果送到 OUT 输出
TRUNC EN ENO ????- IN OUT -????	TRUNC IN OUT	使能输入有效时，将实数型输入数据 IN 转换成双字整数类型数据（舍去 IN 中的小数部分），并将结果送到 OUT 输出

梯 形 图	语 句 表	功 能 描 述
DI_R EN ENO ????-IN OUT-????	DTR IN OUT	使能输入有效时，将双整数输入数据 IN 转换成实数型，并将结果送到 OUT 输出

5. 举例应用

【例 6-21】在控制系统中，有时需要进行单位互换，若把英寸转换成厘米，C10 的值为当前的英寸计数值，1 英寸 = 2.54cm，（VD4）= 2.54。梯形图程序如图 6.31 所示。

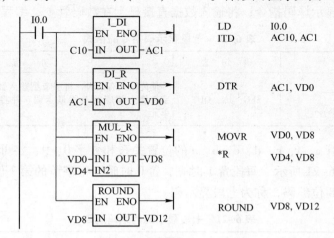

图 6.31　转换指令应用梯形图

6.5.2　数据的编码和译码指令

在 PLC 中，字型数据可以是 16 位二进制数，也可用 4 位十六进制数来表示，编码过程就是把字型数据中最低有效位的位号进行编码，而译码过程是将执行数据所表示的位号对所指定单元的字型数据的对应位置 1。数据译码和编码指令包括编码、译码、七段显示译码。

1. 编码指令 ENCO

编码指令的指令格式见表 6-18。

表 6-18　编码指令的指令格式

梯 形 图	语 句 表	功 能
???? ENCO EN ENO ????-LEN OUT-????	ENCO IN, OUT	使能输入有效时，将字型输入数据 IN 的最低有效位（值为 1 的位）的位号输入到 OUT 所指定的字节单元的低 4 位。IN、OUT 的数据类型分别为 W、B

2. 译码指令 DECO

译码指令的指令格式见表 6-19。

表 6-19　译码指令的指令格式

梯 形 图	语 句 表	功 能 描 述
DECO —EN　ENO— ????—IN　OUT—????	DECO　IN，OUT	使能输入有效时，将字节型输入数据 IN 的低 4 位所表示的位号（十进制）对 OUT 所指定的字单元的对应位置 1，其他位置 0。IN、OUT 的数据类型分别为 B、W

3. 七段显示译码指令 SEG

在很多控制场合都需要使用八段数码管来显示一些数据。如果在 PLC 的输出端接上数码管，可应用七段显示译码指令，将输入数据直接显示在数码管上，编程格式见表 6-20。

表 6-20　七段显示码指令的格式

梯 形 图	语 句 表	功　能
SEG —EN　ENO— ????—IN　OUT—????	SEG　IN，OUT	使能输入有效时，将字节型输入数据 IN 的低 4 位有效数字转换为相应的七段显示码，并将其输出到 OUT 指定的单元

七段显示数码管 g、f、e、d、c、b、a 的位置关系和数字 0～9、字母 A～F 与七段显示码的对应关系如表 6-21 所示。每段置 1 时亮，置 0 时暗。将字节的第 7 位补 0，则构成与 7 段显示器相对应的 8 位编码，称为七段显示码。

表 6-21　七段显示码的编码规则

IN	OUT . gfe　dcba	段译码显示	IN	OUT . gfe　dcba
0	0011　1111		8	0111　1111
1	0000　0110		9	0110　0111
2	0101　1011		A	0111　0111
3	0100　1111		B	0111　1100
4	0110　0110		C	0011　1001
5	0110　1101		D	0101　1110
6	0111　1101		E	0111　1001
7	0000　0111		F	0111　0001

4. 字符串转换指令

字符串转换指令是将标准字符编码 ASCII 码字符串与十六进制数、整数、双整数及实数之间进行转换。字符串转换的指令格式见表 6-22。可进行转换的 ASCII 码为 0～9 及 A～F 的编码。

表 6-22　字符串转换的指令格式

LAD	STL	功能描述
???? ATH —EN　ENO— ????—IN　OUT—???? ????—LED	ATH　IN，OUT，LEN	使能输入有效时，把从 IN 字符开始，长度为 LEN 的 ASCII 码字符串转换成从 OUT 开始的十六进制数

LAD	STL	功 能 描 述
???? HTA EN ENO ????-IN OUT-???? ????-LED	HTA IN, OUT, LEN	使能输入有效时，把从 IN 字符开始，长度为 LEN 的十六进制数转换成从 OUT 开始的 ASCII 码字符串
???? ITA EN ENO ????-IN OUT-???? ????-FMT	ITA IN, OUT, FMT	使能输入有效时，把输入端 IN 的整数转换成一个 ASCII 码字符串
???? DTA EN ENO ????-IN OUT-???? ????-FMT	DTA IN, OUT, FMT	使能输入有效时，把输入端 IN 的双字整数转换成一个 ASCII 码字符串
???? RTA EN ENO ????-IN OUT-???? ????-FMT	RTA IN, OUT, FMT	使能输入有效时，把输入端 IN 的实数转换成一个 ASCII 码字符串

5. 举例应用

【例6-22】编码译码指令应用示例，梯形图如图6.32所示。图6.32中ENCO指令执行的结果如表6-23所示。

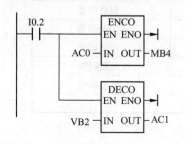

图6.32　编码译码指令示例梯形图

表6-23　ENCO 指令执行的结果

操 作 数	IN	OUT	说 明
存储单元	AC0	MB4	将 AC0 的最低位为 1 对应的位号"4"进行编码，并将编码结果送入 MB4 的低 4 位
指令执行前数据	0000 1000 0101 0000	********	
指令执行后数据	0000 1000 0101 0000	0000 0100	

图6.32中DECO指令执行的结果如表6-24所示。

表6-24　DECO 指令执行的结果

操 作 数	IN	OUT	说 明
存储单元	VB2	AC1	对 VB2 的低 4 位进行译码，并根据译码结果，将 AC1 中的第 7 位置 1，其余位置 0
指令执行前数据	00000111	****************	
指令执行后数据	00000111	0000000010000000	

【例6-23】编写实现用七段码显示数字 5 段代码的程序。程序实现见图6.33梯形图。程序运行结果为（AC1）=（6D）$_{16}$。

【例6-24】编程将 VD100 中存储的 ASCII 代码转换成十六进制数。已知（VB100）=33，

（VBl01）= 32，（VBl02）= 41，（VBl03）= 45。设计梯形图如图 6.34 所示。

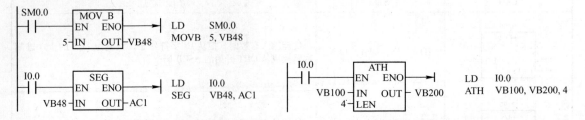

图 6.33　七段码显示译码指令的应用梯形图　　　　图 6.34　转换指令应用梯形图

程序运行结果：

执行前：（VBl00）= 33，（VBl01）= 32，（VBl02）= 41，（VBl03）= 45

执行后：（VB200）= 32，（VB201）= AE

【任务实施】

1. 抢答器 I/O 分配，如表 6-25 所示。

表 6-25　抢答器 I/O 分配

PLC 端子	说　　明	PLC 端子	说　　明
I0.0	启动按钮 SB_0	Q0.5	犯规指示灯 HL5
I0.1	第一组抢答按钮 SB_1	Q0.6	超时指示灯 HL6
I0.2	第二组抢答按钮 SB_2	Q1.0	a 段数码管
I0.3	第三组抢答按钮 SB_3	Q1.1	b 段数码管
I0.4	第四组抢答按钮 SB_4	Q1.2	c 段数码管
I0.5	复位按钮 SB_5	Q1.3	d 段数码管
Q0.1	第一组优先答指示灯 HL_1	Q1.4	e 段数码管
Q0.2	第二组优先答指示灯 HL_2	Q1.5	f 段数码管
Q0.3	第三组优先答指示灯 HL_3	Q1.6	g 段数码管
Q0.4	第四组优先答指示灯 HL_4		

2. 程序设计

七段码显示指令的编码，每个七段显示码占用一个字节，用它显示一个字符。

根据控制要求编制控制梯形图如图 6.35 所示。程序要求说明的几点如下：

（1）启动通过一个 RS 触发器来控制。当没有人抢答的时候，按 I0.0 启动抢答，定时器开始计时，并用数码管显示时间；如果有人违规抢答，必须按复位按钮后，才能启动。

（2）启动后，正常抢答开始，数码管显示时间，一旦有人抢答，立即显示组号，不再显示时间。按开始按钮后，数码管显示时间的程序位于"JMP"和"LBL"之间，一旦有人抢答，程序将无条件跳转。注意，如果不用跳转指令，程序中的七段码指令中的数据 QB1 与 Q1.0 ~ Q1.6 重复，无法显示组号。

【知识巩固】

假设计数器 C1 对英寸值进行计数统计，C1 的当前值为 102，现将其转换为厘米并取整。

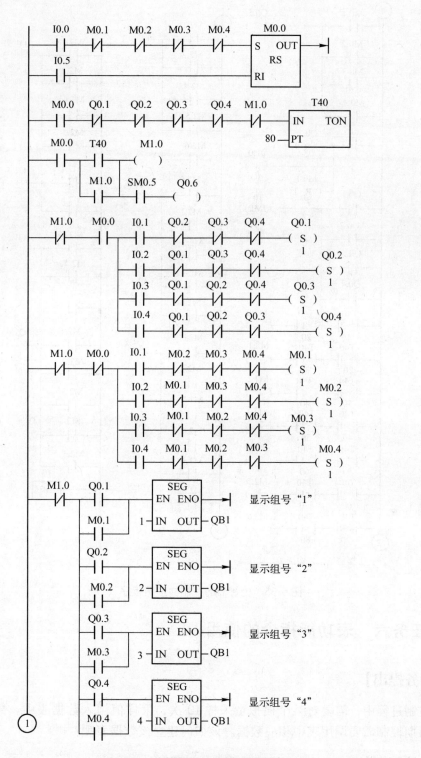

图 6.35　抢答器的控制梯形图程序

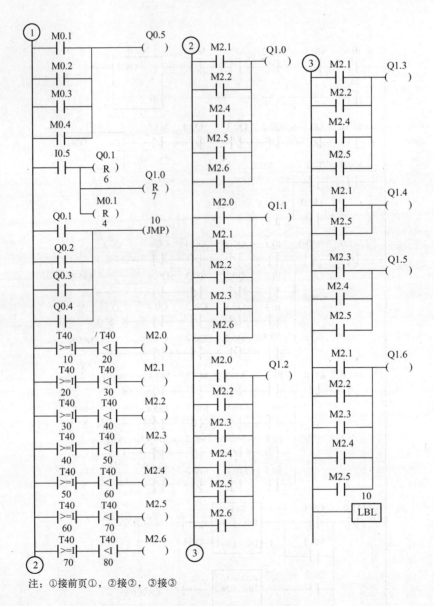

注：①接前页①，②接②，③接③

图 6.35　抢答器的控制梯形图程序（续）

6.6　任务六　表功能指令的使用

【任务提出】

在控制过程中，需要对某个模拟量采样 10 次，采样值填入数据表中。数据表建立后，可根据后期控制需要调用表中相应数据。该如何建立该数据表呢？

【相关知识】

数据表是用来存放字型数据的表格，表格的第一个字地址即首地址，为表地址，首地址中的数据是表格的最大长度（TL），即最大填表数。表格的第二个字地址中的数值是表的实际长度（EC），指定表格中的实际填表数。每次向表格中增加新数据后，EC 值自动加 1，从第三个字地址开始，存放数据（字），表格最多可存放 100 个数据（字），不包括指定最大填表数（TL）和实际填表数（EC）的参数。

表功能指令用来建立和存取字型的数据表。数据在 S7–200 的表格中的存储格式见表 6–26。

表 6–26　表格中数据的存储格式

单 元 地 址	单 元 内 容	说　明
VW200	0005	VW200 为表格的首地址，TL = 5 为表格的最大填表数
VW202	0004	数据 EC = 4（EC ≤ 100）为该表中的实际填表数
VW204	2345	数据 0
VW206	5678	数据 1
VW208	9872	数据 2
VW210	3562	数据 3
VW212	****	无效数据

6.6.1　填表指令 ATT　（Add To Table）

填表指令用于把指定的字型数据添加到表格中。

1. 填表指令编程格式及功能（见表 6–27）

表 6–27　填表指令格式

梯 形 图	语 句 表	功　能
AD_T_TBL EN ENO ???? - DATA ???? - TBL	ATT　DATA，TBL	当使能端输入有效时，将 DATA 指定的数据添加到表格 TBL 中最后一个数据的后面

2. 说明

（1）该指令在梯形图中有 2 个数据输入端：DATA 为字型数据输入端，指出被填入表的字型数据或其地址；TBL 为表格的首地址，用以指明被填表格的位置。

（2）DATA、TBL 为字型数据。

（3）表存数时，新填入的数据添加在表中最后一个数据的后面，且实际填表数 EC 值自动加 1。

（4）表格写入指令必须用边沿触发器指令激活。

（5）填表指令会影响特殊存储器标志位 SMl.4。

3. 举例应用

【例 6–25】将数据（VWl00）= 1234 填入表 6–26 中，表的首地址为 VW200。梯形图程序如图 6.36 所

网络 1　输入表格的最在填表数

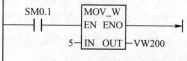

网络 2　将 VW100 中的数据 1234 填入表

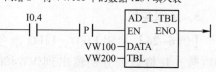

图 6.36　填表指令应用梯形图

示。执行指令结果见表6-28。

表 6-28 ATT 执行结果

操 作 数	表 格 地 址	填表前内容	填表后内容	注 释
DATA	VW100	1234	1234	待填入表格的数据
TBL	VW200	0005	0005	最大填表数 TL = 5，不变
	VW202	0004	0005	实际填表数 EC 由 4 变 5
	VW204	2345	2345	数据 0
	VW206	5678	5678	数据 1
	VW208	9872	9872	数据 2
	VW210	3562	3562	数据 3
	VW212	＊＊＊＊	1234	将 VW100 内容填入表中

6.6.2 表中取数指令

在 S7 – 200PLC 中，可以将表中的字型数据按先进先出（FIFO）或后进先出（LIFO）的方式取出，送到指定的存储单元。每次取出一个数据，实际填表数 EC 值自动减1。

1. 表中取数指令的格式及功能（见表6-29）

表 6-29 FIFO、LIFO 指令格式

梯 形 图	语 句 表	功 能
FIFO EN ENO ????–TBL DATA–????	FIFO TBL, DATA	当使能端输入有效时，从以 TBL 为首地址的表格中，取出最先进入表格的第一个数据，并将该数据输出到 DATA，其余数据依次上移一个位置，EC 自动减1
LIFO EN ENO ????–TBL DATA–????	LIFO TBL, DATA	当使能端输入有效时，从以 TBL 为首地址的表格中，取出最后进入表格的数据，并将该数据输出到 DATA，其余数据位置不变，EC 自动减1

2. 说明

（1）两种表中取数指令在梯形图上都有 2 个数据端：输入端 TBL 为表格的首地址，用以指明表格的位置，输出端 DATA 指明数值取出后要存放的目标位置。

（2）DATA、TBL 为字型数据。

（3）表中取数据指令必须用边沿触发器指令激活。

（4）两种表中取数据指令都会影响特殊存储器标志位 SM1.5 的内容。

3. 举例应用

【例6-26】运用 FIFO、LIFO 指令从表 6-26 中取数，并将数据分别输出到 VW400、VW300。程序梯形图如图 6.37 所示，指令执行后的结果情况见表6-30。

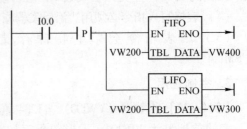

图 6.37 表取数应用梯形图

表 6-30 FIFO、LIFO 指令执行结果

操 作 数	单元地址	执行前内容	FIFO 执行后内容	LIFO 执行后内容	注　释
DATA	VW400	空	2345	2345	FIFO 输出的数据
	VW300	空	空	3562	LIFO 输出的数据
TBL	VW200	0005	0005	0005	TL＝5 最大填表数不变化
	VW 202	0004	0003	0002	EC 值由 4 变为 3 再变为 2
	VW204	2345	5678	5678	数据 0
	VW206	5678	9872	9872	数据 1
	VW 208	9872	3562	****	
	VW210	3562	****	****	
	VW212	****	****	****	

6.6.3　表查找指令 TBL FIND （Table Find）

表查找指令是从字型数据表中找出符合条件数据在表中的地址编号，编号范围为 0～99。

1. 表查找指令的格式及功能（见表 6-31）

表 6-31　表查找指令格式

梯 形 图	语 句 表	功 能
TBL_FIND EN　　ENO ????－TBL ????－PTN ????－INDX ????－CMD	FND＝TBL，PTN，INDX FND＜＞TBL，PTN，INDX FND＜TBL，PTN，INDX FND＞TBL，PTN，INDX	当使能输入有效时，从 INDX 开始搜索表 TBL，寻找符合条件 PTN 和 CMD 的数据

2. 说明

（1）在梯形图中 4 个数据输入端：TBL 为表格中要查找的起始地址（即指向实际填表数），用以指明被访问的表格；PTN 用来描述查表条件时进行比较的数据；CMD 是比较运算的编码，它是一个 1～4 的数值，分别代表运算符 ＝、＜＞、＜、＞；INDX 用来存放表中符合查找条件的数据的地址。

（2）TBL、PTN、INDX 为字型数据，CMD 为字节型数据。

（3）表查找指令执行前，应先对 INDX 的内容清零。当使能输入有效时，从数据表的第 0 个数据开始查找符合条件的数据，若没有发现符合条件的数据，则 INDX 的值等于 EC；若找到一个符合条件的数据，则将该数据在表中的地址装入 INDX 中；若找到一个符合条件的数据后，想继续向下查找，必须先对 INDX 加 1，然后重新激活表查找指令，从表中符合条件数据的下一个数据开始查找。

（4）表查找指令必须用边沿触发指令激活。

3. 举例应用

【例 6-27】运用表查找指令从首地址为 VW200 的表中找出内容等于 3562 的数据在表中的位置，如表 6-26 所示。梯形图程序见图 6.38 所示，指令的执行结果见表 6-32。

表 6-32 表查找指令执行结果

操作数	单元地址	执行前内容	执行后内容	注释
PTN	VW300	3562	3562	用来比较的数据
INDX	AC0	0	3	符合查表条件的数据地址
CMD	无	1	1	1 表示为与查找数据相等
TBL	VW200	0005	0005	TL = 5
	VW202	0004	0004	EL = 4
	VW204	2345	2345	D0
	VW206	5678	5678	D1
	VW208	9872	9872	D2
	VW210	3562	3652	D3
	VW212	****	****	无效数据

【任务实施】

数据表建立程序设计如图 6.39 所示。

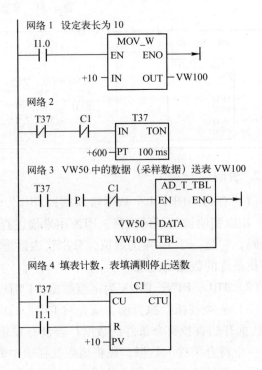

图 6.39 建立数据表梯形图

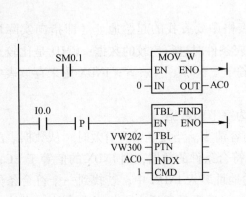

图 6.38 查表指令应用梯形图

【知识巩固】

从以首地址为 VW200 的数据表中取出大于 3600 的数据,并将查表的结果存放到从 VW100 开始的字型存储单元中。

6.7　任务七　时钟指令的使用

【任务提出】

应用时钟指令完成小区路灯的定时接通和断开控制。要求 18：00 时灯亮，6：00 时灯灭。

【相关知识】

利用时钟指令可以方便地对系统运行进行监视、记录和对实时时间进行控制。

1. 时钟指令编程格式和功能（如表 6-33 所示）

表 6-33　时钟指令编程格式和功能

梯 形 图	语 句 表	功 能
READ_RTC EN　ENO T	TODR　T	读系统时钟指令：从实时时钟读取当前时间和日期，并装入以 T 开始的 8 个字节缓冲区
SET_RTC EN　ENO T	TODW　T	写系统时钟指令：将以 T 开始的 8 字节时钟缓冲区的内容写入时钟

2. 说明

（1）T 缓冲区的起始单元地址，数据类型为字节型，其操作数可以是 IB、QB、VB、MB、SMB、SB、LB、＊VD、＊LD、＊AC。

（2）两个时钟指令具有同样的格式，如表 6-34 所示。

表 6-34　时钟格式

T	T+1	T+2	T+3	T+4	T+5	T+6	T+7
年 00~99	月 01~12	日 01~31	小时 00~23	分钟 00~59	秒 00~59	0	星期 0~7

（3）S7-200 CPU 不核实日期正确与否，故必须保证输入的日期正确。

（4）不要同时在主程序和中断程序中使用 TODR 和 TODW。

（5）若因一些原因，使 PLC 时钟时间不正确，在使用时钟指令前，要通过 STEP7 软件"PLC"菜单对 PLC 时钟进行设定，然后才可使用。时钟可以设定成与 PC 系统时间一致，也可用 TODW 指令自由设定。

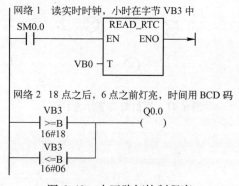

【任务实施】

小区夜间路灯控制程序设计如图 6.40 所示。

图 6.40　小区路灯控制程序

习 题 6

6.1 运用算术运算指令完成下列算式的运算。

(1) $[(100+200)\times10]/3$

(2) 6^{78}。

(3) 求 $\sin65°$ 的函数值。

6.2 用数据类型转换指令实现将 100 英寸转换成厘米。

6.3 编程输出字符 A 的七段显示码。

6.4 编程实现将 VDl00 中存储的 ASCII 码字符串 37，42，44，32 转换成十六进制数，并存储到 VW200 中。

6.5 用高速计数器 HSCl 实现 20kHz 的加计数。当计数值等于 100 时，将当前值清零。用逻辑操作指令编写一段数据处理程序，将累加器 AC0 与 VW100 存储单元数据实现逻辑与操作，并将运算结果存入累加器 AC0。

6.6 设计程序，将 VB100 开始的 50 个字的数据传送到 VB100 开始的存储区。

6.7 设计程序，将 VB0 开始的 256 个字节存储单元清零。

6.8 编写出将字型数据 IW0 的高位字节和低位字节进行数据交换，然后送入定时器 T37 作为定时器预置值的程序段。

6.9 编写一段梯形图程序，要求：

(1) 有 20 个字型数据存储在从 VBl00 开始的存储区，求这 20 个字型数据的平均值。

(2) 如果平均值小于 1000，则将这 20 个数据移到从 VB200 开始的存储区，这 20 个数据的相对位置在移动前后不变。

(3) 如果平均值大于等于 1000，则绿灯亮。

6.10 用移位指令实现步进电动机正、反转和调速控制。假设以三相三拍步进电动机为例，脉冲序列由 Q1.0～Q1.2 送出，作为步进电动机驱动电源功放电路的输入。程序中采用定时器 T32 为脉冲发生器，设定值为 50～500，定时为 50～500ms，则步进电动机可获得 500～50 步/s 的变速范围。I0.0 为正、反转切换开关（I0.0 为 OFF，正转），I0.2 为启动按钮，I0.3/I0.4 为减速/增速按钮。

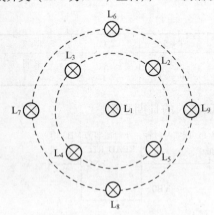

图 6.41 霓虹灯布置示意图

6.11 霓虹灯布置如图 6.41 所示，控制要求如下：

(1) 当按 I0.0 时，L_1 亮，1s 后 L_1 灭，L_2，L_3，L_4，L_5 亮，1s 后，L_2，L_3，L_4，L_5 灭，L_6，L_7，L_8，L_9 亮，1s 后灭；反复循环两次。

(2) 接着 L_1 亮，1s 后 L_2，L_3，L_4，L_5 亮，1s 后 L_6，L_7，L_8，L_9 亮，1s 后全灭；循环两次。

(3) 再接着以 0.5s 的速度依次循环闪烁。L_1，L_4，L_8；L_1，L_5，L_9；L_1，L_2，L_6；L_1，L_3，L_7，循环两周后，反序两周，依次为 L_1，L_5，L_8；L_1，L_4，L_7；L_1，L_3，L_6；L_1，L_2，L_9，反复两次。

(4) 重复上述循环，I0.0 断开时停止。

模块 7　其他指令的应用

知识目标

(1) 掌握 PLC 的程序控制指令、中断指令的功能及应用；

(2) 掌握 PLC 的子程序建立和调用的方法；

(3) 掌握高速计数器指令的功能及应用；

(4) 了解 PTO/PWM 寄存器的各位的含义；

(5) 掌握 PID 指令的功能及应用。

能力目标

(1) 能用程序控制指令、子程序、中断指令编写程序；

(2) 能用高速计数器指令实现对高速脉冲的计数功能；

(3) 能用 PWM 和 PTO 指令输出高速脉冲；

(4) 会编写 PID 参数表初始化程序。

7.1　任务一　程序控制指令的应用

程序控制类指令用于控制程序的走向。合理使用该类指令可以使程序结构得到优化，增强程序的功能及灵活性。程序控制类指令主要包括：结束指令、停止指令、看门狗指令、跳转指令、循环控制指令等。

【任务提出】

设定 I1.0 为电动机点动/连续运行控制选择开关。当 I1.0 得电时，选择点动控制；当 I1.0 不得电时，选择连续运行控制。

【相关知识】

1. 条件结束指令与停止指令

(1) 指令格式和功能如表 7-1 所示。

表 7-1　条件结束指令与停止指令

梯 形 图	语 句 表	功　　能
——(END)	END	条件结束指令：当条件满足时，终止用户主程序的执行
——(STOP)	STOP	停止指令：立即终止程序的执行，CPU 从 RUN 到 STOP

(2) 说明。

① 条件结束指令只能用在主程序，不能用在子程序和中断程序。

② 如果 STOP 指令在中断程序中执行，那么该中断立即终止并且忽略所有挂起的中断，继续扫描程序的剩余部分，在本次扫描的最后完成 CPU 从 RUN 到 STOP 的转变。

（3）举例应用。编程举例如表 7-2 所示。

表 7-2　条件结束指令与停止指令编程举例

梯　形　图	语　句　表	功　　能
I0.0 —┤├—（ END ）	LD　　 I0.0 END	当输入 I0.0 为 1 时，终止主程序的运行
SM5.0 —┤├—（ STOP ）	LD　　 SM5.0 STOP	当检查到 I/O 错误时，使 CPU 强制切换到 STOP 模式

2. 看门狗复位指令 WDR（Watch Dog Reset）

在 PLC 中，为了避免出现程序死循环的情况，设有专门监视扫描周期的警戒时钟，常称"看门狗"定时器。开始运行用户程序时，先清"看门狗"定时器，并开始计时。当用户程序完成一个循环时，查看定时器的计时值。若超时（一般不超过 100ms），则报警。严重超时，还可使 PLC 停止工作。用户可依报警信号采取相应的应急措施。定时器的计时值若不超时，则重复起始的过程，PLC 将正常工作。

（1）看门狗复位指令格式和功能如表 7-3 所示。

表 7-3　看门狗复位指令

梯　形　图	语　句　表	功　　能
——（ WDR ）	WDR	当条件满足时，复位看门狗定时器

（2）说明。看门狗复位指令的功能是使能输入有效时，将看门狗定时器复位。在没有看门狗超时错误的情况下，可以增加一次扫描允许的时间。

3. 跳转指令 JMP 与标号指令 LBL

（1）跳转与标号指令格式和功能如表 7-4 所示。

表 7-4　跳转与标号指令

梯　形　图	语　句　表	功　　能
N ——（ JMP ）	JMP N	跳转指令：当条件满足时，跳转到同一程序的标号（N）处
N LBL	LBL N	标号指令：标记跳转目的地的位置（N）

（2）说明。N 的取值范围是 0 ~ 255。跳转与标号指令可以在主程序、子程序或者中断服务程序中使用，且两者只能用于同一程序段中。

（3）举例应用。

【例 7-1】跳转与标号指令编程举例如图 7.1 所示。当输入 I0.0 为 0 时，跳转到标号为 5 的程序处。

【例7-2】有两台电动机，设置两种启停方式。手动操作方式是用每个电动机各自的启停按钮控制 M_1、M_2 的启停状态。自动操作方式是：按下启动按钮，M_1、M_2 间隔 5s 依次启动；按下停止按钮，M_1、M_2 同时停止。

I/O 分配如表 7-5 所示。梯形图程序如图 7.2 所示。

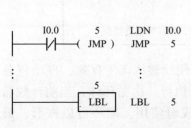

图 7.1　跳转与标号指令编程举例

表 7-5　I/O 分配

输　入		输　出	
PLC 端子	说明	PLC 端子	说明
I1.0	方式选择	Q0.0	电动机 M_1
I0.0	启动按钮	Q0.1	电动机 M_2
I0.1	停止按钮		
I0.2	M_1 启动按钮		
I0.3	M_1 停止按钮		
I0.4	M_2 启动按钮		
I0.5	M_2 停止按钮		

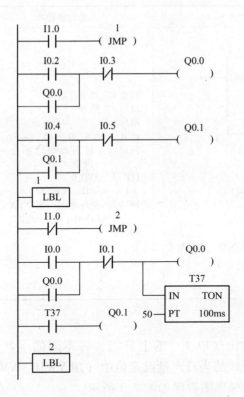

图 7.2　电动机两种启停方式控制程序

4. 循环控制指令

在 PLC 的编程设计中有时会碰到相同功能的程序段需要重复执行，S7-200 CPU 指令系统提供了循环控制指令。

（1）循环控制指令格式和功能如表 7-6 所示。

表 7-6 循环控制指令

梯 形 图	语 句 表	功 能
FOR — EN　ENO — — INDX — INIT — FINAL	FOR INDX, INIT, FINAL	当条件满足时，循环开始，INDX 为当前计数值，INIT 为循环计数初值，FINAL 为循环计数终值
——（NEXT）	NEXT	循环返回，循环体结束指令

（2）说明。由 FOR 和 NEXT 指令构成程序的循环体。使能输入 EN 有效，自动将各参数复位，循环体开始执行，执行到 NEXT 指令时返回。每执行一次循环体，当前计数器 INDX 加 1，达到终值 FINAL，循环结束。FOR/NEXT 必须成对使用。循环可以嵌套，最多为 8 层。编程举例如表 7-7 所示。

表 7-7　循环控制指令编程举例

梯形图程序	语句表程序	指令功能
网络 1　循环开始 I0.0 —| |—P—　FOR 　　　EN　ENO VW100 — INDX 　+1 — INIT 　+10 — FINAL 网络 2　循环体（可以不止一个网络） SM0.0　ADD_I —| |—　EN　ENO VW200 — IN1 　+10 — IN2　OUT — VW200 网络 3　循环返回，当 INDX 达到 FINAL，循环结束 ——（NEXT）	网络 1　循环开始 LD　　I0.0 EU FOR　　VW100, +1, +10 网络 2　循环体可以不止一个网络 LD　　SM0.0 +I　　+10, VW200 网络 3　循环返回，当 INDX 达到 FINAL，循环结束 NEXT	当输入 I0.0 为 1 时，将各参数复位，执行循环体，INDX 从 1 开始计数。每执行一次循环体，INDX 当前值加 1。执行到 10 次时，当前值计到 10，循环结束

（3）举例应用。

【例 7-3】使用启动按钮（I0.1）的上升沿，将不同的生产任务（10，15，20，25，30，35）分别送到各个生产线的当日产量设定值中（用 VW10，VW12，…，VW20 表示）。应用循环控制指令设计梯形图程序如图 7.3 所示。

【任务实施】

1. I/O 地址分配

根据任务要求，系统的输入为电机启动按钮、停止按钮、点动/连续运行控制选择开关；系统的输出为控制电机运行的接触器 KM。所对应的 I/O 分配表如表 7-8 所示。

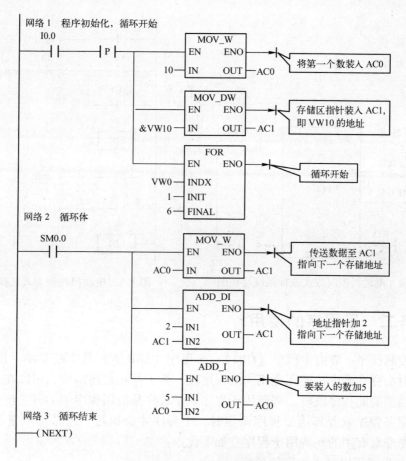

图 7.3　例 7-3 的梯形图程序

表 7-8　电动机控制方式选择系统 I/O 分配表

输　　入		输　　出	
PLC 端子	说明	PLC 端子	说明
选择开关	I1.0	接触器 KM	Q0.0
启动按钮	I0.0		
停止按钮	I0.1		

2. PLC 控制系统接线图

根据 I/O 分配表，可画出 PLC 控制系统接线如图 7.4 所示。

3. 程序设计

电动机控制方式选择系统程序设计选用跳转指令完成，程序设计如图 7.5 所示。

【知识巩固】

用两种方式控制 8 个彩灯点亮，方式选择开关闭合状态时，选择方式一，8 个彩灯一起点亮；方式选择开关断开状态时，选择方式二，8 个彩灯顺序点亮，时间间隔为 2s，最后 8 个彩灯全部点亮。

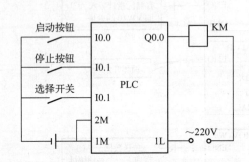

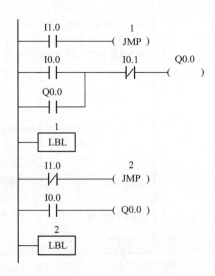

图 7.4　电动机控制方式选择系统接线图　　　图 7.5　电动机控制方式选择程序

7.2　任务二　子程序的使用

PLC 的控制程序一般由主程序（OB1）、子程序（SBR_N）和中断程序（INT_N）组成。在程序中有时会存在多个功能完全相同的程序段，为了简化程序结构，可以在子程序中编写此程序段，当需要此程序段时，则调用子程序。子程序是应用程序中的可选组件，只有被主程序、中断服务程序或者其他子程序调用时，子程序才会执行。当希望重复执行某项功能时，子程序是非常有用的。调用子程序有如下优点：

（1）用子程序可以减小程序的长度。

（2）S7-200 在每个扫描周期中处理主程序的代码，不管代码是否执行。而子程序只有在被调用时，S7-200 才会处理其代码，因而用子程序可以缩短程序扫描周期。

（3）用子程序创建的程序代码是可传递的。具有某种独立功能的子程序，可以复制到另一个应用程序中。

子程序有子程序调用和子程序返回两大类指令，子程序可以被多次调用，也可以嵌套（最多 8 层），还可以递归调用自己（自己调自己），但使用递归调用要慎重，防止出现死循环现象。

【任务提出】

在实际的控制项目中，从模拟量输入模块中得到模块量，需要经过一定的数学运算，才能得到实际需要的模拟值。例如，在特殊环境下，某些模拟量输入数据在程序中需进行数据整定，如将原数据乘以 80%，得出所需的真实数据。对这种需要重复进行的数学运算。可以通过建立子程序实现。

【相关知识】

1. 建立子程序的方法

建立子程序的方法有以下三种：

（1）从"编辑"菜单→插入（Insert）→子程序，如图7.6所示。

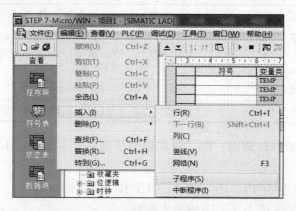

图7.6　建立子程序方法（1）

（2）从指令树，用鼠标右键单击"程序块"图标并从弹出菜单中选择插入（Insert）→子程序，如图7.7所示。

（3）在"程序编辑器"窗口，鼠标右键单击.从弹出快捷菜单中选择插入（Insert）→子程序，如图7.8所示。

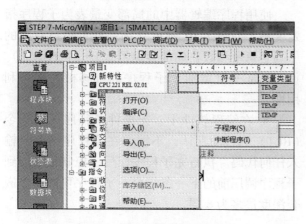

图7.7　建立子程序方法（2）

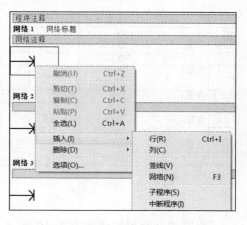

图7.8　建立子程序方法（3）

　　选择插入子程序之后，在程序编辑器的底部会出现一个新标记，代表新的子程序，子程序的编号 n 从 0 开始自动增加。程序编辑器从先前的程序编辑窗口显示更改为新子程序编辑窗口。在编程软件的程序窗口的下方有主程序、子程序、中断服务程序的标签，如图7.9所示。单击子程序标签即可进入相应的子程序编辑区。

图7.9　程序标签

2. 子程序指令

（1）子程序指令格式及功能，如表7-9所示。

（2）说明。

① 子程序调用指令编写在主程序中，子程序返回指令编写在子程序中。

② 子程序标号 n 的范围是 0~63。

表 7-9 子程序指令

梯形图程序	语句表程序	指 令 功 能
SBR_0 EN	CALL SBR0	子程序调用指令：子程序的编号从 0 开始，随着子程序个数的增加自动生成，可为 0 ~ 63
——(RET)	CRET	子程序有条件返回
无	RET	子程序无条件返回，系统能够自动生成

③ 子程序可以不带参数调用。带参数调用的子程序必须事先在局部变量表里对参数进行定义。

局部变量表中的变量有 IN、IN－OUT、OUT 和 TEMP 四类。

a. IN（输入）：IN 是传入子程序的输入参数。

b. IN－OUT（输入输出）：将参数的初始值传给子程序，并将子程序的执行结果返回给同一地址。

c. OUT（输出）：子程序的执行结果被返回给调用它的程序。被传递参数的数据类型有 BOOL、BYTE、WORD、INT、DWORD、DINT、REAL 和 STRING 共 8 种。

d. TEMP：局部存储器，只能用作子程序内部的暂时存储器，不能用来传递参数。

	符号	变量类型	数据类型
	EN	IN	BOOL
L0.0	变量1	IN	BOOL
		IN	
LB1	变量2	IN_OUT	BYTE
		IN_OUT	
LW2	变量3	OUT	WORD
		OUT	
LD4	变量4	TEMP	DWORD
		TEMP	
LW8	变量5	TEMP	INT
		TEMP	

图 7.10 局部变量表

使用程序编辑器中的局部变量表为子程序指定变量，如图 7.10 所示（局部变量表最左边的一列是每个参数在局部存储器（L）中的地址）。使用局部变量增加了子程序的可移植性和再利用性。

④ 在编程软件中，无条件子程序返回指令（RET）为自动默认，不需要在子程序结束时输入任何代码。执行完子程序以后，控制程序回到子程序调用前的下一条指令。子程序可嵌套，嵌套深度最多为 8 层。

子程序指令编程举例如表 7-10 所示。

表 7-10 子程序指令编程举例

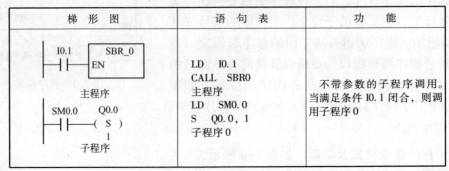

梯 形 图	语 句 表	功 能
I0.1 —SBR_0 EN 主程序 SM0.0 Q0.0 (S) 1 子程序	LD I0.1 CALL SBR0 主程序 LD SM0.0 S Q0.0, 1 子程序 0	不带参数的子程序调用。当满足条件 I0.1 闭合，则调用子程序 0

3. 举例应用

【例 7-4】编写子程序，将在主程序读取的系统时间的分钟数从 BCD 码格式转换成十进

· 130 ·

制整数格式。主程序如图 7.11 所示，子程序如图 7.12 所示。

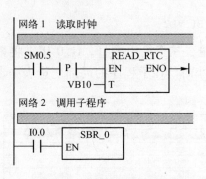

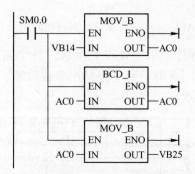

图 7.11　例 7-4 的主程序　　　　　　　　　图 7.12　例 7-4 的子程序

注：对参与运算的累加器 AC 来说，参与运算的数据长度取决于使用的指令。在编程中可以灵活使用累加器以满足指令对数据长度的要求。

【例 7-5】将上题例 7-4 中的系统时间的秒、分钟、小时均从 BCD 格式转换成十进制整数格式。主程序如图 7.13 所示，子程序如图 7.14 所示。

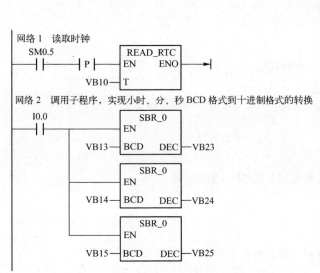

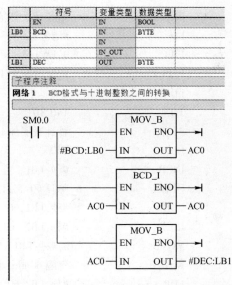

图 7.13　例 7-5 的主程序　　　　　　　　　图 7.14　例 7-5 的子程序

注：带参数的子程序在每次调用时可以对不同的变量、数据进行相同的运算，提高程序编辑和执行的效率，节省程序存储空间。

【例 7-6】设计子程序，用来记录设备运行时间。

用设备启动时的 I0.0 调用子程序。主程序如下：（该程序只能在 STL 编程器中输入）：

网络 1

```
LD          I0.0
O           M0.0
AN          I0.1
=           M0.0
```

网络 2
LD   M0.0
CALL   运行时间:SBR0,I1.0,VB0,VB1,VD2

在主程序调用中有四个参数：一个输入变量，三个输出变量。I1.0 用来将累计的时间清零，VB0、VB1、VD2 分别用来存放秒、分、小时。在子程序的局部变量表中参数定义如图 7.15 所示。

	符号	变量类型	数据类型	注释
L0.0	清零	IN	BOOL	输入变量清零，用来将累计的时间清零
		IN		
		IN_OUT		
LB1	秒	OUT	BYTE	
LB2	分	OUT	BYTE	
LD3	小时	OUT	DWORD	

图 7.15　例 7.6 子程序中的局部变量表

在子程序中，用 T40 产生周期为 1s 的脉冲，每隔 1s 计数器加 1；每隔 60s，分计数器加 1，并将秒计数器清零；每隔 60min，小时计数器加 1，并将分计数器清零。子程序如下：

网络 1   给各计数器清零
LD   #清零:L0.0
FILL   0,LW1,3
网络 2   定时时间为 1s 的定时器
LDN   T40
TON   T40,10
网络 3   秒计数器加 1
LD   T40
INCB   #秒:LB1
网络 4   每隔 60s,分计数器加 1 并将秒计数器清零
LDB >=   #秒:LB1,60
INCB   #分:LB2
MOVB   0,#秒:LB1
网络 5   每隔 60min,小时计数器加 1,并将分计数器清零
LDB >=   #分:LB2,60
INCD   #小时:LD3
MOVB   0,#分:LB2

【任务实施】

在前述任务中，要调用带参数的子程序，在子程序的局部变量表中定义"转换值""系数 1"和"系数 2"的输入变量（IN），"实际输出值"的输出变量（OUT）和"暂存"的临时变量（TEMP），任务通过设置如图 7.16 所示主程序和图 7.17 所示子程序实现。

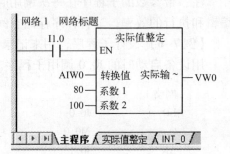

图 7.16　实际值整定主程序

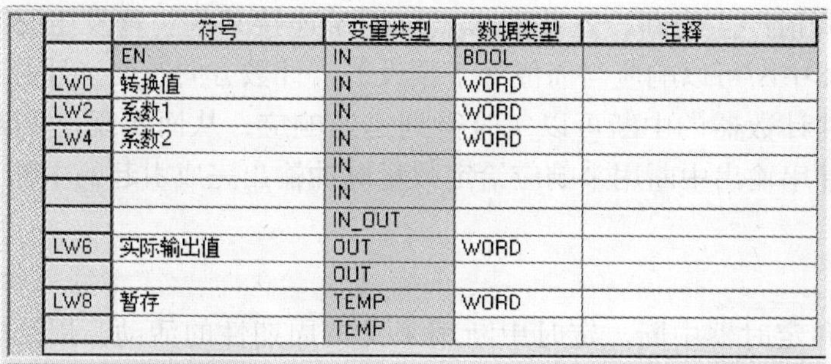

	符号	变量类型	数据类型	注释
	EN	IN	BOOL	
LW0	转换值	IN	WORD	
LW2	系数1	IN	WORD	
LW4	系数2	IN	WORD	
		IN		
		IN		
		IN_OUT		
LW6	实际输出值	OUT	WORD	
		OUT		
LW8	暂存	TEMP	WORD	
		TEMP		

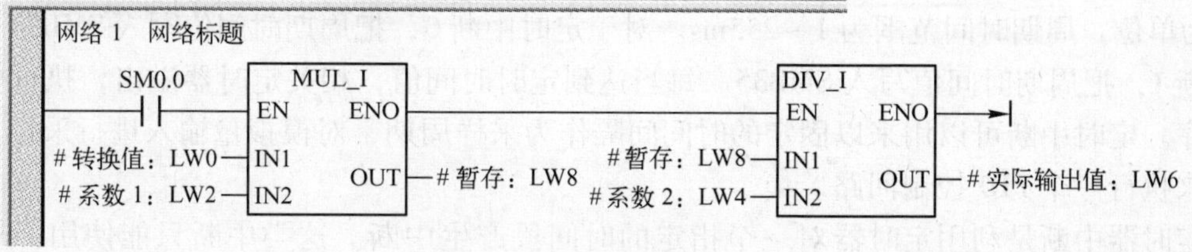

网络 1   网络标题

```
    SM0.0        MUL_I                          DIV_I
    ┤ ├────────┤EN    ENO├──────────────────┤EN    ENO├───┤
                │         │                   │         │
   #转换值:LW0──┤IN1      │              #暂存:LW8──┤IN1      │
                │      OUT├─#暂存:LW8    #系数2:LW4─┤IN2   OUT├─#实际输出值:LW6
   #系数1:LW2──┤IN2      │                   │         │
```

图 7.17   实际值整定子程序

【知识巩固】

三个按钮 I0.1、I0.2、I0.3 分别按下时，将相应的数据（I0.1 按下时传入 10、20，I0.2 按下时传入 30、40，I0.3 按下时传入 50、60）输入到 VW0、VW2 中，然后调用加法子程序，在加法子程序中将 VW0、VW2 中的数据相加结果存入 VW4 中。

7.3   任务三   中断指令应用

中断是计算机在实时处理和实时控制中不可缺少的一项技术。所谓中断，是当控制系统执行正常程序时，系统中出现了某些急需处理的异常情况或特殊请求，系统暂时中断现行程序，转去对随机发生的更紧迫事件进行处理（执行中断服务程序），当该事件处理完毕后，系统自动回到原来被中断的程序继续执行。

【任务提出】

使用定时中断，编程完成采样工作，要求每 10ms 采样一次。

【相关知识】

7.3.1   中断事件

中断事件向 CPU 发出中断请求。S7-200 CPU 最多可有 34 个中断事件，每一个中断事件都分配一个编号用于识别，叫做中断事件号。中断事件大致可以分为三大类，即通信中断、I/O 中断和时基中断。

1. 通信中断

PLC 的自由通信模式下，通信口的状态可由程序控制。用户可以通过编程设置通信协议、波特率和奇偶校验。S7-200 系列 PLC 有 6 种通信口中断事件。

2. I/O 中断

I/O 中断包括外部输入中断、高速计数器中断和脉冲串输出中断。外部输入中断是系统利用 I0.0～I0.3 的上升或下降沿产生中断，这些输入点可用于连接某些一旦发生必须引起注意的外部事件；高速计数器中断可以响应当前值等于预设值、计数方向改变、计数器外部复位等事件引起的中断，高速计数器的中断可以实时得到迅速响应，从而实现比 PLC 扫描周期还要短的控制任务；脉冲串输出中断用来响应给定数量脉冲输出完成引起的中断，主要的应用是步进电动机。

3. 时基中断

时基中断包括定时中断和定时器中断。定时中断用来支持周期性的活动，周期时间以 1ms 为单位，周期时间范围为 1～255ms。对于定时中断 0，把周期时间值写入 SMB34；对定时中断 1，把周期时间值写入 SMB35。每当达到定时时间值，相关定时器溢出，执行中断处理程序。定时中断可以用来以固定的时间间隔作为采样周期，对模拟量输入进行采样，也可以用来执行一个 PID 控制回路。

定时器中断是利用定时器对一个指定的时间段产生中断。这类中断只能使用 1ms 定时器 T32 和 T96。当所用的当前值等于预设值时，在主机正常的定时刷新中，执行中断程序。

7.3.2 中断优先级

在 PLC 应用系统中通常有多个中断事件。当多个中断事件同时向 CPU 申请中断时，要求 CPU 能够将全部中断事件按中断性质和轻重缓急进行排队，并依优先权高低逐个处理。

S7－200 CPU 规定的中断优先权由高到低依次是通信中断、I/O 中断和定时中断。每类中断又有不同的优先级。

CPU 响应中断有以下三个原则：

（1）当不同优先级的中断源同时申请中断时，CPU 先响应优先级高的中断事件。

（2）在相同优先级的中断事件中，CPU 按先来先服务的原则处理中断。

（3）CPU 任何时刻只执行一个中断程序。当 CPU 正在处理某中断时，不会被别的中断程序甚至是更高优先级的中断程序所打断，一直执行到结束。新出现的中断事件需要排队，等待处理。

各个中断事件及优先级如表 7-11 所示。

表 7-11　中断事件及优先级

优先级分组	组内优先级	中断事件号	中断事件描述	中断事件类型
I/O 中断	0	19	PTO 0 脉冲串输出完成中断	外部输入
	1	20	PTO 1 脉冲串输出完成中断	
	2	0	I0.0 上升沿中断	
	3	2	I0.1 上升沿中断	
	4	4	I0.2 上升沿中断	
	5	6	I0.3 上升沿中断	
	6	1	I0.0 下降沿中断	
	7	3	I0.1 下降沿中断	
	8	5	I0.2 下降沿中断	
	9	7	I0.3 下降沿中断	

优先级分组	组内优先级	中断事件号	中断事件描述	中断事件类型
I/O 中断	10	12	HSC0 当前值 = 预置值中断	高速计数器
	11	27	HSC0 计数方向改变中断	
	12	28	HSC0 外部复位中断	
	13	13	HSC1 当前值 = 预置值中断	
	14	14	HSC1 计数方向改变中断	
	15	15	HSC1 外部复位中断	
	16	16	HSC2 当前值 = 预置值中断	
	17	17	HSC2 计数方向改变中断	
	18	18	HSC2 外部复位中断	
	19	32	HSC3 当前值 = 预置值中断	
	20	29	HSC4 当前值 = 预置值中断	
	21	30	HSC4 计数方向改变中断	
	22	31	HSC4 外部复位中断	
	23	33	HSC6 当前值 = 预置值中断	
通信中断	0	8	通信口 0：接收字符	通信口 0
	0	9	通信口 0：发送完成	
	0	23	通信口 0：接收信息完成	
	1	24	通信口 1：接收信息完成	通信口 1
	1	25	通信口 1：接收字符	
	1	26	通信口 1：发送完成	
定时中断	0	10	定时中断 0	定时
	1	11	定时中断 1	
	2	21	定时器 T32 CT = PT 中断	定时器
	3	22	定时器 T96 CT = PT 中断	

7.3.3 中断控制

1. 建立中断程序的方法

建立中断程序和方法与上所述建立子程序的方法完全相同。

2. 中断指令格式和功能（如表 7–12 所示）

表 7–12　中断指令

梯形图程序	语句表程序	指令功能
——（ ENT ）	ENI	中断允许指令：全局性地允许所有被连接的中断事件
——（ DISI ）	DISI	禁止中断指令：全局性地禁止处理所有的中断事件

梯形图程序	语句表程序	指令功能
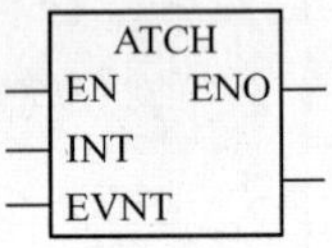 ATCH EN ENO INT EVNT	ATCH INT，EVNT	中断连接指令：用来建立中断事件（EVNT）与中断程序（INT）之间的联系
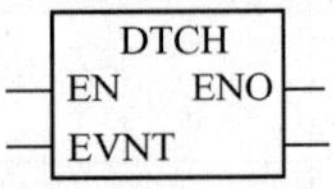 DTCH EN ENO EVNT	DTCH EVNT	中断分离指令：用来断开中断事件（EVNT）与中断程序（INT）之间的联系
——（ RETI ）	CRETI	中断有条件返回指令：根据逻辑操作的条件，从中断程序有条件返回

3. 说明

（1）多个中断事件可以调用同一个中断程序，但一个中断事件不能调用多个中断程序。

（2）中断服务程序执行完毕后会自动返回。RETI 指令根据逻辑运算结果决定是否从中断程序返回。

4. 举例应用

【例 7-7】 在 I0.0 的上升沿通过中断使 Q0.0 立即置位。在 I0.1 的下降沿通过中断使 Q0.0 立即复位。

查表 7-11 得知，I0.0 的上升沿中断事件号是 0，I0.1 的下降沿中断事件号是 3。其主程序、中断程序分别如图 7.18 ~ 图 7.20 所示。

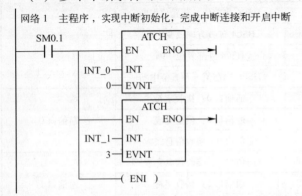

网络 1　主程序，实现中断初始化，完成中断连接和开启中断

图 7.18　例 7-7 的主程序

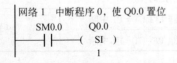

图 7.19　例 7-7 的中断程序 0（INT_0）

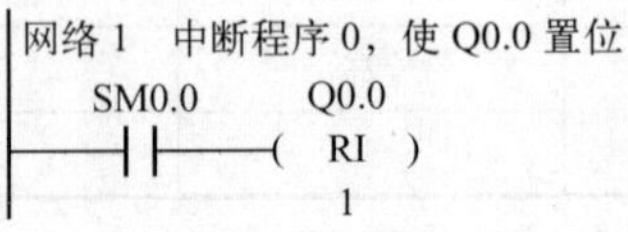

网络 1　中断程序 0，使 Q0.0 置位

```
SM0.0     Q0.0
——| |——（ RI ）
            1
```

图 7.20　例 7-7 的中断程序 1（INT_1）

【例 7-8】 定时中断的定时时间最长为 255ms，用定时中断 0 实现周期为 2s 的高精度定时。

查表 7-11 可知，定时中断 0 的中断号为 10。为了实现 2s 定时，可以将定时时间间隔设为 250ms。在定时中断 0 的中断程序中，将 VB10 加 1。当 VB10 达到 8 的时候（即中断了 8 次），对应的时间间隔为 2s。其主程序、中断程序分别如图 7.21、图 7.22 所示。

【任务实施】

对任务进行分析知，可以使用定时中断完成每 10ms 采样一次。查表 7-11 可知，定时中断 0 的中断事件号为 10。在主程序中将采样周期（10ms）即定时中断的时间间隔写入定时中断 0 的特殊存储器 SMB34，中断事件 10 和 INT0 相连。在中断程序中，将模拟量输入信号读入。主程序如图 7.23 所示，中断程序如图 7.24 所示。

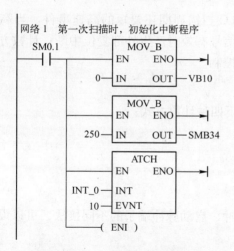

图 7.21　例 7-8 的主程序

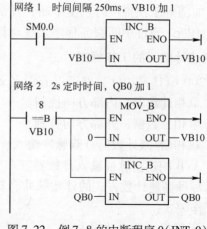

图 7.22　例 7-8 的中断程序 0（INT_0）

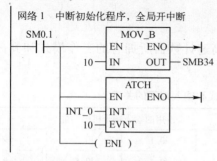

图 7.23　定时采样主程序

图 7.24　定时采样中断程序（INT_0）

【知识巩固】

用定时中断 0 实现周期为 1s 的高精度定时，并在 QB0 端口以增 1 形式输出。

7.4　任务四　高速计数器指令应用

高速计数器 HSC（High Speed Counter）在现代自动控制的精确定位控制领域有重要的应用价值。高速计数器用来累计比 PLC 扫描频率高得多的脉冲输入（30kHz），利用产生的中断事件完成预定的操作。高速计数器可连接增量旋转编码器等脉冲产生装置，用于检测位置和速度。

【任务提出】

假设某单向旋转机械上连接了一个 A/B 两相正交脉冲增量旋转编码器，计数脉冲的个数就代表了旋转轴的位置。编码器旋转一圈产生 10 个 A/B 相脉冲和一个复位脉冲（C 相或 Z 相），需要在第 5 个和第 8 个脉冲所代表的位置之间接通 Q0.0，其余位置断开 Q0.0。如何使用高速计数器来实现这项功能呢？我们先来学习高速计数器的相关知识。

【相关知识】

S7-200 系列 PLC 中有 6 个高速计数器，它们分别是 HSC0、HSC1、HSC2、HSC3、

HSC4 和 HSC5。这些高速计数器可用于处理比 PLC 扫描周期还要短的高速事件。当高速计数器的当前值等于预置值时产生中断；外部复位信号有效时产生外部复位中断；计数方向改变时产生中断。通过中断服务程序实现对目标的控制。

1. 高速计数器的工作模式

S7 – 200 CPU 高速计数器可以分别定义为如下四种计数方式：

（1）单相计数器，内部方向控制。

（2）单相计数器，外部方向控制。

（3）双相增/减计数器，双脉冲输入。

（4）A/B 相正交脉冲输入计数器。

根据每种高速计数方式的计数脉冲、复位脉冲、启动脉冲端子的不同接法，可以设定如下三种工作模式：

（1）无复位，无启动输入。

（2）有复位，无启动输入。

（3）有复位，有启动输入。

所以高速计数器可组成 12 种工作模式。每个高速计数器所拥有的工作模式和其占有的输入端子有关，如表 7–13 所示。

表 7–13 高速计数器的工作模式和输入端子的关系

高速计数器 HSC 的工作模式	功能及说明		占用的输入端子机器功能			
	高速计数器编号	HSC0	I0.0	I0.1	I0.2	×
		HSC4	I0.3	I0.4	I0.5	×
		HSC1	I0.6	I0.7	I0.0	I1.1
		HSC2	I1.2	I1.3	I1.4	I1.5
		HSC3	I0.1	×	×	×
		HSC5	I0.4	×	×	×
0	单路脉冲输入的内部方向控制加/减计算 控制字 SM37.3 = 0，减计数 控制字 SM37.3 = 1，加计数		脉冲输入端	×	×	×
1				×	复位端	×
2				×	复位端	启动
3	单路脉冲输入的外部方向控制加/减计数 方向控制端 = 0，减计数 方向控制端 = 1，加计数		脉冲输入端	方向控制端	×	×
4					复位端	×
5					复位端	启动
6	两路脉冲输入的单相加/减计数 加计数有脉冲输入，加计数 减计数有脉冲输入，减计数		加计数脉冲输入端	减计数脉冲输入端	×	×
7					复位端	×
8					复位端	启动
9	两路脉冲输入的双相正交计数 A 相脉冲超前 B 相脉冲，加计数 A 相脉冲滞后 B 相脉冲，减计数		A 相脉冲输入端	B 相脉冲输入端	×	×
10					复位端	×
11					复位端	启动

注：表中"×"表示没有。

由表 7–13 可知，高速计数器的工作模式确定以后，高速计数器使用的输入端子便被指定。这些输入端子与普通数字量输入接口使用相同的地址。已定义用于高速计数器的输入点不应再用于其他的功能。如选择 HSC1 在模式 11 下工作，则必须用 I0.6 作为 A 相脉冲输入端，I0.7 作为 B 相脉冲输入端，I1.0 作为复位端，I1.1 作为启动端。

高速计数器的工作模式通过一次性地执行 HDEF（高速计数器定义）指令来选择。

2. 高速计数器指令

高速计数器指令格式及功能如表 7-14 所示。

表 7-14　高速计数器指令

梯　形　图	语　句　表	功　　能
HDEF EN　ENO HSC MODE	HDEF HSC，MODE	定义高速计数器指令：当使能输入有效时，为高速计数器分配一种工作模式
HSC EN　ENO N	HSC　N	高速计数器指令：当使能输入有效时，根据高速计数器特殊存储器位的状态及 HDEF 指令指定的工作模式，设置高速计数器并控制其工作

操作数 HSC 指定高速计数器号（0~5），MODE 指定高速计数器的工作模式（0~11）。每个高速计数器只能用一条 HDEF 指令。

3. 高速计数器的控制字节

每个高速计数器在 S7-200 CPU 的特殊存储器中拥有各自的控制字节。控制字节用来定义计数器的计数方式和其他一些设置，以及在用户程序中对计数器的运行进行控制。各高速计数器的控制字节的各个位的 0/1 状态具有不同的设置功能，其含义如表 7-15 所示。

表 7-15　高速计数器的控制字节含义

HSC0	HSC1	HSC2	HSC3	HSC4	HSC5	含　　义
SM37.0	SM47.0	SM57.0	SM137.0	SM147.0	SM157.0	复位信号有效电平： 0 = 高电平有效；1 = 低电平有效
SM37.1	SM47.1	SM57.1	SM137.1	SM147.1	SM157.1	启动信号有效电平： 0 = 高电平有效；1 = 低电平有效
SM37.2	SM47.2	SM57.2	SM137.2	SM147.2	SM157.2	正交计数器的倍率选择： 0 = 4 倍率；1 = 1 倍率
SM37.3	SM47.3	SM57.3	SM137.3	SM147.3	SM157.3	计数方向控制位： 0 = 减计数；1 = 加计数
SM37.4	SM47.4	SM57.4	SM137.4	SM147.4	SM157.4	向 HSC 写入计数方向： 0 = 不更新；1 = 更新
SM37.5	SM47.5	SM57.5	SM137.5	SM147.5	SM157.5	向 HSC 写入新的预置值： 0 = 不更新；1 = 更新
SM37.6	SM47.6	SM57.6	SM137.6	SM147.6	SM157.6	向 HSC 写入新的初始值： 0 = 不更新；1 = 更新
SM37.7	SM47.7	SM57.7	SM137.7	SM147.7	SM157.7	启用 HSC： 0 = 关 HSC；1 = 开 HSC

4. 高速计数器的数值寻址

每个高速计数器都有一个32位初始值和一个32位预置值寄存器，初始值和预设值均为有符号整数。当前值也是一个32位的有符号整数，高速计数器的当前值可以通过高速计数器标识符 HC 加计数器号码（0~5）寻址来读取。

初始值是高速计数器计数的起始值，预置值是高速计数器的目标值。当实际计数值等于预置值时，会产生中断事件。

要改变高速计数器的初始值和预置值，必须使控制字节（表7-14）的第5位和第6位均为1。在允许更新预置值和初始值的前提下，新初始值和新预置值才能写入初始值及预置值寄存器。初始值和预置值古用的特殊内部寄存器如表7-16所示。

表7-16　高速计数器当前值和预置值寄存器

计 数 器 号	HSC0	HSC1	HSC2	HSC3	HSC4	HSC5
初始值寄存器	SMD38	SMD48	SMD58	SMD138	SMD148	SMD158
预置值寄存器	SMD42	SMD52	SMD62	SMD142	SMD152	SMD162
当前值	HC0	HSC1	HSC2	HSC3	HSC4	HSC5

5. 高速计数器的状态字节

每个高速计数器都有一个状态字节，标示当前的计数方向、当前值是否等于预置值、当前值是否大于预置值。PLC 通过监控高速计数器状态字节产生中断，用于完成用户希望的重要操作。状态字节只在中断程序中有效。各高速计数器的状态字节描述如表7-17所示。

表7-17　高速计数器的状态字节

HSC	HSC	HSC	HSC	HSC	HSC	含　义
SM36.0	SM46.0	SM56.0	SM136.0	SM146.0	SM156.0	
SM36.1	SM46.1	SM56.1	SM136.1	SM146.1	SM156.1	
SM36.2	SM46.2	SM56.2	SM136.2	SM146.2	SM156.2	未用
SM36.3	SM46.3	SM56.3	SM136.3	SM146.3	SM156.3	
SM36.4	SM46.4	SM56.4	SM136.4	SM146.4	SM156.4	
SM36.5	SM46.5	SM56.5	SM136.5	SM146.5	SM156.5	当前计数方向状态位： 0 = 减计数；1 = 加计数
SM36.6	SM46.6	SM56.6	SM136.6	SM146.6	SM156.6	当前值等于预置值状态位： 0 = 不等；1 = 相等
SM36.7	SM46.7	SM56.7	SM136.7	SM146.7	SM156.7	当前值大于预置值状态位： 0 = 小于或等于；1 = 大于

6. 高速计数器编程

使用高速计数器需完成以下工作：

（1）根据选定的计数器工作模式，设置相应的控制字节。

（2）使用 HDEF 命令定义计数器号。

（3）设置计数方向（可选）。

（4）设置初始值（可选）。

（5）设置预置值（可选）。

（6）指定并使能中断服务程序（可选）。

（7）执行 HSC 指令，激活高速计数器。

若在计数器运行中改变设置需执行下列工作：

（1）根据需要来设置控制字节。

（2）设置计数方向（可选）。

（3）设置初始值（可选）。

（4）设置预置值（可选）。

（5）执行 HSC 指令，使 CPU 确认。

7. 举例应用

【例 7-9】设置一个两相正交 4 倍率高速计数器。

分析：设置主程序调用子程序，子程序实现对高速计数器的设置：允许计数，更新当前值，更新预置值，更新计数方向为加计数，正交计数设为 4 倍率，复位和启动设置为高电平有效；定义 HSC1 位工作模式 11；当前值 SMD48 清零，预置值 SMD52 设为 1000；设置当前值等于预设值中断，全局开中断。

在中断子程序中改写高速计数器的初始值。与此对应的梯形图主程序如图 7.25 所示，子程序如图 7.26 所示，中断子程序如图 7.27 所示。

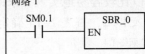

图 7.25　例 7-9 的主程序

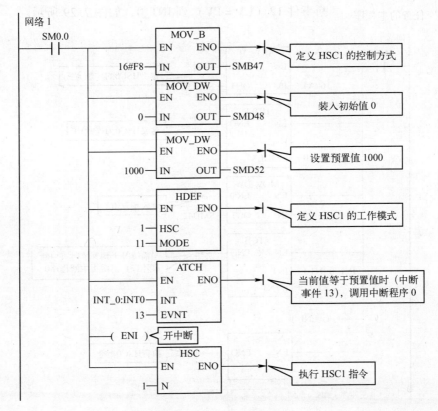

图 7.26　例 7-9 的子程序

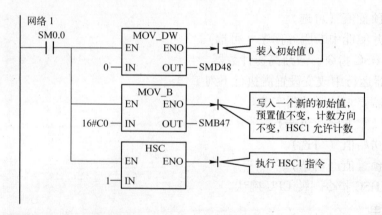

图 7.27　例 7-9 的中断子程序

【任务实施】

根据上述任务要求，我们利用 HSC0 的当前值（CV）等于预置值（PV）时产生中断，可以比较容易地实现要求的功能。A 相接入 I0.0，B 相接入 I0.1，复位脉冲（C 相或 Z 相）接入 I0.2，查表 7-14 确定 HSC0 的控制字节 SM37 应为 2#10100100 = 16# A4。

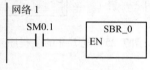

图 7.28　任务的主程序

主程序：第一个扫描周期，一次性调用 HSC0 初始化子程序 SBR_0，如图 7.28 所示。

子程序：初始化 HSC0 为模式 10，设预置值为 5，并连接中断事件 12（CV = PV）到 INT_0，如图 7.29 所示。

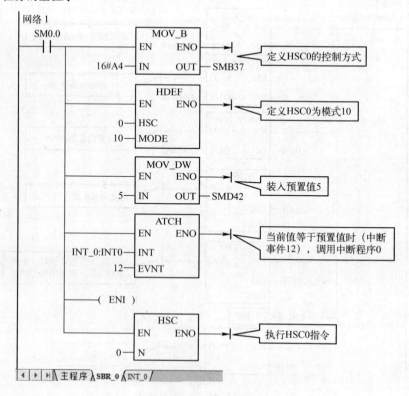

图 7.29　任务的子程序

中断程序：根据计数值置位 Q0，0，并重设预置值，如图 7.30 所示。

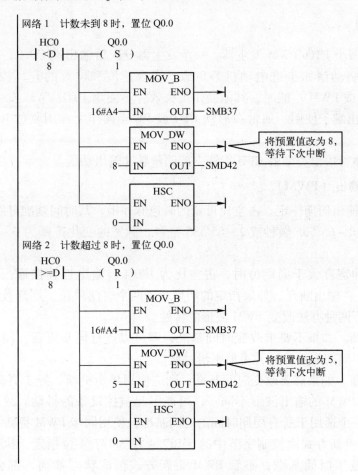

图 7.30　任务的中断程序

【知识巩固】

使用单向高速计数器 HSC0（工作模式 1）和中断指令对输入端 I0.0 脉冲信号计数，当计数值大于等于 50 时，接通 Q0.0，外部复位按钮按下时，Q0.0 断电。

7.5　任务五　高速脉冲输出指令应用

高速脉冲输出功能是指在 PLC 的某些输出端产生高速脉冲，用来驱动负载，实现高速输出和精确控制。

S7 - 200 CPU 22x 系列 PLC 高速脉冲输出频率可达 20kHz，新型的 CPU 224 XP 的高速脉冲输出频率可以达到 100kHz。高速脉冲输出有脉冲串输出 PTO（输出一个频率可调、占空比为 50％的脉冲）和脉宽调制输出 PWM（输出一个周期一定，占空比可调的脉冲）两种形式。

【任务提出】

PLC 运行后，通过 Q0.1 连续输出周期为 10000ms、脉冲宽度为 5000ms 的脉宽调制输出波形，并利用 I0.1 上升沿中断实现脉宽的更新（每中断一次，脉冲宽度增加 10ms）。

【相关知识】

每个 CPU 有两个 PTO/PWM 发生器。一个发生器分配给输出端 Q0.0，另一个分配给输出端 Q0.1，用来驱动诸如步进电动机等负载，实现速度和位置的开环控制。当 Q0.0 或 Q0.1 设定为 PTO 或 PWM 功能时，其他操作均失效。不使用 PTO/PWM 发生器时，Q0.0 或 Q0.1 作为普通输出端子使用。通常在启动 PTO 或 PWM 操作之前用复位 R 指令将 Q0.0 或 Q0.1 清零。

注：只有晶体管输出类型的 CPU 能够支持调整脉冲输出功能。

1. 脉宽调制输出（PWM）

PWM 功能可输出周期一定、占空比可调的高速脉冲串，其时间基准可以是微秒或毫秒，周期变化范围为 10～65 535 微秒或 2～65 535 毫秒，脉宽的变化范围为 0～65 535 微秒或 0～65 535 毫秒。

当指定的脉冲宽度大于周期值时，占空比为 100%，输出连续接通；当脉冲宽度为 0 时，占空比为 0%，输出断开。如果指定的周期小于两个时间单位，周期被默认为两个时间单位。可以用以下两种办法改变 PWM 波形的特性。

（1）同步更新。如果不要求改变时间基准，即可以进行同步更新。同步更新时，波形的变化发生在两个周期的交界处，可似平滑过渡。

（2）异步更新。如果需要改变时间基准，则应使用异步更新。异步更新瞬时关闭 PTO/PWM 发生器，与 PWM 的输出波形不同步，可能引起被控设备的抖动。故通常不使用异步更新，而是选择一个适用于所有周期时间的时间基准，使用同步 PWM 更新。

PWM 输出的更新方式由控制字节中的 SM67.4 或 SM77.4 位指定，执行 PLS 指令使改变生效。如果改变了时间基准，不管 PWM 更新方式位的状态如何，都会产生一个异步更新。

2. 脉冲串输出（PTO）

PTO 功能可输出一定脉冲个数和占空比为 50% 的方波脉冲。输出脉冲的个数在 1～4 294 967 295 范围内可调；输出脉冲的周期以微秒或毫秒为增量单位，变化范围分别是 10～65 535 微秒或 2～65 535 毫秒。

如果周期小于两个时间单位，周期被默认为两个时间单位。如果指定的脉冲数为 0，则脉冲数默认为 1。

PTO 功能允许多个脉冲串排队输出，从而形成流水线。流水线分为单段流水线和多段流水线。

单段流水线是指流水线中每次只能存储一个脉冲串的控制参数。初始 PTO 段一旦启动，必须按照对第二个波形的要求立即刷新特殊存储器，并再次执行 PLS 指令。在第一个脉冲串完成后，第二个脉冲串输出立即开始，重复这一步骤可以实现多个脉冲串的输出。单段流水线中的各段脉冲串可以采用不同的时间基准，但有可能造成脉冲串之间的不平稳过渡。输出多段高速脉冲时，编程复杂。

多段流水线是指在变量存储区 V 建立一个包络表（包络表 Profile 是一个预先定义的横

坐标为位置、纵坐标为速度的曲线，是描述运动图形的），包络表存放每个脉冲串的参数。执行 PLS 指令时，S7 – 200 系列 PLC 自动按包络表中的顺序及参数进行脉冲串输出。包络表中每段脉冲串的参数占用 8 个字节，由一个 16 位周期值（2 字节）、一个 16 位周期增量值 Δ（2 字节）和一个 32 位脉冲计数值（4 字节）组成。包络表的格式如表 7–18 所示。

表 7–18　包络表的格式

从包络表起始地址的字节偏移	段	说　明
VB_n		总段数（1~255）；数值 0 产生非致命错误，无 PTO 输出
VB_{n+1}	段 1	初始周期（2 ~65 535 个时基单位）
VB_{n+3}		每个脉冲的周期增量 Δ（符号整数：–32 768 ~32767 个时基单位）
VB_{n+5}		脉冲数（1~4294 967 295）
VB_{n+9}	段 2	初始周期（2 ~65 535 个时基单位）
VB_{n+11}		每个脉冲的周期增量 Δ（符号整数：–32 768 ~32767 个时基单位）
VB_{n+13}		脉冲数（1~4294 967 295）
VB_{n+17}	段 3	初始周期（2 ~65 535 个时基单位）
VB_{n+19}		每个脉冲的周期增量 Δ（符号整数：–32 768 ~32767 个时基单位）
VB_{n+21}		脉冲数（1~4294 967 295）

注：周期增量值 Δ 为整数微秒或毫秒。

多段流水线的特点是编程简单，能够通过指定脉冲的数量自动增加或减少周期。周期增量值 Δ 为正值会增加周期；周期增量值 Δ 为负值会减少周期；若 Δ 为零，则周期不变。在包络表中的所有的脉冲串必须采用同一时基。在多段流水线执行时，包络表的各段参数不能改变。多段流水线常用于步进电动机控制。

3. PTO/PWM 寄存器

Q0.0 和 Q0.1 输出端子的高速输出功能通过对 PTO/PWM 寄存器的不同设置实现。PTO/PWM 寄存器由 SM66 ~ SM85 特殊存储器组成。它们的作用是监视和控制脉冲输出（PTO）和脉宽调制（PWM）功能。各寄存器和位值的意义如表 7–19 所示。

表 7–19　PTO/PWM 寄存器和位值的意义

寄存器名称	Q0.0	Q0.1	说　明
脉冲串输出状态寄存器	SM66.4	SM76.4	PTO 包络由于增量计算错误异常终止：0 = 无错；1 = 异常终止
	SM66.5	SM76.5	PTO 包络由于用户命令异常终止：0 = 无错；1 = 异常终止
	SM66.6	SM76.6	PTO 流水线溢出：0 = 无溢出；1 = 溢出
	SM66.7	SM76.7	PTO 空闲：0 = 运行中；i = PTO 空闲
PTO/PWM 输出控制寄存器	SM67.0	SM77.0	PTO/PWM 刷新周期值：0 = 不刷新；1 = 刷新
	SM67.1	SM77.1	PWM 刷新脉冲宽度值：0 = 不刷新；1 = 刷新
	SM67.2	SM77.2	PTO 刷新脉冲计数值：0 = 不刷新；1 = 刷新
	SM67.3	SM77.3	P T0/PWM 时基选择：0 = 1 微秒；l = 1 毫秒

寄存器名称	Q0.0	Q0.1	说　明
PTO/PWM 输出控制寄存器	SM67.4	SM77.4	PWM 更新方法：0＝异步更新；1＝同步更新
	SM67.5	SM77.5	PTO 操作：0＝单段操作；1＝多段操作
	SM67.6	SM77.6	PTO/PWM 模式选择：0＝选择 PTO；1＝选择 PWM
	SM67.7	SM77.7	PTO/PWM 允许：0＝禁止；1＝允许
周期值设定寄存器	SMW68	SMW78	PTO/PWM 同期时间值（范围：2～65 535）
脉宽值设定寄存器	SMW70	SMW80	PWM 脉冲宽度值（范围：0～65 535）
脉冲计数值设定寄存器	SMD72	SMD82	PTO 脉冲计数值（范围：1～4 294 967 295）
多段 PTO 操作寄存器	SMB166	SMB176	段号，多段流水线 PTO 运行中的段的编号（仅用于多段 PTO 操作）
	SMW168	SMW178	包络表起始位置用距离 V0 的字节偏移量表示（仅用于多段 PTO 操作）

4. 高速脉冲输出指令

（1）高速脉冲输出指令格式及功能，如表 7-20 所示。

表 7-20　高速脉冲输出指令

梯形图程序	语句表程序	指令功能
PLS EN　ENO Q0.X	PLS　X	当使能输入有效时，PLC 检测程序设置的特殊功能寄存器位，激活由控制位定义的脉冲操作，从 Q0.X 输出高速脉冲

（2）说明。

① 高速脉冲串输出 PTO 和脉宽调制输出 PWM 都由 PLS 指令激活。

② 操作数 X 指定脉冲输出端子，0 为 Q0.0 输出，1 为 Q0.1 输出。

③ 高速脉冲串输出 PTO 可采用中断方式进行控制，而脉宽调制输出 PWM 只能由指令 PLS 激活。

5. 举例应用

【例 7-10】脉冲串输出 PTO。

假定脉冲串通过 Q0.0 输出。脉冲串输出时，先输出 4 个脉冲周期为 500ms 的脉冲串后，自动更新为输出 4 个脉冲为 1000ms 的脉冲串，然后再输出 4 个脉冲周期为 500ms 的脉冲串，不断循环输出。使用 I0.0 上升沿启动脉冲串输出，使用 I0.1 上升沿停止脉冲串输出。

分析：通过 I0.0 上升沿调用子程序设置 PTO 操作；通过脉冲串输出完成调用中断程序来改变脉冲周期；通过 I0.1 上升沿禁止中断，停止脉冲串输出。PTO 输出结果如图 7.31 所示，对应的梯形图主程序如图 7.32 所示，子程序 0 如图 7.33 所示，中断程序 0 如图 7.34 所示。

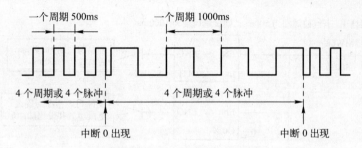

图 7.31　PTO 输出结果示意

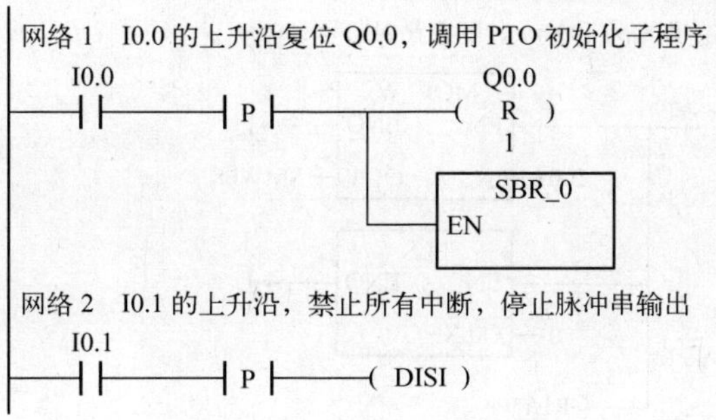

网络1　I0.0 的上升沿复位 Q0.0，调用 PTO 初始化子程序

```
     I0.0                          Q0.0
 ────┤ ├──────┤ P ├──────────────( R )
                          │         1
                          │
                          │      ┌──────────┐
                          │      │  SBR_0   │
                          └──────┤ EN       │
                                 └──────────┘
```

网络2　I0.1 的上升沿，禁止所有中断，停止脉冲串输出

```
     I0.1
 ────┤ ├──────┤ P ├──────────────( DISI )
```

图 7.32　例 7-10 的主程序

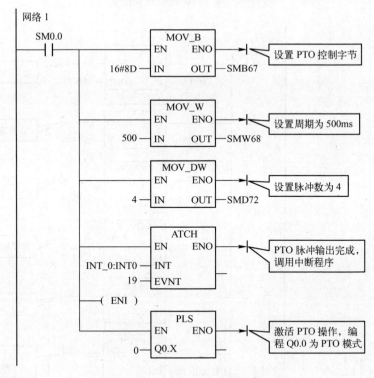

图 7.33　例 7-10 的子程序

【任务实施】

分析任务后可知，通过调用子程序设置 PWM 操作，通过中断程序改变脉宽。对应的梯形图主程序如图 7.35 所示，子程序 0 如图 7.36 所示，中断程序 0 如图 7.37 所示。

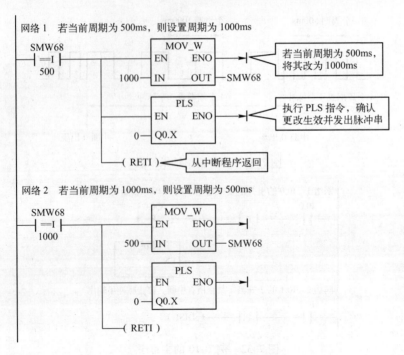

网络1　若当前周期为500ms，则设置周期为1000ms

若当前周期为500ms，将其改为1000ms

执行PLS指令，确认更改生效并发出脉冲串

从中断程序返回

网络2　若当前周期为1000ms，则设置周期为500ms

图7.34　例7-10的中断程序0

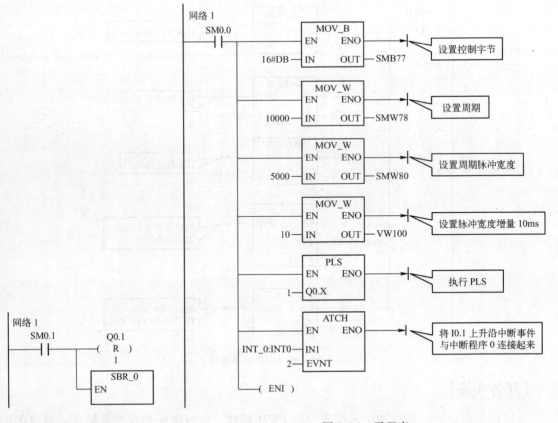

网络1

设置控制字节

设置周期

设置周期脉冲宽度

设置脉冲宽度增量10ms

执行PLS

将I0.1上升沿中断事件与中断程序0连接起来

网络1

图7.35　主程序

图7.36　子程序

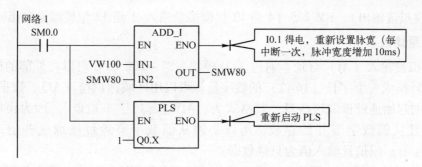

图 7.37 中断程序

【知识巩固】

从 PLC 的 Q0.0 输出高速脉冲。该串脉冲脉宽的初始值为 0.1s，周期固定为 1s，其脉宽每周期递增 0.1s，当脉宽达到设定的 0.9s 时，脉宽改为每周期递减 0.1s，直到脉宽减为 0。以上过程重复执行。

7.6 任务六 PID 指令应用

在工业生产中，常需要用闭环控制方式实现温度、压力、流量等连续变化的模拟量控制。模拟量首先被传感器和变送器转换为标准量程的电流或电压，例如 4～20mA 电流信号，1～5V 或 0～10V 电压信号等。PLC 用 A/D 转换器将它们转换成数字量，带正负号的电流或电压在 A/D 转换后用二进制补码表示；D/A 转换器将 PLC 的数字输出量转换为模拟电压或电流，再去控制执行机构。模拟量 I/O 模块的主要任务就是实现 A/D 转换（模拟量输入）和 D/A 转换（模拟量输出）。

S7－200 CPU 单元可以扩展 A/D、D/A 模块，从而可实现模拟量的输入和输出。

【任务提出】

有一个通过变频器驱动的水泵供水的恒压供水水箱如图 7.38 所示，维持水位在满水位的 70%；开机后，手动控制电动机，水位上升到 70% 时，转换到 PID 自动调节。

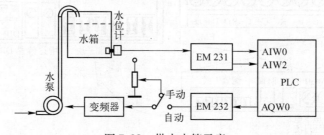

图 7.38 供水水箱示意

【相关知识】

7.6.1 S7－200 系统 PLC 模拟量 I/O 模块

与 S7－22X CPU 配套的 A/D、D/A 模块有 EM 231（4 路 12 位模拟量输入）、EM 232

（2 路 12 位模拟量输出）、EM 235（4 路 12 位模拟量输入/1 路 12 位模拟量输出）。

1. 模拟量输入

（1）模拟量输入（AI）寻址。通过 A/D 模块，S7 – 200 CPU 可以将外部的模拟量（电流或电压）转换成一个字长（16 位）的数字量。可以用区域标识符（AI）、数据长度（W）和模拟通道的起始地址读取这些量，其格式为：AIW［起始字节地址］。因为模拟输入量为一个字长，且从偶数字节开始存放，所以必须从偶数字节地址读取这些值，如 AIW0、AIW2、AIW4 等。模拟量输入值为只读数据。

（2）模拟量输入模块的配置和校准。使用 EM 231 和 EM 235 输入模拟量时，首先要进行模块的配置和校准。通过调整模块中的 DIP 开关，可以设定输入模拟量的种类（电流、电压）以及模拟量的输入范围、极性，如图 7.39、图 7.40 所示。

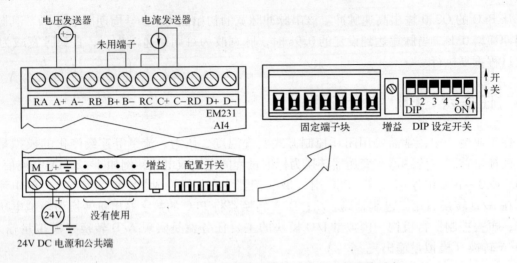

图 7.39　EM231 模拟量输入模块端子及 DIP 开关示意

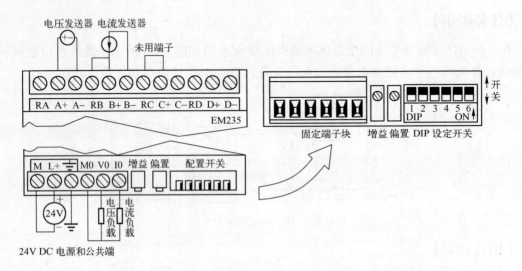

图 7.40　EM235 输入输出混合模块端子、DIP 设置开关及校准电位器示意

设定模拟量输入类型后，需要进行模块的校准，此操作需通过调整模块中的"增益调

整"电位器实现。

校准调节影响所有的输入通道。即使在校准以后，如果模拟量多路转换器之前的输入电路元件值发生变化，从不同通道读入同一个输入信号，其信号值也会有微小的不同。校准输入的步骤如下：

① 切断模块电源，用 DIP 开关选择需要的输入范围。

② 接通 CPU 和模块电源，使模块稳定 15min。

③ 用一个变送器、一个电压源或电流源，将零值信号加到模块的一个输入端。

④ 读取该输入通道在 CPU 中的测量值。

⑤ 调节模块上的 OFFSET（偏置）电位器，直到读数为零或需要的数字值。

⑥ 将一个满刻度模拟量信号接到某一个输入端子，读出 A/D 转换后的值。

⑦ 调节模块上的 GAIN（增益）电位器，直到读数为 32 000 或需要的数字值。

⑧ 必要时重复上述校准偏置和增益的过程。

（3）输入模拟量的读取。每个模拟量占用一个字长（16 位），其中数据占 12 位。依据输入模拟量的极性，数据字格式有所不同，其格式如图 7.41 所示。

图 7.41　模拟量输入数据格式

模拟量转换为数字量的 12 位读数是左对齐的。对单极性格式，最高位为符号位，最低 3 位是测量精度位，即 A/D 转换是以 8 为单位进行的；对双极性格式，最低 4 位为转换精度位，即 A/D 转换是以 16 为单位进行的。

在读取模拟量时，利用数据传送指令 MOV_W，可以从指定的模拟量输入通道将其读取到内存中，然后根据极性，利用移位指令或整数除法指令将其规格化，以便于处理数据值部分。

2. 模拟量输出

（1）模拟量输出（AQ）寻址。通过 D/A 模块，S7 - 200 CPU 把一个字长（16 位）的数字量按比例转换成电流或电压。用区域标识符（AQ）、数据长度（W）和模拟通道的起始地址存储这些量。其格式为：

　　　AQW[起始字节地址]

因为模拟输出量为一个字长，且从偶数字节开始，所以必须从偶数字节地址存储这些值，如 AQW0、AQW2、AQW4 等。模拟量输出值是只写数据，用户不能读取。

（2）模拟量的输出。模拟量的输出范围为 - 10 ~ 10V 和 0 ~ 20mA（由接线方式决定），对应的数字量分别为 –32000 ~ 32000 和 0 ~ 32000（见图 7.42 所示）。

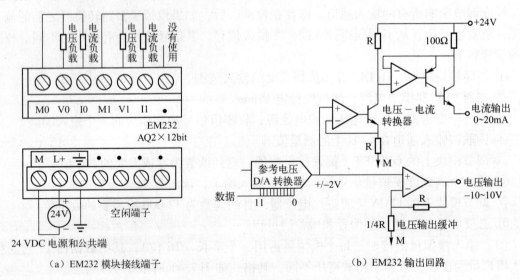

（a）EM232 模块接线端子　　　　　　　（b）EM232 输出回路

图 7.42　EM232 模拟量输出模块外部接线及内部结构

　　每个模拟量占用一个字长（16 位）。依据输出模拟量的类型，其数据字格式有所不同，如图 7.43 所示。模拟量数据输出值是左对齐的，最高有效位是符号位，0 表示正值。最低 4 位是 4 个连续的 0，在转换为模拟量输出值时将自动屏蔽，不会影响输出信号值。

MSB															LSB
15	14	13	12	11	10	9	8	7	6	5	4	3	2	1	0
0				11 位数据值								0	0	0	0

（a）电流输出

MSB															LSB
15	14	13	12	11	10	9	8	7	6	5	4	3	2	1	0
0				12 位数据值								0	0	0	0

（b）电压输出

图 7.43　模拟量输出数据格式

　　在输出模拟量时，首先根据电流输出方式或电压输出方式，利用移位指令或整数乘法指令对数据值部分进行处理，然后利用数据传送指令 MOV_W，将其从指定的模拟量输出通道输出。

7.6.2　模拟量数据的处理

1. 模拟量输入信号的整定

　　通过模拟量输入模块转换后的数字信号直接存储在 S7 – 200 系列 PLC 的模拟量输入存储器 AIW 中。这种数字量与被转换的结果之间有一定的函数对应关系，但在数值上并不相等，必须经过某种转换才能使用。这种将模拟量输入模块转换后的数字信号在 PLC 内部按一定函数关系进行转换的过程称为模拟量输入信号的整定。

模拟量输入信号的整定通常需要考虑以下问题。

（1）模拟量输入值的数字量表示方法。模拟量输入值的数字量表示方法即模拟量输入模块数据的位数是多少？是否从数据字的第 0 位开始？若不是，应进行移位操作使数据的最低位排列在数据字的第 0 位上，以保证数据的准确性。如 EM231 模拟量输入模块，在单极性信号输入时，模拟量的数据值是从第 3 位开始的，因此数据整定的任务是把该数据字右移 3 位。

（2）模拟量输入值的数字量表示范围。该范围由模拟量输入模块的转换精度决定。如果输入量的范围大于模块可能表示的范围，可以将输入量的范围限定在模块表示的范围内。

（3）系统偏移量的消除。系统偏移量是指在无模拟量信号输入情况下由测量元件的测量误差及模拟量输入模块的转换死区所引起的、具有一定数值的转换结果。消除这一偏移量的方法是在硬件方面进行调整（如调整 EM235 中偏置电位器）或使用 PLC 的运算指令消除。

（4）过程量的最大变化范围。过程量的最大变化范围与转换后的数字量最大变化范围应有一一对应的关系，这样就可以使转换后的数字量精确地反映过程量的变化。如用 0～0FH 反映 0～10V 的电压与 0～FFH 反映 0～10V 的电压相比较，后者的灵敏度或精确度显然要比前者高得多。

（5）标准化问题。从模拟量输入模块采集到的过程量都是实际的工程量，其幅度、范围和测量单位均不同，在 PLC 内部进行数据运算之前，必须将这些值转换为无量纲的标准格式。

（6）数字量滤波问题。电压、电流等模拟量常常会因为现场干扰而产生较大波动，这种波动经 A/D 转换后亦反映在 PLC 的数字量输入端。若仅用瞬时采样值进行控制计算，将会产生较大误差，因此有必要进行滤波。

工程上的数字滤波方法有算术平均值滤波、去极值平均滤波以及惯性滤波法等。算术平均值滤波的效果与采样次数有关，采样次数越多效果越好。但这种滤波方法对于强干扰的抑制作用不大，而去极值平均滤波方法则可有效地消除明显的干扰信号。消除的方法是对多次采样值进行累加后，从累加和中减去最大值和最小值，再进行平均值滤波。惯性滤波的方法就是逐次修正，它类似于较大惯性的低通滤波功能。这些方法可同时使用，效果更好。

2. 模拟量输出信号的整定

在 PLC 内部进行模拟量输入信号处理时，通常把模拟量输入模块转换后的数字量转换为标准工程量，经过工程实际需要的运算处理后，可得出上下限报警信号及控制信息。报警信息经过逻辑控制程序可直接通过 PLC 的数字量输出点输出，而控制信息需要暂存到模拟量存储器 AQWx 中，经模拟量输出模块转换为连续的电压或电流信号输出到控制系统的执行部件，以便进行调节。模拟量输出信号的整定就是要将 PLC 的运算结果按照一定的函数关系转换为模拟量输出寄存器中的数字值，以便模拟量输出模块转换为现场需要的输出电压或电流。

已知在某温度控制系统中由 PLC 控制温度的升降。当 PLC 的模拟量输出模块输出 10 V 电压时，要求系统温度达到 500℃，现 PLC 运算结果为 200℃，则应向模拟量输出存储器 AQWx 写入的数字量为多少？这就是一个模拟量输出信号的整定问题。

显然，解决这一问题的关键是要了解模拟量输出模块中的数字量与模拟量之间的对应关系，这一关系通常为线性关系。如 EM232 模拟量输出模块榆出的 0～10V 电压信号对应的内部数字量为 0～32 000。上述运算结果 200℃ 所对应的数字量可用简单的算术运算程序得出。

7.6.3　模拟量的 PID 控制

过程控制系统在对模拟量进行采样的基础上，一般还对采样值进行 PID（比例＋积分＋微分）运算，并根据运算结果，形成对模拟量的控制作用。控制结构如图 7.44 所示。

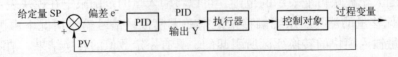

图 7.44　PID 控制系统结构

PID 运算中的积分作用可以消除系统的静态误差，提高精度，加强对系统参数变化的适应能力；微分作用可以克服惯性滞后，提高抗干扰能力和系统的稳定性，可改善系统动态响应速度；比例作用可对偏差作出及时响应。因此，对于速度、位置等快过程及温度、化工合成等慢过程，PID 控制都具有良好的实际效果。若能将三种作用的强度适当配合，可以使 PID 回路快速、平稳、准确地运行，从而获得满意的控制效果。

S7－200 CPU 提供了 8 个回路的 PID 功能。用于实现需要按照 PID 控制规律进行自动调节的控制任务，如温度、压力和流量控制等。PID 功能一般需要模拟量输入，以反映被控制物理量的实际数值，称为反馈；而用户设定的调节目标值，即为给定。PID 运算的任务就是根据反馈与给定的差值，按照 PID 运算规律计算出结果，输出到固态开关元件（控制加热棒）或者变频器（驱动水泵）等执行机构进行调节，以达到自动维持被控制的量跟随给定变化的目的。

S7－200 中 PID 功能的核心是 PID 指令。PID 指令需要指定一个以 V 为变量存储区地址开始的 PID 回路表以及 PID 回路号，PID 回路表提供了给定和反馈以及 PID 参数等数据入口。PID 运算的结果也在回路表输出。

1. PID 调节指令格式及功能

PID 调节指令格式及功能如表 7-21 所示。

表 7-21　PID 调节指令

梯形图程序	语句表程序	指 令 功 能
PID EN　ENO TBL LOOP	PID TBL, LOOP	当使能端 EN 为 1 时，PID 调节指令对 TBL 为起始地址的 PID 参数表中的数据进行 PID 运算。在 S7－200 中最多可以使用 8 个 PID 控制回路，一个回路只能使用一条 PID 指令 LOOP：PID 调节回路号，可在 0～7 范围选取 TBL：参数表的首地址，由 36 个字节组成，存储 9 个参数

2. 回路表

操作数 Table 所指定的参数控制表的结构如表 7-22 所示，此表含有 9 个参数，全部为 32 位的实数格式，共占 36 个字节。

表 7-22　PID 回路表

偏移地址（VB）	变 量 名	数据格式	输入输出类型	取 值 范 围
T+0	反馈量（PVn）		I	在 0.0~1.0 之间
T+4	给定值（SPn）		I	在 0.0~1.0 之间
T+8	输出值（Mn）		I/O	在 0.0~1.0 之间
T+12	增益（KC）		I	比例常数，可正可负
T+16	采样时间（TS）	双字实数	I	单位为 s，正数
T+20	积分时间（TI）		I	单位为 min，正数
T+24	微分时间（TD）		I	单位为 min，正数
T+28	积分和（YX）或积分项前值（MX）		I/O	应在 0.0~1.0 之间
T+32	反馈量前值（PVn-1）		I/O	最后一次执行 PID 指令的过程变量值

3. PID 指令的使用步骤

（1）建立 PID 回路表。

（2）对输入采样数据进行归一化处理。

（3）对 PID 输出数据进行工程量转换。

7.6.4　举例应用

【例 7-11】从模拟量输入通道 AIW2 读取由测速发电机输出的模拟电压（0~10V），并将其存入 VW100 中。梯形图程序如图 7.45 所示。

EM231 的 DIP 开关中 SW1、SW2、SW3 分别设置为 ON、OFF、ON，设定的量程为单极性 0~10V，输入数据范围为 0~32000，数据格式参见前文所述。

利用实验板上的电位器可以输入 0~10V 电压，可以用"图状态"方式观察 VW100 中数据的变化。

【例 7-12】从模拟量输出通道 AQW0 输出 10V 电压，控制恒温箱加热板。EM232 的输出电压范围是 -10~10V，数据范围为 -32000~32000，相应的数据值为 -2000~2000。梯形图程序如图 7.46 所示。

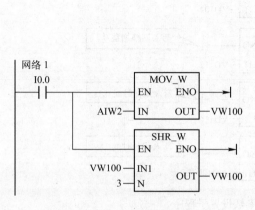

图 7.45　例 7-11 梯形图程序

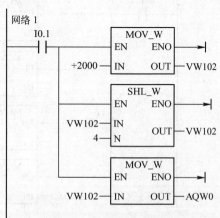

图 7.46　例 7-12 梯形图程序

从 M0、V0 之间取输出电压，可以用万用表进行测量。

【任务实施】

根据任务要求分析，过程变量 PVn 为水箱的水位，由水位检测计提供，经 A/D 转换送入 PLC；控制信号由 PLC 执行 PID 指令后，以单极性信号经 D/A 转换后送出，从而控制变频器控制电动机转速。

PID 回路参数表如表 7-23 所示。

表 7-23　PID 回路参数表

地　址	参　数	数　值
VD100	过程变量当前值 PVn	水位检测计提供的模拟量经 A/D 转换后的标准化数值
VD104	给定值 SPn	0.7
VD108	输出值 Mn	PID 回路的输出值（标准化数值）
VD112	增益 KC	0.3
VD116	采样时间 TS	0.1
VD120	积分时间 TI	0.3
VD124	微分时间 TD	0（关闭微分作用）
VD128	上一次的积分值 MX	根据 PID 运算结果更新
VD132	上一次的过程变量 PVn - 1	最近一次的 PID 的变量值

I0.0 连接手动/自动切换开关，模拟量输入 AIW0，模拟量输出 AQW0。

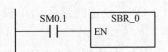

程序由主程序（图 7.47）、子程序（图 7.48）和中断程序（图 7.49）构成。主程序用来调用初始化子程序；子程序用来建立 PID 回路初始化参数表和设置中断，采用定时中断（查表 7-11 可知中断事件号为 10）来定时采样，设置定时时间和

图 7.47　水位控制主程序

采样时间为 100ms，并写入 SMB34；中断程序用于执行 PID 运算，I0.0 = 1 时，执行 PID 运算。标准化时采用单极性（取值范围为 0 ~ 32000）。

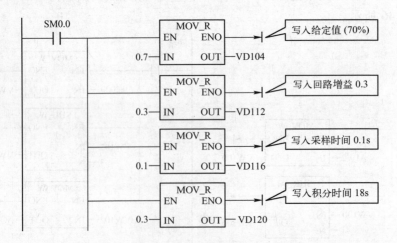

图 7.48　PID 参数设置子程序

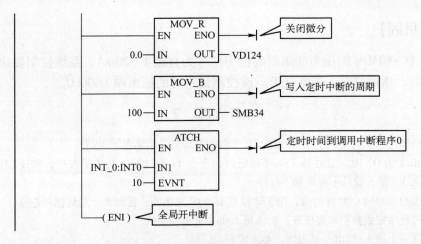

图 7.48　PID 参数设置子程序（续）

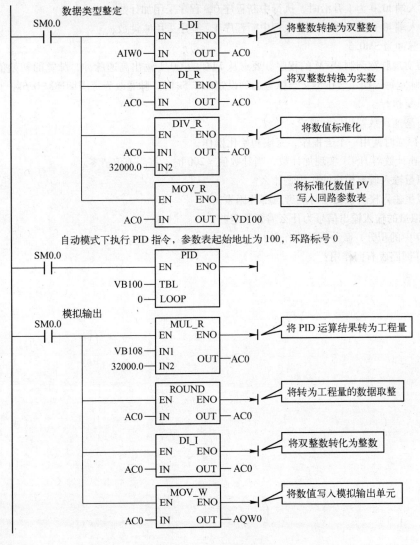

图 7.49　中断程序

【知识巩固】

量程为 0 ~ 10MPa 的压力变送器的输出信号为直流 4 ~ 20mA。系统控制要求是，当压力大于 8MPa 时，指示灯亮，否则灯灭。设控制指示灯的输出端为 Q0.0。

习 题 7

7.1 用循环指令求从 VW0 开始存放的 10 个数的平均值，结果存于 VW0。

7.2 当 I0.1 为 ON 时，定时器 T39 开始定时，产生 1s 的脉冲。调用子程序，在子程序中将模拟量 AIW0 的值送入 VW20，设计主程序和子程序。

7.3 首次扫描时给 QB0 置初值，用 T32 设置 1s 的定时中断，控制 8 个彩灯循环左移。

7.4 编写程序完成数据采集任务，要求每 100ms 采集一个数。

7.5 编写一个输入/输出中断程序，要求实现：

(1) 从 0 到 255 的计数；

(2) 当输入端 I0.0 为上升沿时，执行中断程序 0，程序采用加计数；

(3) 当输入端 I0.0 为下降沿时，执行中断程序 1，程序采用减计数；

(4) 计数脉冲为 SM0.5。

7.6 编写实现脉宽调制 PWM 的程序。要求从 PLC 的 Q0.1 输出高速脉冲，脉宽的初始值为 0.5s，周期固定为 5s，脉宽每周期递增 0.5s；当脉宽达到设定的 4.5s 时，脉宽改为每周期递减 0.5s，直到脉宽减为 0。以上过程重复执行。

7.7 编写高速计数器程序，要求：

(1) 首次扫描时调用一个子程序，完成初始化操作；

(2) 用高速计数器 HSC1 实现加计数，当计数值 = 200 时，将当前值清零。

7.8 模拟量输入输出模块的作用是什么？

7.9 模拟量输入模块在使用时应考虑哪些因素？

7.10 模拟量的输入输出信号为什么需要整定？

7.11 PID 中的积分、微分有什么作用？

7.12 PID 回路表有何作用？

模块 8 S7 - 200 的通信与网络

知识目标

（1）了解网络通信基础知识；
（2）掌握计算机与 PLC 的通信方式及设置方法；
（3）掌握 S7 - 200 系列 PLC 的网络读写指令的格式、功能及编程方法；
（4）掌握使用自由端口通信的编程方法。

能力目标

（1）能使用网络读写指令编写程序，实现通信；
（2）能使用自由端口通信模式实现用户自定义通信。

S7 - 200 PLC 的通信包括 PLC 与上位机之间、PLC 之间以及 PLC 与其他智能设备之间的通信。PLC 和计算机可以直接或通过通信处理单元、通信转换器连接构成网络，以实现信息的交换，并可构成"集中管理，分散控制"的分布式控制系统，满足工厂自动化系统发展的需要。

西门子公司提出的全集成化（TIA）系统核心内容包括组态和编程的集成、数据管理的集成以及通信的集成。通信网络是这个系统中的关键组件。在 PLC 组成的控制系统中，一般由 PLC 作为下位机，完成数据采集、状态判别、输出控制等，上位机（微型计算机、工业控制机）完成数据采集信息的存储、分析处理、人机界面的交互及打印输出，以实现对系统的实时监控。其中的技术关键是实现 PLC 与计算机的通信。

8.1 任务一 认识通信网络

数据通信就是将数据信息通过适当的传送线路从一台机器传送到另一台机器。这里的机器可以是计算机、PLC 或具有数据通信功能的其他数字设备。

8.1.1 并行通信和串行通信

1. 并行通信

并行通信是将数据以成组的形式在多条并行的通道上同时传输，如传输 8 个（一个字节）或 16 个（一个字）数据位。除数据位之外，还需要一条"选通"线来协调双方的收、发。并行通信的特点是数据传输速度快，但由于需要多根传输线，因而成本较高。通常并行通信用于传输速率高的近距离传输，如用于计算机和打印机之间及其外设之间的通信。

2. 串行通信

串行通信是指在数据传输时，数据流是以串行方式逐位地在一条信道上传输。串行通信的特点是数据传输一般只需要一根到两根传输线，因而在进行远距离传输时，通信线路简单，成本低。但是与并行通信相比较，串行通信数据传输速度慢，故通常用于速度要求不高的远距离传输。在工业通信系统中，一般都采用串行通信。

3. 串行通信接口标准

在工业网络中经常采用 RS – 232、RS – 485 及 RS – 422 标准的串行通信接口进行数据通信。

（1）RS – 232C 串行通信接口。RS – 232 串行通信接口标准是 1969 年由美国电子工业协会 EIA（ElectronicIndusties Association）公布的串行接口标准，RS（Recommend Standard）是推荐标准，232 是标志号。C 是修改的次数。它既是一种协议标准，也是一种电气标准，它规定了终端和通信设备之间信息变换的方式和功能。当今几乎所有的计算机和终端设备都配备 RS – 232C 接口。PLC 与上位机的通信也是通过 RS – 232C 来完成的。

RS – 232 接口采用按位串行的方式单端发送、单端接收，传送距离近，数据传输速率低，抗干扰能力差。

（2）RS – 485 串行通信接口。S7 – 200 系统系列 PLC 自带通信端口为西门子规定的 PPI 通信协议，而硬件接口为 RS – 485 通信接口，它只有一对平衡差分信号线，以半双工方式传输数据，在远距离高速通信中，以最少的信号线完成通信任务，因此在 PLC 的控制网络中广泛应用。

4. 信号的调制和解调

串行通信通常传输的是数字量，这种信号包括从低频到高频极其丰富的谐波信号，要求传输线的频率很高。而远距离传输时，为降低成本，传输线频带不够宽，使信号严重失真、衰减，常采用的方法是调制解调技术。调制就是发送端将数字信号转换成适合传输线传送的模拟信号，完成此任务的设备叫调制器。接收端将接收到的模拟信号还原成数字信号的过程称为解调，完成此任务的设备叫解调器。显然，一个设备工作起来既需要调制又需要解调，将调制、解调功能由一个设备完成，称此设备为调制解调器。

5. 传输速率

传输速率是指单位时间内传输的信息量，它是衡量系统传输性能的主要指标，常用波特率（Baud Rate）表示。波特率是指每秒传输二进制数的位数，单位是 bit/s。

8.1.2　异步通信和同步通信

串行通信采用了两种同步技术，即异步通信和同步通信。

1. 异步通信

异步通信是利用起止法来达到收发同步的。该方法是以字符为单位发送数据，一次传送一个字符，每个字符即为一串脉冲，可以是 5 位或 8 位。每一个传输的字符都有一个附加的起始位，用来指明字符的开始；每一个传输的字符后面还要附加一个或多个终止位，用来指明字符的结束。一般说来，5 单位字符的终止位取 1 或 1.5 位，其他单位的字符终止位取 1 或 2 位。

异步通信方式下，每一个字符的发送都是独立和随机的，它以不均匀的传输速率发送，字符间距是任意的，所以这种方式被称为异步传输。异步串行通信的缺点是传输效率低，每个字符都要加上冗余的起始位和终止位，主要用于中、低速通信（小于 2000b/s）。例如，传输一个 ASCII 码字符（7 位），若选用 2 位终止位、1 位校验位和 1 为起始位，则传输的 7 位 ASCII 码字符就需要 11 位。其格式如图 8.1 所示。

图 8.1　异步通信数据传输格式

2. 同步通信

同步通信过程中，数据的传输是以一组数据（数据块或帧）为单位进行传输的，每次传送 1 ~ 2 个同步字符、若干个数据字节和校验字符。同步字符起联络作用，用它来通知接收方开始接收数据。在同步传输中，发送端和接收端必须保持完全同步，这意味着发送方和接收方应使用同一个时钟脉冲。可以通过调制解调方式在数据流中提取同步信号，使接收方得到与发送方完全相同的接收时钟信号。由于同步通信方式中，数据块的每个字节之间不需要附加起始位和停止位，因而传输效率高，但所需的软件和硬件价格是异步通信的 8 ~ 12 倍。

8.1.3　信息交互方式

1. 单工通信

单工通信是指信息始终保持一个方向传输，而不能进行反向传输，如图 8.2 所示。

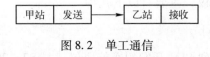

图 8.2　单工通信

2. 半双工通信

半双工通信是指数据流可以在两个方向上传送，但任一时刻只限于一个方向传送，如图 8.3 所示。

3. 全双工通信方式。

全双工通信方式有两条传输线，能在两个方向上同时发送和接收，如图 8.4 所示。

图 8.3　半双工通信　　　　　　　　图 8.4　全双工通信

8.2 任务二 S7-200 PLC 的通信协议与通信实现

强大而灵活的通信能力是 S7-200 系统的一个重要特点。通过各种通信方式，S7-200 可与西门子 SIMATIC 家族的其他成员（如 S7-300 和 S7-400 等系列 PLC、各种西门子 HMI（人机操作界面）产品及其他智能控制模块、SIMAMICS 驱动装置等）紧密地联系起来。

要对 S7-200 CPU 进行实际的编程和调试，需要在运行编程软件的计算机和 S7-200 CPU 之间建立通信连接。S7-200 系列 PLC 的通信端口是符合欧洲标准 EN50170 中 PROFI-BUS 标准的 RS-485 兼容 9 针 D 型连接器。S7-200 CPU 上的两个通信口基本一样，没有什么区别。它们可以各自在不同模式、不同通信速率 T 工作；它们的口地址甚至也可相同，分别连接到 PLC 上两个通信口上的设备，不属于同一个网络。S7-200 CPU 不能充当网桥的作用。

PC 机的标准串口为 RS-232。西门子公司提供的 PC/PPI 电缆带有 RS-232/RS-485 电平转换器，因此在不增加任何硬件的情况下，可以很方便地将 PLC 和 PC 机互连。

在 PLC 上的通信口不够的情况下，不能通过扩展得到与 PLC 通信口功能完全一样的通信口，可以考虑选择具有更多通信口的 PLC。

常用的编程通信方式有以下三种：

（1）PC/PPI 电缆（USB/PPI 电缆）连接 PC/PC 的 USB 端口和 PLC 通信口。

（2）PC/PPI 电缆（RS-232/PPI 电缆）连接 PG/PC 的串行通信口（COM）和 PLC 通信口。

（3）CP（通信处理卡）安装在 PG/PC 上，通过 MPI 电缆连接 PLC 通信口。

8.2.1 S7-200 系列 PLC 支持的通信协议

S7-200 支持多种通信协议，主要有以下几种。

1. 点对点接口协议（PPI）

PPI 是专门为 S7-200 系列 PLC 开发的通信协议，是 S7-200 CPU 默认的通信方式。

PPI 是主/从协议。S7-200 系列 PLC 既可做主站又可做从站，本协议支持一主机多从机连接和多主机多从机连接方式。主站向从站发送申请，从站进行响应。从站不主动发信息，总是等待主站的要求，并且根据地址信息对要求做出响应。

如果在程序中允许 PPI 主站模式，一些 S7-200 CPU 在 RUN 模式下可以作为主站。一旦允许主站模式，就可以利用网络读写指令读写其他 PLC。当 S7-200 CPU 作为 PPI 主站时，它还可以作为从站响应来自其他主站的申请。任何一个从站允许有多少个主站与其通信，PPI 没有限制，但在网络中最多只能有 32 个主站。

单主站的 PPI 网络如图 8.5 所示。用 PPI 协议进行通信的网络中，用一根 PC/PPI 电缆将计算机与 PLC 连接。PLC 之间则通过网络连接器连接，也可将人机界面（HMI）设备（如 TD200、TP 或 OP）与 PLC 相连，PC 机或 HMI 设备是主站。在这两个网络中，S7-200 CPU 是从站，响应来自主站的要求。

多主站的 PPI 网络如图 8.6 所示。PC 和 HMI 可以对任意 S7 – 200 CPU 从站读写数据，PLC 和 HMI 共享网络。

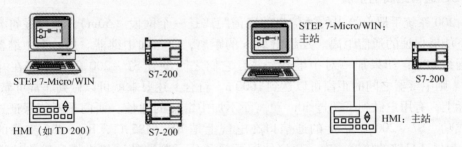

图 8.5　单主站的 PPI 网络　　　　图 8.6　多主站的 PPI 网络

2. MPI 协议

MPI（多点接口协议）可以是主/主协议或主/从协议。协议如何操作取决于设备类型。在计算机或编程设备中插入一块 MPI（多点接口）卡或 CP（通信处理）卡，组成多主站网络。S7 – 200 系列 PLC 只能做从站。多点网络如图 8.7 所示。

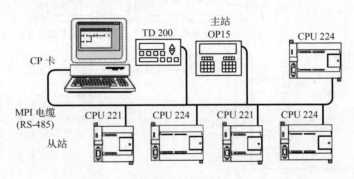

图 8.7　多点网络

MPI 协议可用于 S7 – 300 和 S7 – 400 与 S7 – 200 之间的通信；S7 – 300 和 S7 – 400 PLC 可以用 XGEI 和 XPUT 指令读写 S7 – 200 的数据。

3. Profibus 协议

Profibus 协议是用于分布式 I/O 设备（远程 I/O）的高速通信。有一个主站和若干个 I/O 从站。S7 – 200 CPU 可以通过 EM277 Profibus – DP 扩展模块可以方便地与 Profibus 现场总线进行连接。

4. TCP/IP 协议

S7 – 200 配备了以太网模块 CP 243 – 1 后，支持 TCP/IP 以太网协议。

5. 自由口模式通信协议

在自由口模式下，由用户自定义与其他串行通信设备的通信协议，通信协议完全由梯形图程序控制。自由口通信模式使用接收中断、发送中断、字符中断、发送指令和接收指令，来实现 S7 – 200 通信口与其他设备的通信。

8.2.2 系统通信的实现

1. PLC 通信距离的扩展

S7-200 系统手册上给出的通信口的通信距离是一个网段（50m），这是在符合规范网络条件下能够保证的通信距离。凡超出 50m 的距离，应当加中继器。加一个中继器可以延长通信网络 50m；如果加一对中继器，并且它们之间没有 S7-200 CPU 站存在（可以有 EM277），则中继器之间的距离可以达到 1000m。符合上述要求就可以做到非常可靠的通信。

实际上，有用户做到了超过 50m 距离而不加中继器的通信。西门子不能保证这样的通信一定成功。S7-200 CPU 上的通信口在电气上是 RS-485 口，RS-485 支持的距离是 1000m。为保证足够的传输速率，建议使用西门子公司制造的网络电缆和网络连接器（插头），如图 8.8 所示。

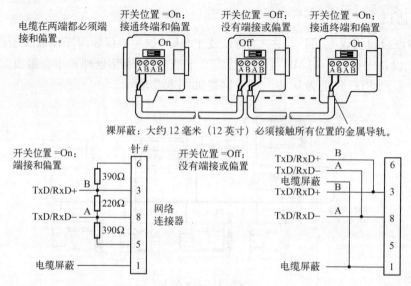

图 8.8 网络连接器

安装合适的浪涌抑制器，可以避免雷击浪涌。应避免将低压信号线和通信电缆与交流导线和高能量、快速开关的直流导线布置在同一线槽中。要成对使用导线，用中性线或公共线与能量线或信号线配对。

S7-200 CPU 上的通信口是非隔离的，需要注意保证网络上的各通信口电位相等。具有不同参考电位的互连设备有可能导致不希望的电流流过连接电缆，这种不希望的电流有可能导致通信错误或者设备损坏。如果想使网络隔离，应考虑使用 RS-485 中继器或者 EM277。带中继器的网络如图 8.9 所示。

图 8.9 带中继器的网络

2. 编程计算机与 PLC 的通信

最简单的编程通信配置为：带串行通信口（RS－232C 即 COM 口，或 USB 口）的 PG/PC，并已正确安装了 SIEP 7－Micro/WIN 的有效版本；RS－232C/PPI 电缆（PC/PPD，连接计算机的 COM 口和 Pm 通信口；USB/PPI 电缆，连接计算机的 USB 口和 PLC 通信口。

（1）通信设置。在 PG/PC 机上运行 STEP 7－Micro/Win 软件，用鼠标单击浏览条上的"通信"图标打开通信属性对话框，如图 8.10 所示。

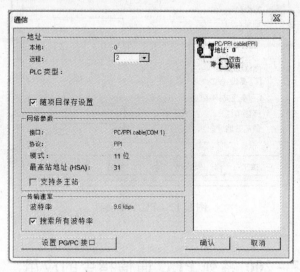

图 8.10　通信属性设置

窗口左侧显示本地编程计算机的网络通信地址是 0，默认的远程（就是与计算机连接的 PLC 通信口）端口地址为 2。

（2）安装/删除通信器件。双击 PC/PPI 电缆图标，出现图 8.11 所示的"设置 PG/PC 接口"对话框。单击窗口属性（Properties）按钮，可查看、设置 PC/PPI 电缆连接参数。

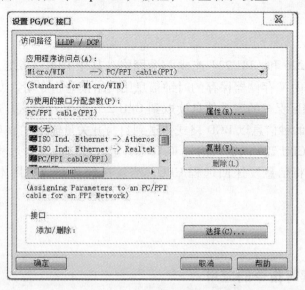

图 8.11　"设置 PC/PC 接口"对话框

（3）通信器件参数设置。在 PPI 选项卡中查看、设置设备网络相关参数；在本地连接（Local Connection）选项卡中，在下拉选择框中选择实际连接的编程计算机的 COM 口，单击"确认"按钮，回到"通信"窗口。如图 8.12 所示。

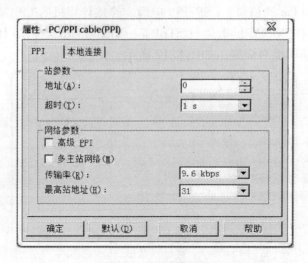

图 8.12　PC/PPI 属性

8.3　任务三　S7 – 200 系列 PLC 通信指令的应用

当 S7 – 200 作 PPI 主站时，可以利用网络读指令和网络写指令来获取从站信息；当 S7 – 200 使用自由端口通信时，所有的通信任务要通过用户程序来实现，用户程序中必须要使用的是发送和接收指令，而这些指令是实现通信功能的核心。下面我们分别介绍这两种方法。

【任务提出】

项目 1： 将 CPU 226 和 CPU 224 连成一个网络，其中 CPU 226 是主站，CPU 224 为从站。要求把 CPU 226 内 V 存储器保存的时钟信息用网络读写指令写入 CPU 224 的 V 存储区，把 CPU 224 内 V 存储区保存的时钟信息读取到 CPU 226 的 V 存储区。在两个 PLC 中，分别编程把对方实时时钟的秒信息以 BCD 格式传送到自身开关量输出字节 QB0 显示。

项目 2： 用本地 CPU 224 的输入信号 I0.0 上升沿控制接收来自远程 CPU 224 的 20 个字符，接收完成后，又将信息发送回远程 CPU。当发送任务完成后用本地 CPU 的输出信号 Q0.1 进行提示。

【相关知识】

8.3.1　网络读写指令的应用

S7 – 200 CPU 提供网络读写指令，用于 S7 – 200 CPU 之间的通信。网络读写指令只能由在网络中充当主站的 PLC 执行，从站 PLC 不必进行通信编程，只需准备通信数据。主站可以对 PPI 网络中的其他任何 PLC（包括主站）进行网络读写。

1. 网络读写指令格式及功能（如表 8-1 所示）

表 8-1　网络读写指令

梯　形　图	语　句　表	功　　能
NETR EN　ENO TBL PORT	NETR TBL, PORT	网络读指令：通过指定的通信口从其他 PLC 中指定地址的数据区读取最多 16 字节的信息，存入本 CPU 中指定地址的数据区
NETW EN　ENO TBL PORT	NETW TBL, PORT	网络写指令：通过指定的通信口把本 PLC 中指定地址的数据区内容写到其他 PLC 中指定地址的数据区内，最多可写入 16 个字节

2. 说明

（1）TBL 指定被读/写的网络通信数据表，可寻址的寄存器为 VB、MB、* VD、* AC。

（2）PORT：常数，指定通信端口 0 或 1。

（3）可以使用编程软件 STEP 7 – Micro/Win 中的网络读写向导生成网络读写程序。

（4）同一个 PLC 的用户程序中可以有任意条网络读写指令，但同一时刻只能有最多 8 条网络读指令或写指令激活。

（5）在 SIMATIC S7 的网络中，S7 – 200 CPU 被默认为 PPI 从站。要执行网络读写指令，必须用程序把 PLC 设置为 PPI 主站模式。

通过设置 SMB30 或 SMB130 低两位，使其取值 2#10，将 PLC 的通信端口 0 或通信端口 1 设定工作于 PPI 主站模式，就可以执行网络读写指令。S7 – 200 CPU 特殊寄存器字节 SMB30（ Port0，端口 0）或 SMB130（ Port1，端口 1）中各位的定义如表 8-2 所示。

表 8-2　特殊寄存器 SMB30/SMB130 各位定义

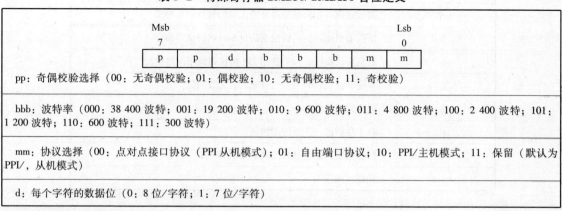

（6）NETR 和 NETW 所用的 TBL 参数定义如表 8-3 所示。

表 8-3   TBL 参数定义

字 节	Bit 7					Bit 0
0	D	A	E	0	错误代码	
1	远程站地址：被访问 PLC 的地址					
2	远程站的数据指针：被访问数据的间接指针（I、Q、M、V）					
3						
4						
5						
6	信息字节总数：远程站的被访问数据的字节数					
7	信息字节 0					
8	信息字节 1					
⋮	⋮					
22	信息字节 15					

说明：

D 表示操作完成状态：0 = 未完成；1 = 完成。

A 表示操作是否有效：0 = 无效；1 = 有效。

E 表示错误信息：0 = 无错；1 = 有错。

字节 7 ~ 22，对 NETR 指令。执行指令后，从远程站读到的数据放在这个数据区；对 NETW 指令，执行指令前，要发送到远程站的数据放在这个数据区。

第一个字节后 4 位组成的错误代码含义如表 8-4 所示。

表 8-4   错误代码

错误代码	表 示 意 义
0	没有错误
1	远程站响应超时
2	接收错误：奇偶校验错，响应时帧或校验错
3	离线错误：相同的站地址或无效的硬件引发冲突
4	队伍溢出错误：同时激活超过 8 条网络读写指令
5	通信协议错误：没有使用 PPI 协议而调用网络读写
6	非法参数：TBL 表中包含非法名无效的值
7	远程站正在忙
8	第 7 层错误：违反应用协议
9	信息错误：数据地址或长度错误
A ~ F	保留（未用）

3. 举例应用

【例 8-1】将两个 CPU 226 连成一个网络，要求 A 机用网络读指令读取 B 机的 IB0 的值后，将它写入本机的 QB0，A 机同时用网络写指令，将它的 IB0 的值写入 B 机的 QB0 中。

分析：两台 S7 – 200 系统 PLC 与装有编程软件的计算机通过 RS – 485 通信接口和网络连接器组成一个使用 PPI 协议的单主站通信网络。在这一网络通信过程中，A 机是主动的，设置成主站，需要设计通信程序；B 机是被动的，设置成从站，不需要编写通信程序。假定编程用的计算机站地址为 0，A 机（主站）的网络地址是 2，B 机（从站）的网络地址是 3。对应的网络读写缓冲区内的地址如表 8–5 所示。

表 8–5 A 机网络读写缓冲区

字节意义	状态字节	远程站地址	远程站数据区指针	读写的数据长度	数据字节
NETR 缓冲区	VB100	VB101	VD102	VB106	VB107
NETW 缓冲区	VB110	VB111	VD112	VB116	VB117

对应的梯形图程序如图 8.13 所示。

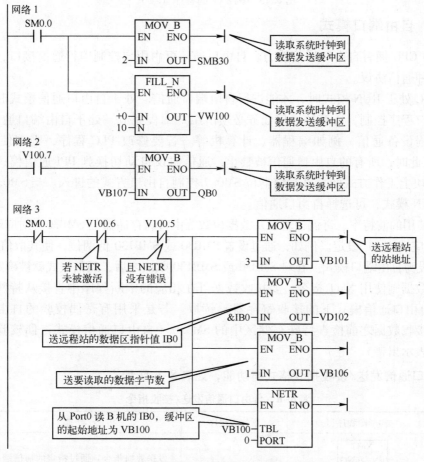

图 8.13 例 8–1 的程序

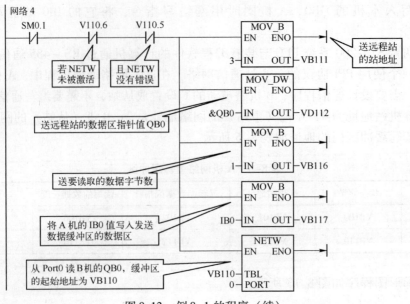

图 8.13　例 8–1 的程序（续）

8.3.2　自由端口模式

S7–200 CPU 拥有自由口通信能力。自由口通信可由用户控制串行通信接口，实现用户自定义的各种通信协议。

只有 PLC 处于 RUN 模式时，才能进行自由端口通信。处于自由口通信模式时，通信功能完全由用户程序控制，所有的通信任务必须由用户编程完成。处于自由端口通信模式时，不能与可编程设备通信，例如编程器、计算机等。若要修改 PLC 程序，则需使 PLC 处于STOP 方式，此时，所有的自由口通信被禁止，通信协议自动切换到 PPI 通信模式。可以用反映 PLC 模块上工作方式的特殊存储器位 SM0.7 控制自由口方式的进入。当 SM0.7 为 1 时，PLC 处于 RUN 模式，可选择自由口通信。

通信所使用的波特率、奇偶校验以及数据位数等由特殊存储器位 SMB30（对应端口 0）和SMB130（对应端口 1）设定。例如，通过设置 SMB30 或 SMB130 低两位，使其取值 2# 01。可以将通信口设为自由端口模式。在对 SMB30 或 SMB130 赋值之后，通信模式就被确定。

要发送数据则使用 XMT 指令，要接收数据可在相应的中断程序中直接从特殊存储区中的 SMB2（自由口通信模式下的接收寄存器）读取。若是采用有奇偶校验的自由口通信模式，还需在接收数据之前检查特殊存储区中的 SM3.0（自由口通信模式奇偶校验错误标识位，置位时表示出错）。

1. 自由口通信发送/接收指令格式与功能，如表 8–6 所示。

表 8–6　自由口通信发送/接收指令

梯形图程序	语句表程序	指　令　功　能
XMT EN　ENO TBL PORT	XMT TBL，PORT	发送数据指令：通过指定的通信端口（PORT）发送存储在数据区（TBL）中的信息

梯形图程序	语句表程序	指 令 功 能
RCV ─EN ENO─ ─TBL ─PORT	RCV TBL，PORT	接收数据指令：通过指定的通信端口（PORI），接收信息，接收的信息存储在数据缓冲区（TBL）中

2. 说明

（1）TBL 指定接收，发送数据缓冲区的首地址。TBL 数据缓冲区中的第一个字节用于设定应发送/应接收的字节数，发送指令允许 S7－200 的通信口上最多发送 255 个字节，所以缓冲区的大小在 255 个字符以内。可寻址的寄存器地址为 VB、IB、QB、MB、SMB、SB、＊VD、＊AC。PORT 指定通信端口，可取 0 或 1。

（2）检测发送完成有两种方法，即通过发送中断程序和发送完成标识位。SM4.5（通信端口 0）或 SM4.6（通信端口 1）用于监视通信口的发送空闲状态。当发送空闲时，SM4.5 或 SM4.6 将置 1。利用该位，可在通信口处于空闲状态时发送数据。

（3）在缓冲区内的最后一个字符发送后会产生中断事件 9（通信端口 0）或中断事件 26（通信端口 1），利用这一事件可进行相应的操作。

（4）每接收完成 1 个字符，通信端口 0 就产生一个中断事件 8（或通信端口 1 产生一个中断事件 25）。接收到的字符会自动地存放在特殊存储器 SMB2 中。利用接收字符完成中断事件 8（或 25），可方便地将存储在 SMB2 中的字符及时取出。

（5）当由 TABIE 指定的多个字符接收完成时，将产生接收结束中断事件 23（通信端口 0）或接收结束中断事件 24（通信端口 1），利用这个中断事件可在接收到最后一个字符后，通过中断子程序迅速处理接收到缓冲区的字符。

（6）接收信息时用到一系列特殊功能存储器。对端口 0 用 SMB86～SMB94，对端口 1 用 SMB186～SMB194。各特殊存储器位内容描述见表 8–7 所示。

表 8–7　特殊存储器字节 SMB86～SMB94，SMB186～SMB194

Port0	Port1	描　　述						
		接收信息状态字节						
		MSB 7						LSB 0
		n	r	e	0	0	t	c	p
SMB86	SMB186	n＝1 接收用户的禁止命令终止接收 r＝1 输入参数错误或无起始结束条件而终止接收 e＝1 收到结束字符而终止接收 t＝1 接收超时而终止接收 c＝1 接收字符超长而终止接收 p＝1 奇偶校验错误而终止接收						

Port0	Port1	描　　述							
		接收信息控制字节							
		MSB 7							LSB 0
		en	sc	ec	il	c/m	tmr	bk	0
SMB87	SMB187	en = 0 禁止接收 en = 1 允许接收 sc = 0 不使用 SMB88 或 SMB188 的值检测起始信息 sc = 1 使用 SMB88 或 SMB188 的值检测起始信息 ec = 0 不使用 SMB89 或 SMB189 的值检测结束信息 ec = 1 使用 SMB89 或 SMB189 的值检测结束信息 il = 0 不使用 SMW90 或 SMW190 的值检测空闲状态 il = 1 使用 SMW90 或 SMW190 的值检测空闲状态 c/m = 0 定时器是内部字符定时器 c/m = 1 定时器是信息定时器 tmr = 0 不使用 SMW92 或 SMW192 中的定时时间超出时终止接收 tmr = 1 使用 SMW92 或 SMW192 中的定时时间超出时终止接收 bk = 0 不使用中断条件 bk = 1 使用中断条件							
SMB88	SMB188	信息字符的开始							
SMB89	SMB189	信息字符的结束							
SMB90	SMB190	空闲行时间间隔用毫秒给出。在空闲行时间结束后接收的第一个字符是新信息的开始							
SMW92	SMW192	字符间/信息间定时器超时值（用毫秒表示）。如果超过时间，就停止接收信息							
SMB94	SMB194	接收字符的最大数（1～255 字节） 注意：这个区一定要设为希望的最大缓冲区，即使不使用字符计数信息终止							

3. 举例应用

【例8-2】使用输入信号 I0.1 的上升沿，将数据缓冲区 VB300 中的数据信息发送到打印机或显示器。

分析：利用 SM0.1（首次扫描脉冲）将自由端口初始化，对自由口通信协议进行设置，在输入信号 I0.1 的上升沿执行发送命令。对应的梯形图程序如图 8.14 所示。

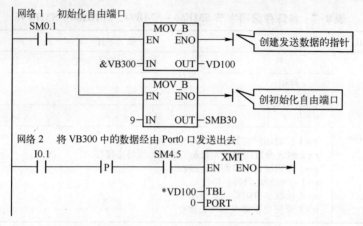

图 8.14　例 8-2 的梯形图程序

【例 8-3】控制要求：用 PC/PPI 电缆及网络连接器连接二台 PLC，如图 8.15 所示。二台 CPU 226 定义为自由口通信模式。站 2 的 Q0.0 ~ Q0.7 分别连接着 8 只彩灯，站 1 的 I0.0 和 I0.1 用于实现站 2 的 8 只彩灯依次循环点亮（间隔时间 1s）的启停控制。对发送和接收的时间配合关系无特殊要求。

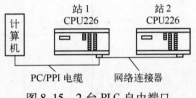

图 8.15　2 台 PLC 自由端口通信系统示意

分析：使用自由口通信模式，用站 1 数据传送到站 2 的方式实现 8 只彩灯的依次点亮。在站 1 的程序中，用 I0.0 启动 M0.0 ~ M0.7 的循环移位，用 I0.1 停止 M0.0 ~ M0.7 的循环移位，然后通过执行发送指令 XMT 将 MB0 的数据送至站 2 的变量缓冲区 SMB2 中。

在站 2 中将接收中断事件 8 连接到一个中断服务程序 0，再开中断，然后不断循环地从 SMB2 中读取数据再送至 QB0，即实现了站 1 的 M0.0 ~ M0.7 与站 2 的 Q0.0 ~ Q0.7 的同步移位控制。

站 1 的控制梯形图程序如图 8.16 所示。站 2 的控制主程序如图 8.17 所示，中断程序如图 8.18 所示。

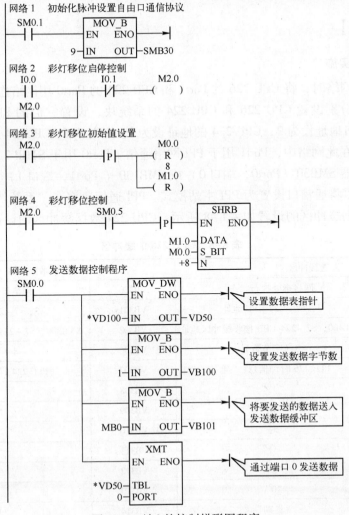

图 8.16　站 1 的控制梯形图程序

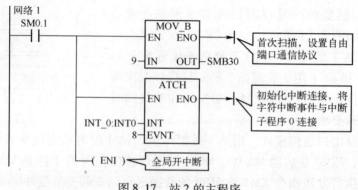

图 8.17　站 2 的主程序

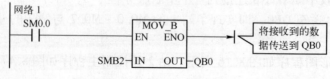

图 8.18　站 2 的中断程序

【任务实施】

一、项目 1 实施

在组成 PPI 网络时，将 CPU 226 的 Port1 和 CPU 224 的 Port0 用网络连接器与 PROFIBUS 电缆连接起来，分别设置 CPU 226 和 CPU 224 的系统块，设置它们的 PPI 网络地址。CPU 226 的两个通信口地址设为 2，CPU 224 的地址设为 3。CPU 226/ CPU224 的两个通信口可以各自定义功能。在此网络中，Port1 用于 PPI 网络通信，Port0 用于 STEP 7 - Micro/Win 监控。

向特殊寄存器 SMB30（Port0，端口 0）或 SMB130（ Port1，端口 1）中写入数值 2（二进制 10），就可以将通信口设置为 PPI 主站模式。PPI 通信速率在 "系统块" 中设置。

CPU 226 数据缓冲区的设置如表 8-8 所示。CPU 224 数据缓冲区的设置如表 8-9 所示。

表 8-8　CPU 226 的缓冲区

发送缓冲区		接收缓冲区	
VB200	网络指令执行状态	VB300	网络指令执行状态
VB201	3，S7 - 224 CPU 地址	VB301	3，s7 - 224 CPU 地址
VB202	&VB400，S7 - 224 CPU 接收缓冲区地址	VB302	&VB300，S7 - 224 CPU 发送缓冲区地址
VB206	8（字节数）	VB306	8（字节数）
VB207	PLC 226 时钟信息："年"	VB307	PLC 224 时钟信息："年"
VB208	"月"	VB308	"月"
VB209	"日"	VB309	"日"
VB210	"时"	VB310	"时"
VB211	"分"	VB311	"分"
VB212	"秒"	VB312	"秒"
VB213	"0"	VB313	"0"
VB214	"星期"	VB314	"星期"

表 8-9　CPU 224 的缓冲区

发送缓冲区		接收缓冲区	
VB300	PLC 224 时钟信息："年"	VB400	PLC 224 时钟信息："年"
VB301	"月"	VB401	"月"
VB302	"日"	VB402	"日"
VB303	"时"	VB403	"时"
VB304	"分"	VB404	"分"
VB305	"秒"	VB405	"秒"
VB306	"0"	VB406	"0"
VB307	"星期"	VB407	"星期"

1. CPU 226 主站编程

程序由主程序和子程序 SBR_0 组成。

主程序主要用来调用初始化子程序，读取本 PLC 的实时时钟信息，执行网络读写指令。主程序如图 8.19 所示。CPU 226 的子程序用来初始化通信口，为网络读写指令准备数据缓冲区。子程序如图 8.20 所示。

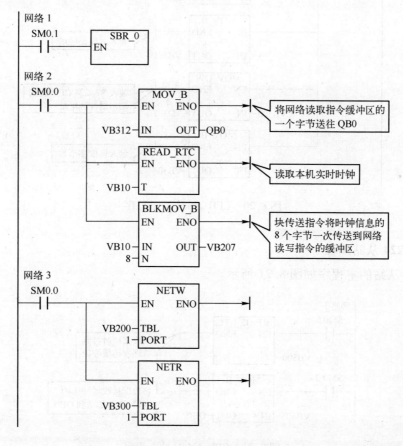

图 8.19　CPU 226 主站主程序

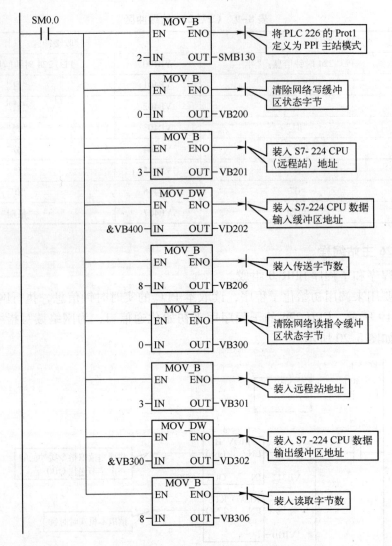

图 8.20　CPU 226 主站子程序

2. CPU 224 从站编程

CPU 224 从站的主程序如图 8.21 所示。

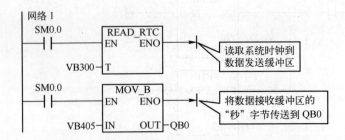

图 8.21　CPU 224 从站主程序

说明： 能且只能使用 SM0.0 调用 NETR/NETW 子程序，以保证它的正常运行。

二、项目 2 实施

分析： 通过查表 8.2 可设置通信参数 SMB30 = 9，即无奇偶检验，有效数据位 8 位，波特率 9 600bps，自由口通信模式；不设超时时间，接收和发送使用同一个数据缓冲区，首地址为 VB200。对应的梯形图主程序如图 8.22 所示，中断程序如图 8.23 和图 8.24 所示。

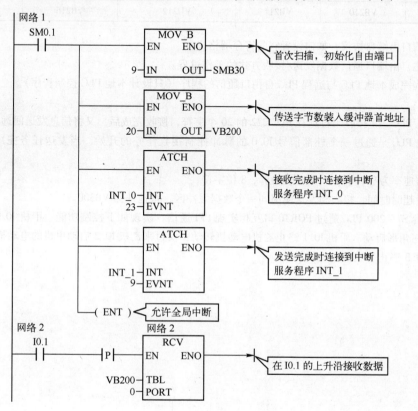

图 8.22　接收指令主程序

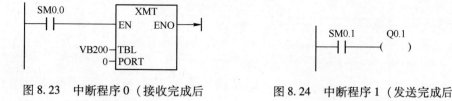

图 8.23　中断程序 0（接收完成后　　　　图 8.24　中断程序 1（发送完成后
产生中断事件 23）　　　　　　　　　　　产生中断事件 9）

习　题　8

8.1　S7－200 系列 PLC 的网络连接形式有哪些类型？每种类型有何特点？

8.2　PPI、MPI、PROFIBUS 协议的含义是什么？

8.3　S7－200 系列 PLC 的网络读、网络写指令的格式如何？设计通信程序时重点应做哪方面工作？

8.4　用 NETR/NETW 指令完成两台 PLC 之间的通信。要求 A 机读取 B 机的 MB0 的值后，将它写入本机的 QB0，A 机同时用网络写指令将它的 MB0 的值写入 B 机的 QB0 中。本题中，B 机在通信中是被动的，它不需要通信程序，所以只要求设计 A 机的通信程序。A 机的网络地址是 2，B 机的网络地址是 3。网络通信数据表的格式见表8–10。

表 8–10　网络通信数据

字节意义	状态字节	远程站地址	远程站数据区指针	读写的数据长度	数据字节
NETR 缓冲区	VB200	VB201	VD202	VB206	VB207
NETW 缓冲区	VB210	VB211	VD212	VB216	VB217

8.5　何谓自由端口协议？如何设置它的寄存器格式？

8.6　叙述自由端口通信数据发送/接收方式的工作过程。

8.7　编程完成本地 PLC 与远程 PLC 自由口通信的程序（只设计本地 PLC 控制程序）。

通信要求：

（1）本地 PLC 224 接收来自远程 PLC 222 的 20 个字符，接收完成后，又将信息发送回远程 PLC；

（2）本地 PLC 是通过一个外部信号 I0.0 的脉冲控制接收任务的开始，当发送任务完成后用指示灯 Q0.1 显示；

（3）通信速率为 9 60Qbps，无奇偶检验，8 位字符；

（4）不设超时时间，接收和发送使用同一个数据缓冲区，首地址为 VB300。

8.8　两台 S7 –200 PLC 通过 PORT0 口互相实现 PPI 通信，实现如下控制功能：甲机 I0.0 启动乙机的电动机星形/三角形启动，甲机 I0.1 终止乙机电动机转动；反过来乙机 I0.2 启动甲机的电动机星形/三角形启动，乙机 I0.3 终止甲机的电动机转动。

第三部分　NEZA 系列 PLC 的构成与指令系统

模块 9　NEZA 系列 PLC 的构成

知识目标

（1）熟悉 PLC 的硬件构成及各部分的功能；
（2）了解 PLC 的性能与选型；
（3）理解 PLC 的内部资源分配及参数；
（4）掌握 PLC 的寻址方法；
（5）掌握 PLC 编程原则、步骤和方法。

能力目标

（1）能对 PLC 进行硬件地址分配；
（2）能给 NEZA 系列 PLC 供电、连接输入输出接线；
（3）学会使用 PL707WIN 编程软件；
（4）会用梯形图方式进行程序的编辑、调试等操作。

9.1　任务一　NEZA 系列 PLC 的硬件

【任务提出】

认识 NEZA 系列 PLC 的外部结构及各个部件的作用。

【相关知识】

NEZA 系列 PLC 是法国施耐德电气公司生产的一款小型 PLC，其 I/O 点数从 14 点可扩展到 80 点，具有脉冲输出、高速计数、网络通信等先进功能，在工业控制领域中被广泛应用。NEZA 系列 PLC 的外形结构如图 9.1 所示，各部分

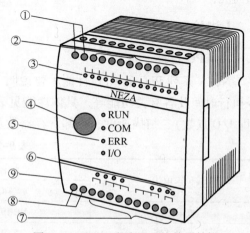

图 9.1　NEZA 系列 PLC 的外形结构

功能如下：

① 24VDC：由 PLC 提供给传感器的电源。

② 输入接线端子：用于连接主令信号及检测信号，如启停按钮、行程开关、传感器等，与 PLC 内部的输入位存储器相对应。

③ 输入状态指示灯：用于显示是否有控制信号（如控制按钮、行程开关、接近开关、光电开关等数字量信息）接入 PLC。当输入信号由 0 变 1 后对应指示灯亮。

④ 通信接口：用于通过通信电缆与上位计算机、其他 PLC、变频器或自控仪表连接。

⑤ PLC 状态指示灯：用于显示电源、通信、自诊断结果等，其作用如表 9-1 所示。

表 9-1　PLC 状态指示灯的作用

指示灯名称	灭	亮	闪　烁
RUN（绿）	没有电源或硬件故障	PLC　RUN	PLC　STOP
COM（黄）	没有通信	远程通信	Modbus，Uni-Telway，ASCII 通信
ERR（红）	运行正常	硬件故障	用户应用程序出错
I/O（红）	运行正常	扩展 I/O 模块故障	扩展 I/O 模块运行正常

⑥ 输出状态指示灯：用于显示 PLC 是否有信号输出到执行设备（如接触器、电磁阀、指示灯等）。当输出信号由 0 变 1 后对应指示灯亮。

⑦ 输出接线端子：用于连接被控对象，（如接触器、电磁阀、信号灯等）与 PLC 内部的输出位存储器相对应。

⑧ PLC 工作电源输入端：AC86~240V 输入端子。

⑨ 扩展接口：通过电缆线连接数字量 I/O 扩展模块、模拟量 I/O 扩展模块，在 PLC 的右侧位置。

9.2　任务二　NEZA 系列 PLC 的性能

【任务提出】

PLC 的性能决定了其适用场合及是否能完成要求的控制功能。那 NEZA 系列 PLC 性能如何呢？

【相关知识】

1. CPU 性能

NEZA 系列 PLC 的 CPU 性能主要说明了该 PLC 的内存容量、程序容量、指令条数、指令执行时间及各有关功能等，具体性能见表 9-2。基本技术性能指标还包括输入/输出点数（即 I/O 点数）、扫描速度、内部寄存器数及功能，以及高功能模块等。

表 9-2　CPU 性能

额 定 电 压	直 流 供 电	交 流 供 电
	DC 24V	AC 220V
极限电压	DC 19.2~30V	AC 85~264V
功率消耗	14W	30V·A

额定电压		直 流 供 电	交 流 供 电
		DC 24V	AC 220V
瞬时断电持续时间		1ms	10ms
浪涌电流		1ms 以内 20A，最大值 40A	
隔离		2000V－50／60Hz	
内存容量		64 个常量字、512 个内部字、128 个内部位	
程序容量		1000 步	
本机 I／O 点数		14 点：8 输入／6 输出；20 点：12 输入／8 输出	
I／O 扩展		每个本体可带 3 个本地扩展	
模拟量扩展		8 路模拟量输入，2 路模拟量输出，分辨率为 12 位	
扫描时间		扫描 100 条基本指令所用时间小于 0.6ms 扫描 1000 条基本指令所用时间小于 1ms	
布尔指令执行时间		执行一条布尔基本指令所需时间为 0.2～2μs	
通信接口		RS－485 连接，支持 Modbus、Uni－telway\ASC II 协议	
功能块	定时器	32 个，时基分为 1ms、10ms、100ms、1s、1min5 种	
	加／减计数器	16 个，计数范围：0～9999	
	鼓形控制器	4 个，8 步、16 位控制	
	移位寄存器	8 个，每个 16 位	
	步进计数器	4 个，每个 256 步	
	LIFO／FIFO	4 个，每个 16 字	
	调度模块	16 个	

2. I/O 性能

（1）输入特性。输入特性主要规定输入电压电流的规格。NEZA 系列 PLC 的开关量输入特性见表9-3。

表9-3 输入特性

类 型			正 逻 辑	负 逻 辑
额定输入	电压		DC 24V	
	电流		7mA	
	范围		19.2～30 V	
输入阀值	0	电压	≤5V	≤5V
		电流	＜1.0mA	
	1	电压	≥11V	≤8V
		电流	≥2.5mA，在 11 V 时	≥2.5mA，在 8 V 时
输入滤波	0 到 1		100μs/3ms/12ms 可编程	
	1 到 0			
隔离	输入和地之间		1000V－50/60Hz	

（2）输出特性。输出特性主要指 PLC 的带负载能力。NEZA 系列 PLC 的输出特性见表 9-4。

表 9-4　输出特性

输出类型		晶 体 管	继 电 器
交流负载		—	每个触点 2 A
隔离		1500V－50/60Hz	1500V－50/60Hz
反向保护		有	—
浪涌电流		≤8A	—
直流负载	电压	24V DC	24V DC
	电流	1A	每个触点 2A
电子熔断	短路和过载	有	无
	感性交流过电压	—	无
	感性直流过电压	有	无
响应时间	闭合	≤1ms	≤10ms
	打开	≤1ms	≤5ms

9.3　任务三　NEZA 系列 PLC 的内部资源分配及寻址方法

【任务提出】

NEZA 系列 PLC 的内部资源是如何分配的？又是如何寻址的呢？

【相关知识】

PLC 的内部资源分配是指可供用户使用的存储器的分配。PLC 的内存分为用户程序存储器和数据存储器两大部分。用户程序存储器用于存放用户编写的实现控制任务的梯形图程序，它由机器自动按顺序存储程序，用户不必为哪条程序存放在哪个存储器地址而费心。数据存储器用于存放 I/O 点的状态、中间运算结果、系统运行状态、指令执行的结果以及其他系统或用户数据等，是用户实现各种控制任务所必须清楚的内部资源。NEZA 系列 PLC 的存储器结构如图 9.2 所示。

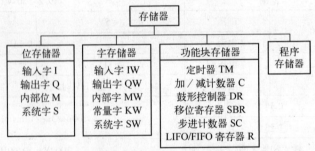

图 9.2　NEZA 系统 PLC 存储器结构示意图

9.3.1 内存结构

CPU 将信息存储在不同的存储器单元中，每个单元都有地址。

1. 位存储器

以位为单位存储信息，主要用于存储逻辑输入输出的状态及系统的特殊信息等。

（1）输入位存储器 I。输入位存储器 I 存储输入信号的状态，是 PLC 接收来自外部信号的"窗口"，由 PLC 输入接线端子接入的控制信号驱动，不能被程序指令驱动。NEZA 系列 PLC 通过加接 I/O 扩展单元，可将输入位存储器最多扩展到 48 位。扩展方法是加接与 NE-ZA 系列 20 点主机相同点数的扩展模块。每个输入位存储器有一个具体编号，编号的格式为 %Ii.j，其中 i 为主机和扩展模块的编号，依次为 0～3。j 为输入位存储器编号，依次 0～11。例如，%I0.1 为主机的第 2 个输入位存储器；%I2.8 为第 2 个扩展模块的第 9 个输入位存储器。

（2）输出位存储器 Q。输出位存储器 Q 是 PLC 传递信号到外部负载的"窗口"，存储 PLC 运算的逻辑结果，并通过输出接线端子与外部设备相连接。和输入位存储器一样，NE-ZA 系列 PLC 通过加接 I/O 扩展单元，可将输出位存储器最多扩展到 32 位。每个输入位存储器有一个具体编号，编号的方法与输入位存储器相同。编号为 %Q0.0～%Q3.7。

（3）内部位存储器 M（中间继电器）。内部位存储器 M 作为控制继电器，用于存储中间操作状态或其他控制信息，不能直接驱动外部负载，作用相当于继电接触器控制系统中的中间继电器。在 NEZA 系列 PLC 中最多有 128 个内部位。编号为 %M0～%M127。如果发生电源断电则保存前 64 位的状态，后 64 位的状态丢失。

（4）系统位存储器 S。系统位存储器 S 存储系统特殊信息及各种运算标志等。在 NEZA 系列 PLC 中最多有 128 个系统位。部分系统位的定义如下：

S4——10ms 时钟脉冲。

S5——100ms 时钟脉冲。

S6——1s 时钟脉冲。

S7——1ms 时钟脉冲。

S13——初始化脉冲，仅在 PLC 运行开始产生一个扫描周期的脉冲。

S18——算术运算溢出标志，正常运算为 0，有溢出时置 1。

S118——PLC 故障标志，当 I/O 故障时置 1，正常时为 0。

2. 字存储器

字是存放在数据存储区中的 16 位字，它们可表示 -32768 到 32767 之间的任何整数（除了高速计数器是 0 到 65535），字的内容或值以 16 位二进制码（或补码）的形式存放在用户内存中。在带符号的二进制码中，第 15 位用于根据约定标示值的正负，第 15 位为 0，字的值为正；第 15 位为 1，字的值为负（负值用二进制补码逻辑表示）。

字存储器是以字为单位进行信息的存储、读取和交换。

（1）输入字存储器 IW。用于和对等 PLC 进行数据交换，也用于存储模拟量模块转换后的数字量值。在 NEZA 系列 PLC 中最多有 20 个输入字存储单元。

（2）输出字存储器 QW。用于暂存 PLC 模拟量处理的输出结果，以便传送到 D/A 模块，实现对现场设备的控制。在 NEZA 系列 PLC 中最多有 10 个输出字存储单元。

（3）内部字存储器 MW。用于存放用户数据及程序运行时的中间数据。在 NEZA 系列 PLC 中共有 512 个存储单元。

（4）常量字存储器 KW。用于存储字母、常数值或数字信息的存储单元，它只能通过终端设备写入，不能通过程序改变，程序只能对其进行读出操作。在 NEZA 系列 PLC 中共有 64 个常量字存储单元。

（5）系统字存储器 SW。系统字存储器 SW 有多种功能，PLC 的许多特殊功能需通过对 SW 的设置来完成。在 NEZA 系列 PLC 中最多可有 128 个系统字存储单元。

3. 功能块存储器

（1）定时器 TM。相当于继电接触器控制系统中的时间继电器，用于延时控制。在 NEZA 系列 PLC 中共有 32 个定时器（%TM0 ~ %TM31）。

（2）加/减计数器 C。用来累计输入端接收到的脉冲个数。NEZA 有三种计数器，即加计数器、减计数器、加/减计数器。在 NEZA 系列 PLC 中共有 16 个加/减计数器（%C0 ~ %C15）。

（3）鼓形控制器 DR。用于实现电子凸轮控制，在 NEZA 系列 PLC 中共有 4 个鼓形控制器（%DR0 ~ %DR3）。

（4）步进计数器 SC。步进计数器 SC 在实现步进控制时更加方便、简练。在 NEZA 系列 PLC 中有 8 个步进计数器供用户使用，它们是 %SC0 ~ %SC7，每个步进计数器有 256 个控制位。

（5）移位寄存器 SBR。将存储器中的数据按要求进行移位。在控制系统中可用于数据的处理、步进控制等。在 NEZA 系列 PLC 中有 8 个移位寄存器供用户使用，它们是 %SBR0 ~ %SBR7，每个移位寄存器均为 16 位。

（6）LIFO/FIFO 寄存器 R。是一个存储 16 个字的内部存储器，可实现先进先出或后进先出的操作。在 NEZA 系列 PLC 中有 4 个 LIFO/FIFO 寄存器（%R0 ~ %R3）。

9.3.2 寻址方式

在编写 PLC 程序时，会用到寄存器的某一位、某一个字等。怎样让指令正确地找到所需要的位、字的数据信息？这就需要正确了解位、字的寻址方法，以便在编写程序时使用正确的指令规则。

NEZA 系列 PLC 寻址方法主要有位寻址、字寻址及位串寻址。

1. 位寻址的寻址对象及表述方法

（1）位存储器的寻址格式：

地址标识符% + 位存储器标识符（如 I、Q、M、S）+ 位地址代码

（2）功能块位的寻址格式：

地址标识符% + 功能块标识符（如 TIMi、Ci、PWM 等）+ 功能块位地址

（3）字存储器的位寻址，即从 16 位二进制数里抽取其中某位的寻址，格式为：

地址标识符% + 字存储器标识符（如 MWi、SWi 等）+ 分隔符：+ 位标识符（Xk（k = 1 ~ 16））

位寻址的具体地址见表 9-5。

表 9-5　位寻址的类型及地址

类　型	地　址	类　型	地　址
输入位	% Ii. j	输入字抽取位	% Iwi. j：Xk
输出位	% Qi. j	输出字抽取位	% Qwi. j：Xk
内部位	% Mi	内部字抽取位	% MWi：Xk
系统位	% Si	系统字抽取位	% Swi：Xk
功能块位	% TIMi. Q	常数字抽取位	% KWi：Xk

2. 字寻址的寻址对象及表述方法

字寻址是以 16 位二进制数为单位的字进行寻址，可以寻址的存储器主要有输入字、输出字、内部字、常数字、系统字和功能块字。此外，还可以对立即数进行寻址。字寻址按其寻址方式可以分为直接寻址和间接寻址。

直接寻址就是直接给出操作数的地址。例如，% MW4：= % MW3 + % MW5。即将 % MW3 中的数值与 % MW5 中的数值相加保存到 % MW4 中。

间接寻址给出的不是直接地址，而是通过第三者完成寻址过程。例如，% MW1：= % MW2[% MW8] + % MW5。其中 % MW2[% MW8] 的含义是将 % MW2 的字地址 2 与 % MW8 中的内容相加的和作为有效地址，如 % MW8 中的内容为 5，则真正的地址为 % MW7。

字寻址的具体地址范围及数量见表 9-6 所示。

表 9-6　字寻址的表示方法

类　型			地　址	数　量
直接寻址	立即数	十进制数	0000 ~ 9999	
		十六进制数	16#0000 ~ FFFF	
	输入字		% IWi	i = 0 ~ 5，j = 0 ~ 3
	输出字		% Qwi	i = 0 ~ 5，j = 0 ~ 1
	内部字		% Mwi	i = 0 ~ 511
	系统字		% Swi	i = 0 ~ 127
	常量字		% KWi	i = 0 ~ 63
	功能块字		% Tmi. p , % Ci. p 等	
间接寻址	内部字		% MWi[% MWj]	0 ~ i + % MWj < 512
	常量字		% KWi[% MWj]	0 ~ i + % MWj < 64

3. 位串寻址与字表寻址

（1）位串寻址。位串是指长度为 L 的一组连续的位对象，其格式为：

位首地址 + 分隔符 + 位串长度

例如，% M9：6

%M9	%M10	%M11	%M12	%M13	%M14

位串寻址的具体地址范围和数量见表 9-7。

表 9-7　位串寻址的表示方法

类　　型	地　　址	位 串 长 度
输入位位串	%Ii. j：L	0 < L < 17
输出位位串	% Qi. j：L	0 < L < 17
系统位位串	% Si：L（i 为 8 的倍数）	0 < L < 17 和 i + L − 128
内部位位串	% Mi：L（i 为 8 的倍数）	0 < L < 17 和 i + L − 128

（2）字表寻址。字表是指长度为 L 的一组类型相同且相邻的字，格式为：

字首地址 + 分隔符 + 字表长度

地址标识符% + 字首地址 + 分隔符 + 位串长度

例如，% KW10：5

%KW10	16 位
%KW11	
%KW12	
%KW13	
%KW14	

字表寻址的具体地址范围及数量见表 9-8

表 9-8　字表寻址的地址范围

类　　型	地　　址	位 串 长 度
内部字	% MWi：L	0 < L < 512 和 i + L − 512
常量字	% KWi：L	0 < L 和 i + L − 64
系统字	% SWi：L	0 < L 和 i + L − 128

9.4　任务四　PL707WIN 编程软件的应用

【相关知识】

NEZA 系列 PLC 使用 PL707WIN 编程软件编程。它是一种以梯形图符号编程为主的 PLC 程序开发环境，是一个 Windows 窗口菜单式的专用 PLC 程序开发软件包，该软件包集合了配置设备资源、参数配置、确定机型、程序传送、在线监控运行、编辑、修改调试、文件管理、交叉引用应用程序等功能。

9.4.1　PL707WIN 编程软件的运行与退出

（1）启动 PL707WIN 编程软件。双击桌面上的 PL707WIN 快捷图标，运行编程软件或单击 Windows "开始"，在 "程序" 菜单下选择 "Modicom telemecaanique" 单击 PL707WIN for Neza 图标运行编程软件。

（2）打开现有的应用程序。从 "文件" 菜单中选择 "打开" 选项，从对话框中选择文件。

（3）关闭应用程序。（注意：使用 PL707WIN 软件一次只能打开一个应用程序）

（4）退出 PL707WIN 编程软件。从 "文件" 菜单中选择 "退出"（或 Ctrl + Q）。若已打开的应用程序还没有保存变更，则不管是在离线还是在线状态下，将会出现一个警告对话框。

9.4.2　PL707WIN 编程软件操作菜单

1. 文件菜单

（1）新建：新建一个应用程序。可根据需要在参数对话框中选择自动打开梯形图查看器或指令列表编辑器窗口。

（2）打开：从已经存在的文件夹中选择一个应用程序，选择文件类型".pl7"为后缀的文件，打开作为当前程序，在窗口中显示。

（3）保存与另存为：保存当前编辑的文件。可根据需要保存程序，选择路径并存储成以".pl7"为后缀的文件。

（4）关闭：关闭当前的应用程序。

（5）导入/导出：可以导入、导出 ASCII 程序文件及变量文件。

（6）安全设置：可设置安全口令，管理员控制。

（7）打印：设置打印选项，调整打印范围、变量、梯形图等具体参数。

（8）退出：退出当前的应用程序。

2. 视图菜单

（1）指令编辑：以指令列表形式编辑用户程序。

（2）梯形图编辑：以梯形图形式编辑用户程序。

（3）数据编辑：构造和保存数据页。

（4）变量编辑：对程序中的数据变量赋变量名，操作分为：插入、删除、查找、地址排序、变量排序。

（5）配置编辑：对定时器、计数器、锁存输入等软硬件资源赋予特定值，控制其操作，操作包括：定时、计数、常量、队列堆栈、高速计数器、高速输出、输入滤波、运行停止、扩展模块、扫描模式、PLC 状态等，每个操作可分为编辑、确认、取消。

（6）交叉引用：查找所需内容，引用到程序的其他位置。可观察引用变量和地址的所在梯级和具体信息。

（7）首选设置：对指令或梯形图显示画面设置，包括程序类型、显示方式、显示数制等。

3. 工具菜单

（1）确认程序和梯级：编译整个程序和确认一个梯级，并检查错误。

（2）插入：插入梯形图或指令码。

（3）编辑：对选定梯形图进行编辑。

（4）删除：删除梯形图或指令。

（5）网格设置：在梯形图方式下切换网格。

（6）注释切换：可切换梯形图的注释区是否显示。

4. 配置菜单

（1）定时器：选择定时器的时基、编号、类型。

（2）计数器：选择计数器的编号和设定值。

（3）队列/堆栈：选择 FIFO/FILO 的编号和类型。

（4）鼓形控制器：配置鼓形控制器的编号、步数、控制位和步进位控制。

（5）高速计数器：选择计数方式（加、加/减、频率）和输入输出设置。

（6）输入滤波：选择对输入信号的输入滤波时间。

（7）PLC 状态：可选择是否用输出指示 PLC 是否处于运行状态。

（8）扫描模式：可选择 PLC 扫描周期。

（9）扩展端口：配置 I/O 扩展链接或配置从站链接。

（10）运行/停止输入：设定是否由外部输入引脚控制 PLC 的运行和停止。

5. PLC 菜单

（1）PLC 地址：选择 PLC 地址。

（2）传送：实现 PC 与 PLC 之间应用程序的传送与复制。

（3）连接（在线）：建立 PC 与 PLC 之间的信息连接通路。

（4）断开（离线）：断开 PC 与 PLC 之间的信息连接通路。

（5）PLC 操作：窗口控制 PLC 的运行、停止，显示 PLC 的输入、输出状态。

（6）运行与停止：直接操作使 PLC 进入运行或停止状态。

（7）切换动态显示：操作使程序在窗口中反映其工作过程中触点的动态变化情况。

9.4.3　程序编制

梯形图编辑界面如图 9.3 所示。

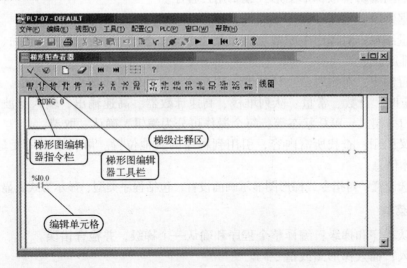

图 9.3　PL707WIN 软件的梯形图编辑界面

1. 配置梯形图编辑器

在"视图"菜单中选择"首选设置"，打开对话框，如图 9.4 所示，选择编辑方式为"梯形图"；调整"显示属性"使"梯形图信息"对话框里"三行变量或地址"同时显示；调整"变量"是以十进制还是十六进制格式显示；选择"显示工具栏"及"编辑梯级时关闭梯形图视图"，单击"确定"即可。

2. 使用梯形图编辑器

梯形图编辑器是编辑程序常用的工具软件，其中工具栏具有如下功能：确认程序、确

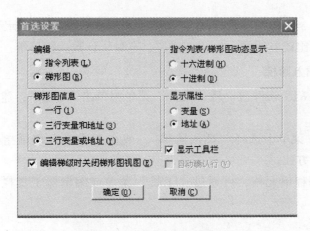

图 9.4   配置梯形图编辑器

认/取消阶梯、新建/清除阶梯、上一级/下一级阶梯、切换单元格、帮助等。如图 9.5 所示。

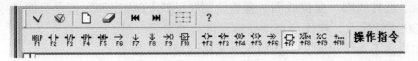

图 9.5   梯形图编辑器的工具栏与指令栏

（1）"确认程序"菜单。单击此菜单项，对录入的程序进行编译并检查其中的错误，在确认错误窗口显示信息。主要检查程序行或梯级的语法是否正确，检查程序中用到的变量是否有相应说明。

（2）"∨"按钮或"确认梯级"菜单。单击此按钮（或菜单项），可以从梯形图编辑窗口中确认单一的梯级。如梯级没有错误，则编辑器窗口被关闭，确认好的梯级出现在查看窗口；如梯级出现错误，则将出现"错误信息"，描述具体的错误。

（3）"▽"按钮或"取消梯级"菜单。单击此按钮（或菜单项），可以退出编辑器窗口，回到梯形图查看窗口，并且对当前编辑器内容未做任何修改。

（4）"□"按钮或"新建梯级"菜单。单击此按钮（或菜单项），可以确认并存储在梯形图程序中的当前梯级，并新建一个梯级，梯级的编号为梯形图程序中的下一个连续号码，梯形图查看窗口更新显示在梯形图编辑器中已确认的梯级。

（5）"◢"按钮或"清除梯级"菜单。单击此按钮（或菜单项），可以清除在梯形图编辑窗口中的当前梯级，编辑窗口依旧打开，编辑网格清空。

（6）"◄◄"按钮或"前一梯级"菜单。单击此按钮（或菜单项），可以确认并保存当前梯级，然后选中上一个梯级。

（7）"►►"按钮或"下一梯级"菜单。单击此按钮（或菜单项），可以确认并保存当前梯级，然后选中下一个梯级。

（8）"▦"按钮或"切换单元格"菜单。单击此按钮（或菜单项），可以在单元格显示与否之间进行切换，即原来编辑器画面有网格显示时，单击此按钮（或菜单项），可以使网格消失；而再一次单击此按钮，可以使网格再次出现。

（9）"?"按钮或"帮助"菜单。单击此按钮（或菜单项），可以打开软件的帮助功能。

梯形图编辑器指令栏包括：常开/常闭触点、上升沿、下降沿、水平线、垂直线、垂直断开、跳转、操作、比较、线圈、复位、置位、定时、计数、扩展等。如图9.5所示。

3. 新建工程、插入阶梯

（1）打开PL707WIN软件包，从"文件"菜单中单击"新建"，建立新工程，出现梯形图查看器界面。

（2）从"工具"菜单中选择"插入阶梯"，或在查看器中常用指令栏单击"▶▒"按钮，进入梯形图编辑方式。

（3）如要显示编程单元格，可通过"工具"菜单或编辑器工具栏上的"▒▒▒"按钮将单元格切换出来。

4、输入程序指令

（1）插入图形指令的规则。

① 从左至右，编程单元格里共有10栏，而位于指令栏左部的图形指令不能插入最后两栏中。

② 线圈、反转线圈、复位线圈、置位线圈和跳转/子程序调用指令只能插入单元格的最后一栏（若在别处插入，软件会自动处理到该行的最后一栏）。

③ 操作块占了4个单元，只能插入单元格的最后4栏。

④ 定时模块和计数模块各占两个水平单元，不能插入单元格的第一栏或最后两栏。

⑤ 位于扩展梯形图选项板左部的特殊触点不能插入单元格的第一栏和最后一栏。

⑥ 扩展梯形图选项板（如图9.6所示）上的功能块占两个水平单元，不能插入单元格的第一栏或最后两栏，每个梯级只能有一个功能块。

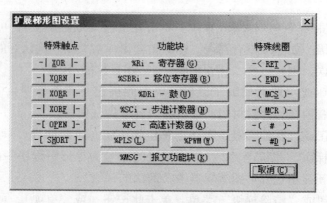

图9.6　扩展梯形图设置选项板

⑦ 位于扩展梯形图选项板左部的特殊线圈只能插入网格的最后一栏。

（2）使用鼠标插入图形指令。

① 将鼠标指向指令栏上的相应触点符号，单击鼠标左键即可选取一个指令，同时在指令栏的右侧显示所取指令的名称（如图9.5所示）。如要选择扩展梯形图选项板上的指令，只需从指令栏上选择其对应的图形指令，随后就出现了扩展梯形图选项板，使用左键即可从选项板上选择所需的指令，梯形图编辑窗口将在指令栏的右部显示所选指令的名称。

② 鼠标指向目标单元格，单击鼠标右键即可放置图形指令，且在另一指令被选中前，此指令仍保持激活状态。若还要将此指令放置在别的单元，只需要将鼠标指向相应的目的单

元处，并单击鼠标右键即可。若要插入到原来已有指令的单元，则原来的指令将被覆盖。

③ 将选择框选中欲删除指令的单元，按下键盘"Delete"即可将选中的指令删除。

（3）使用键盘插入图形指令

① 使用功能键即可从指令栏选择指令，例加，按下 F2 键可选择一个常开触点。指令的名称显示在指令栏的右部。

② 若要选择扩展梯形图选项板的指令，按下"Shift"键的同时再按 F10 键，则出现选项板，然后选择所需的指令。梯形图编辑器窗口将在指令栏的右部显示所选择指令的名称。

③ 可以在梯形图编辑器窗口里使用方向键（←、→、↑、↓）选择一个单元，然后按下空格键即可插入指令。在另一指令被选中前，此指令仍保持激活状态。若还要将此指令放在别的单元，只需要选中目的单元按下空格键即可。

④ 线的编辑：从指令栏中选择" 元 "、" 点 "或按下 F6 键、F8 键，即可选中水平直线或垂直线。还可将光标指向欲放置水平直线的单元格或垂直线的左上方单元格，按下鼠标右键即可。

（4）输入指令列表程序：从视图菜单中选择"首选设置"选项可选中指令列表编辑器。用户可在线和离线状态下使用指令列表编辑器。

5. 输入指令参数

（1）触点类参数：如输入继电器触点：%I0.i（%表示标识符，I 表示输入继电器，0 表示本机触点，i 表示触点的编号，范围 0~11，共 12 个）等。

（2）线圈类参数。

① 如内部位线圈：%Mi（%表示标识符，M 表示内部位继电器，i 表示触点的编号，范围 0~127 个）。

② 如定时器线圈：%TMi（%表示标识符，TM 表示定时器，i 表示触点的编号，范围 0~31，TON 通电开始计时，TOF 断电开始计时，TP 单稳型脉冲，TB 计时单位，TMi.P 预设值 0~9999）。

（3）鼓形控制器功能块%DRi 参数。在扩展梯形图特殊指令选项中，选择%DRi，单击鼠标右键放下模块，然后双击鼠标左键，在出现的对话框中（如图 9.7 所示）配置参数。其中，

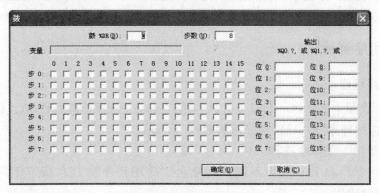

图 9.7　鼓形控制器参数对话框

%DRi：鼓形控制器的编号，范围 0~3，步数值 1~8。

%DRi.S 值：指当前步号，只能以十进制数的格式写入程序中。

U（UP）端：前进输入端，在上升沿处使鼓形控制器向前进一步并更新控制位。

F（FULL）端：输出端，表示当前步等于最后一步。

6. 确认和转换程序

（1）确认程序：编译程序，检查程序中语法、程序的结构、程序中变量等错误。

① 在线状态。输入的程序行在被送入 PLC 前自动被确认，因此在在线状态下不用运行确认程序。

② 离线状态。在编辑器中可以从工具菜单中选确认程序来检查和编译程序。在确认程序后，可能显示下面两种信息中的一种：

如果程序无错，显示如图 9.8 所示信息；如果检查到错误，显示如图 9.9 信息。

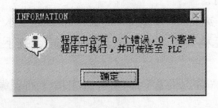

图 9.8　　　　　　　　　　　　　　　　　图 9.9

（2）确认错误：显示确认程序所检查到的错误和警告信息。从"视图"菜单中选择"确认错误"可看到相应窗口。

（3）转换程序。要从列表编辑器转换为梯形图编辑器，从"视图"菜单中选择"梯形图编辑"。从"视图"菜单中选择"首选设置"来改变显示状态。

要从梯形图编辑器转换为列表编辑器，从"视图"菜单中选择"指令列表编辑"。

7. 程序的修改与保存

指令列表程序编辑器允许在 PLC 运行时修改指令列表程序（注意：为安全起见，建议在停止状态下进行 PLC 编程）。在运行模式下修改：修改的过程与在运行状态下编程一样，要做的修改在当前输入得到确认后立即生效。

利用 PL707WIN 软件编辑、传输、修改后所应用的梯形图程序后，将程序保存在类型为 ∗.PL7 文件的文件夹中。即在文件菜单中选"保存"或"另存为"项，实现保存。

9.4.4　程序调试

1. 传送应用程序

在"传送"菜单中选择 PC→PLC（把 PC 上的当前应用程序下载到 PLC），具体步骤如下：

（1）打开应用程序（.pl7）或二进制程序（.app）。

（2）在"传送"菜单中选择"PC→PLC"。

（3）若应用程序和 PLC 版本不同，会显示"应用程序和 PLC 版本不同"信息，选择"确定"按钮继续传送。

（4）若 PLC 中的应用程序包含密码，提示用户确认传送应用程序。

（5）若知道密码，选择"确定"来传送受保护的应用程序，同时会出现安全对话框。输入正确密码，选择"确定"按钮；如果不知道密码，选择"取消"终止传送。

（6）若 PLC 和 PC 应用程序不同，将提示选择是否要覆盖 PLC 中的应用程序。选择"确定"将覆盖应用程序，选择"取消"将终止传送过程。

（7）提示是否保护该应用程序。

（8）完成到 PLC 的传送后，状态栏将显示"传送成功"。

2. 程序的监控

（1）动态显示梯形图。在"PLC"菜单中选择"切换动态显示"，在梯形图查看器标题栏显示"动态显示"（如图 9.10 所示），同时高亮显示逻辑值为 1 的触点、线圈和特殊对象；还可显示功能块、操作块、比较块的数据变量。如关闭动态显示状态，从"PLC"菜单中选择"切换动态显示"即可关闭。

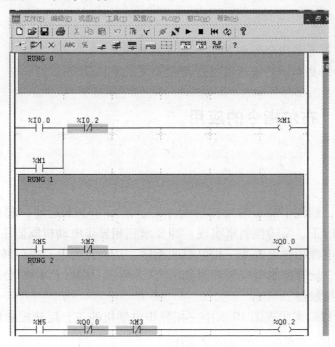

图 9.10　动态显示梯形图

（2）动态显示指令列表。从"PLC"菜单中选择"切换动态显示"。指令列表编辑器窗口的行号的右边有一个附加栏，该栏中是那一行的操作数，二进制操作数以 0 或 1 表示，字操作数以十进制或十六进制表示。说明：不能动态显示的值：标号% Li，子程序 SRn，不带操作的指令 NOT，立即数，索引字，字抽取位，字符表，位串。强置状态由标记 f1 和 f0 表示。

习　题　9

9.1　NEZA 系列 PLC 的存储器结构如何？其存储器寻址有哪些方式？

9.2　什么是间接寻址？如何使用？

9.3　PL707WIN 编程软件有哪些主要功能？这些功能的作用是什么？

9.4　如何对梯形图程序进行状态监视？

9.5　使用传送功能把程序从 PL707WIN 软件向 PLC 传送写入时，如果拒绝执行，一般有哪些问题？如何解决？

模块 10　NEZA 基本指令应用

知识目标

（1）掌握 PLC 布尔指令的用法；

（2）掌握 PLC 定时器、计数器功能块指令的用法；

（3）掌握鼓形控制器、移位寄存器、步进计数器指令的用法。

能力目标

（1）能熟练应用布尔指令完成 PLC 小型系统的设计；

（2）能依据控制要求，灵活选用功能块指令完成系统设计。

10.1　任务一　布尔指令的应用

【任务提出】

在实际工程中，如铣床加工时工作台的左右、前后和上下运动，起重机的上升与下降等，都可由电动机的正、反转控制来实现，即要求三相异步电动机既能正转又能反转，其方法是对调任意两根电源相线以改变三相电源的相序，从而改变电动机的转向。继电器控制的三相异步电动机正、反转控制电气原理图如图 10.1 所示。KM_1 和 KM_2 分别是控制正转运行和反转运行的交流接触器。

本任务要求用 PLC 来实现图 10.1 中三相异步电动机的正、反转控制功能。

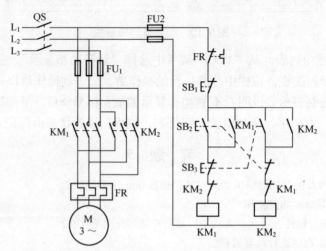

图 10.1　三相异步电动机正、反转控制电气原理图

【相关知识】

在 PLC 的程序编制中，布尔指令是应用最为广泛的一类指令。尽管其包括的指令并不多，但利用布尔指令可以完成除功能指令、数据处理及其他特殊功能以外的所有控制任务。

10.1.1 触点和线圈类指令

1. 触点和线圈类指令格式及功能

PLC 的控制电路中，也有与继电器控制电路相似的触点和线圈。它的触点和线圈是以指令的形式出现的。触点和线圈的指令格式及功能如表 10-1 所示。

表 10-1　触点和线圈指令格式

指 令 名 称	梯 形 图	语 句 表	功　能	操 作 数
动合触点	bit ┤├	LD　bit AND　bit OR　bit	对应梯形图从左侧母线开始，连接的动合触点；"与"操作，用于动合触点的串联；"或"操作，用于动合触点的并联	位存储器:% I, % Q, % M, %S; 功能块位:% BLK. x; 字抽取位:% * : Xk; 比较指令
动断触点	bit ┤/├	LDN　bit ANDN bit ORN　bit	对应梯形图从左侧母线开始，连接的动断触点；"与"操作，用于动断触点的串联；"或"操作，用于动断触点的并联	位存储器:% I, % Q, % M, %S; 功能块位:% BLK. x; 字抽取位:% * : Xk; 比较指令
输出线圈	bit —( )	ST　bit	将前面的逻辑结果输出	位存储器:% Q, % M, %S; 功能块位:% BLK. x; 字抽取位:% * : Xk
	bit —(/)	STN　bit	将前面的逻辑结果取反后，再输出	功能块位:% BLK. x; 字抽取位:% * : Xk

2. 指令说明

梯形图中的触点实际上是 CPU 对位存储器的读操作，一旦写入后，计算机系统可以无限次进行读操作，故用户程序中，动合、动断触点可以无限次使用。

梯形图中的输出线圈实际上是 CPU 对位存储器的写操作，因 PLC 采用自上而下，自左向右的扫描工作方式，故在用户程序中，每个线圈只能使用一次，若多次使用，则其状态以最后一次写入为准，且同一梯阶中，多个输出线圈只能并联，而不能串联。线圈自带的动合、动断触点亦可无限次使用。

3. 举例应用

【例 10-1】用动合、动断指令完成两个按钮控制一台电动机启/停。

（1）控制要求：按下按钮 SB_1，交流接触器 KM 的吸引线圈通电，接触器主触点闭合，电动机运转。松开按钮 SB_1，电动机保护运行。按下按钮 SB_2，交流接触器 KM 的吸引线圈断电，电动机停止运行。

（2）实施步骤。

① 列 I/O 分配表，见表 10-2。

表 10-2 I/O 分配表

输　　入			输　　出		
设备名称	PLC 端子	说明	设备名称	PLC 端子	说明
按钮 SB$_1$	%I0.0	启动按钮	KM	%Q0.0	接触器线圈
按钮 SB$_2$	%I0.1	停止按钮			

② 绘制主线路与 PLC 控制回路接线图，如图 10.2 所示。

（3）程序设计。

当按下启动按钮 SB$_1$ 时，接触器线圈 KM 得电，主电路中 KM 主触点闭合，电动机开始转动，并且程序中%Q0.0 自锁；当按下 SB$_2$ 时，电动机停止转动。

RUNG0

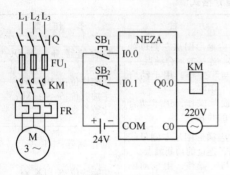

图 10.2　电动机启停控制主线路图与
　　　　　PLC 控制电路图

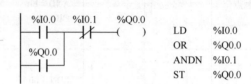

图 10.3　动合、动断触点实现电动机
　　　　　启停控制 PLC 程序

10.1.2　微分触点指令

微分触点指令用于检测 PLC 输入点及部分内部位（%M0～%M31）的上升沿或下降沿，可将 PLC 输入点及部分内部位的作用信号转换为仅有一个扫描周期宽度的脉冲输出，其用法与普通触点指令完全相同，并具有类似的指令格式。

1. 微分触点指令格式（见表 10-3 所示）。

表 10-3　微分触点指令格式

指令名称	梯形图	语句表	功　能	操作数
上升沿 触点	—|P|— bit	LDR　bit ANDR　bit ORR　bit	对应梯形图从左侧母线开始，连接的上升沿触点，"与"操作，用于上升沿触点的串联，"或"操作，用于上升沿触点的并联	输入位:%I 内部位:%M
下降沿 触点	—|N|— bit	LDF　bit ANDF　bit ORF　bit	对应梯形图从左侧母线开始，连接的下降沿触点，"与"操作，用于下降沿触点的串联，"或"操作，用于下降沿触点的并联	

2. 指令说明

上升沿触点在输入点或部分内部位信号出现上升沿时，仅接通一个扫描周期；下降沿触点在输入点或部分内部位信号出现下降沿时,仅接通一个扫描周期。

3. 举例应用

【例10-2】采用一个按钮完成两台电动机的分时启动。

（1）控制要求：采用一个按钮完成两台电动机的分时启动,当按下按钮%I0.0时,第一台电动机启动；当松开按钮%I0.0时,第二台电动机启动；当按下按钮%I0.1时,两台电动机同时停止。利用分时启动可以减小电动机启动对电网电压的冲击及对其他用电设备的影响。

（2）实施步骤：

① 列I/O分配表,见表10-4。

表10-4　I/O分配表

输入			输出		
设备名称	PLC 端子	说明	设备名称	PLC 端子	说明
按钮 SB$_1$	%I0.0	分时启动按钮	KM$_1$	%Q0.0	电动机1接触器线圈
按钮 SB$_2$	%I0.1	停止按钮	KM$_2$	%Q0.1	电动机2接触器线圈

② 程序设计。分时启动时序图如图10.5所示。

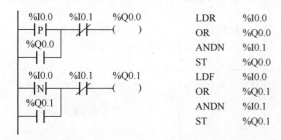

```
LDR    %I0.0
OR     %Q0.0
ANDN   %I0.1
ST     %Q0.0
LDF    %I0.0
OR     %Q0.1
ANDN   %I0.1
ST     %Q0.1
```

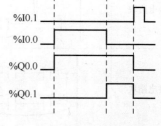

图10.4　采用一个按钮实现电动机分时启动的程序　　　　　图10.5　分时启动时序图

10.1.3　置位/复位指令

1. 触点及线圈类指令格式及功能（见表10-5）

表10-5　置位/复位指令格式

指令名称	梯形图	语句表	功能	操作数
置位指令	—（ bit S ）—	S　bit	将 B 置 1	位存储器:%Q, %M, %S
复位指令	—（ bit R ）—	R　bit	将 B 置 0	功能块位:%BLK. x 字抽取位:% *: Xk

2. 指令说明

（1）置位、复位指令通常成对使用,也可单独使用。

（2）由于 PLC 的循环扫描工作方式,当置位线圈与复位线圈同时得电时,位于后边的指令具有优先权。

（3）同一元件的置位线圈与复位线圈可在程序中出现多次，这一点与普通线圈不同。

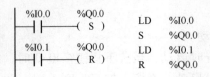

```
LD   %I0.0
S    %Q0.0
LD   %I0.1
R    %Q0.0
```

图 10.6　置位、复位指令实现电动机
启停控制 PLC 程序

3. 举例应用

【例 10-3】用置位、复位指令完成例 10-1 中的控制要求。

I/O 分配表、主线路与 PLC 控制回路接线图同例 10-1 中完全一样。用置位、复位指令完成控制要求程序设计如图 10.6 所示。

10.1.4　电路块指令

对于较为复杂电路的串并联，用语句表编程时，仅使用 AND 或 OR 是不够的。在 NEZA 系列 PLC 中可采用电路块指令 AND( ) 和 OR( ) 来实现复杂电路的串并联，其格式如表 10-6 所示。对于图 10.7 中所示的梯形程序，可应用本指令将其转换成语句表程序。

1. 电路块指令格式及功能（见表 10-6）

表 10-6　电路块指令格式及功能

指 令 名 称	梯 形 图	语 句 表	功　能
串接电路块	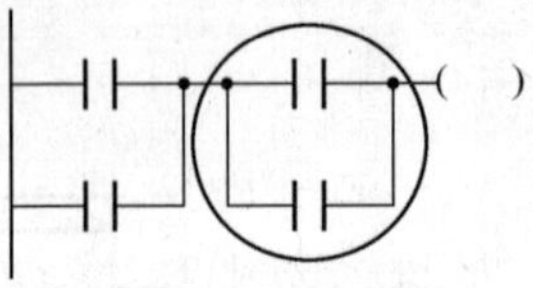	AND( )	并联电路块的串接
并接电路块	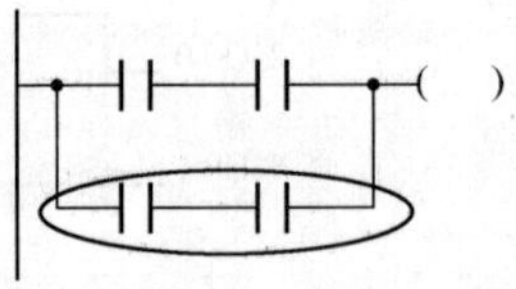	OR( )	串联电路块的并接

2. 指令说明

（1）左右括号应对称。

（2）标号 %Li 和子程序 %SRi：不可以加括号。

（3）可以反复使用，但最多允许嵌套 8 层括号。

3. 举例应用

【例 10-4】试写出图 10.7 中 10.1.4 的梯形图（a）的指令语句表程序。

转换后的语句表程序如图 10.7（b）所示。

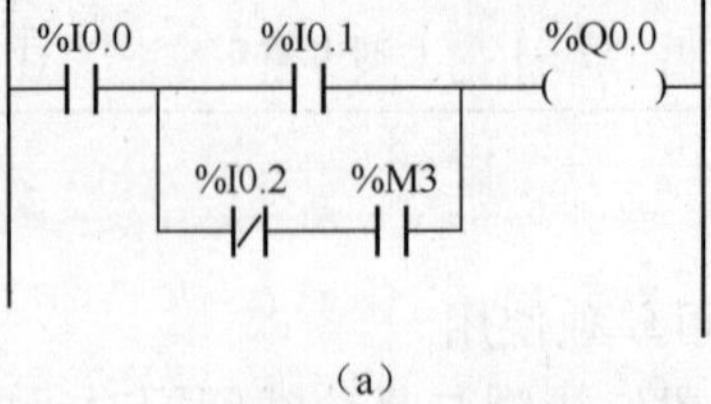

```
LD    %I0.0
AND(  %I0.1
OR(N  %I0.2
AND   %M3
)
)
ST    %Q0.0
```

（a）　　　　　　　　　　（b）

图 10.7　电路块串并联梯形图与语句表程序

10.1.5 堆栈指令

堆栈指令又称多输出指令，用于处理与线圈的连路。当梯形图中，一个梯级有一个公共触点，并从该公共触点分出两条或两条以上支路且每个支路都有自己的触点及输出时，必须用堆栈指令来编写指令语句表程序。

1. 堆栈指令格式及功能（见表10-7）

表 10-7　堆栈指令格式

指令名称	梯 形 图	语 句 表	功 能
进栈指令	MPS	MPS	用于分支起点，将最近一次逻辑运算的结果推入堆栈顶部，并使堆栈中的其他值向堆栈底部移动一格
读栈指令	MRD	MRD	用于分支的中间段，将堆栈顶部值读入累加器
出栈指令	MPP	MPP	用于分支的结束处，将堆栈顶部值读入累加器并将堆栈内其他值向顶部移动一格

2. 指令说明

堆栈指令 MPS 和 MPP 必须成对出现，也就是有进栈，必须有出栈，最后堆栈中是空的。注意本指令不能用于电路块指令的括号内。在图 10.8 中，使用堆栈指令完成了梯形图的语句表转换。

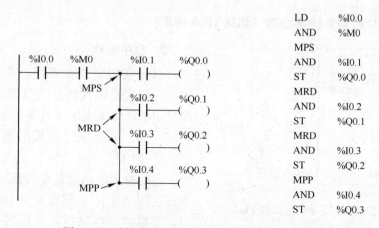

```
LD     %I0.0
AND    %M0
MPS
AND    %I0.1
ST     %Q0.0
MRD
AND    %I0.2
ST     %Q0.1
MRD
AND    %I0.3
ST     %Q0.2
MPP
AND    %I0.4
ST     %Q0.3
```

图 10.8　堆栈指令用法示意梯形图与语句表程序

【任务实施】

掌握以上知识点后，开始实施本节任务。为保证电动机正常工作，避免发生两相电源短路事故，在电动机正、反转控制的两个接触器线圈电路中互串一个对方的动断触点，形成相互制约的控制，使 KM_1 和 KM_2 不能同时得电，这对动断触点的互锁作用称为互锁触点。

图 10.1 中采用 KM_1、KM_2 的常闭辅助触点实现控制电路的电气互锁，用 SB_2、SB_3

的常闭触点实现控制电路的机械互锁，称为双重互锁。这些在应在 PLC 程序中有所体现。

在学校的实验室里，很多数字量（开关量）的输出都是用指示灯来进行模拟，这样编写的程序有时不能用于实际工程。因为在实际工程控制中，为了检测接触器是否正常工作，即接触器的线圈得电，接触器的触点是否正常动作；或接触器的线圈断电，接触器的触点是否正常复位，往往需要将接触器的辅助触点引入 PLC 的输入端来作为反馈检测信号，同时在外围电路中将可能引起电源相间短路的接触器进行硬件上的电气互锁。这种控制方案在实际工程中得到了广泛的应用。设计如下。

1. 列 I/O 分配表（见表 10-8）。

表 10-8　三相异步电动机正、反转 PLC 控制 I/O 分配表

输　入			输　出		
设备名称	PLC 端子	说明	设备名称	PLC 端子	说明
FR 热继电器	%I0.0	热保护（常闭触点）	KM_1	%Q0.0	正转接触器线圈
按钮 SB_1	%I0.1	停止按钮（常闭触点）	KM_2	%Q0.1	反转接触器线圈
按钮 SB_2	%I0.2	正转启动按钮（常开触点）			
按钮 SB_3	%I0.3	反转启动按钮（常开触点）			
KM_1	%I0.4	正转接触器（常开）辅助触点			
KM_2	%I0.5	反转接触器（常开）辅助触点			

2. 绘制 PLC 控制系统接线图（如图 10.9 所示）

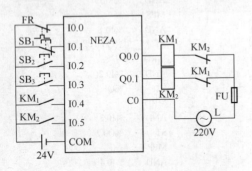

图 10.9　三相异步电动机正反转 PLC
控制回路接线图

3. 程序设计

（1）实验室模拟程序。若是在 PLC 实训室，一般实验装置的开关量输出连接指示灯，即只用指示灯来表示所有类型输出设备的输出状态，如，用指示灯来模拟电动机的运行状态。这样的程序由于没有引入必要的反馈信号，不能检测输出设备是否真的动作，所以不能直接用于实际工程而只能用于实验模拟显示。三相异步电动机正、反转 PLC 控制实验室模拟型程序如图 10.10 所示。

（2）实际工程程序。若做实际工程，则一些 PLC 的外围输出设备的动作状态，其信号的反馈是来自于相应的辅助触点或限位开关，如将 FR、KM 的辅助触点或限位开关作为输入信号接至 PLC 的输入端，这样就可以真实地反映输出设备是否真的动作，这是真正的实际工程的控制方法。实际工程型程序如图 10.11 所示，图中，反馈了 KM_1、KM_2 两个接触器的常开辅助触点的信号，地址分别为 I0.4、I0.5，这样就可以准确地检测出两个接触器是否真的动作。

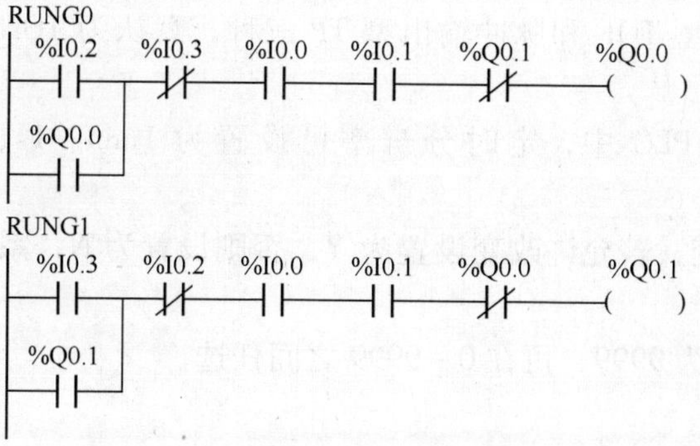

RUNG0
%I0.2 %I0.3 %I0.0 %I0.1 %Q0.1 %Q0.0
%Q0.0
RUNG1
%I0.3 %I0.2 %I0.0 %I0.1 %Q0.0 %Q0.1
%Q0.1

图 10.10　三相异步电动机正反转 PLC 控制实验室模拟型程序

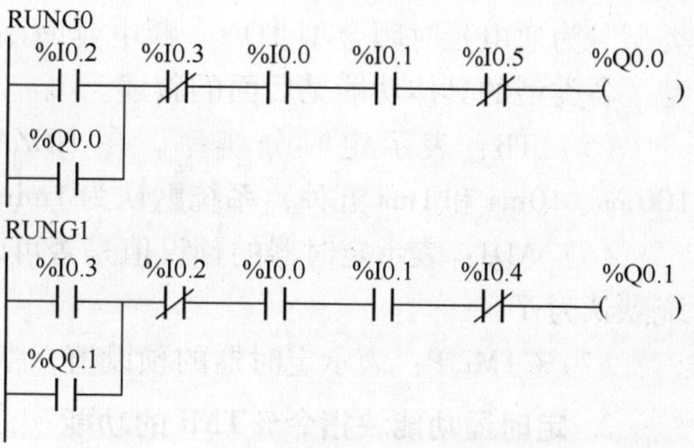

RUNG0
%I0.2 %I0.3 %I0.0 %I0.1 %I0.5 %Q0.0
%Q0.0
RUNG1
%I0.3 %I0.2 %I0.0 %I0.1 %I0.4 %Q0.1
%Q0.1

图 10.11　三相异步电动机正反转 PLC 控制实际工程型程序

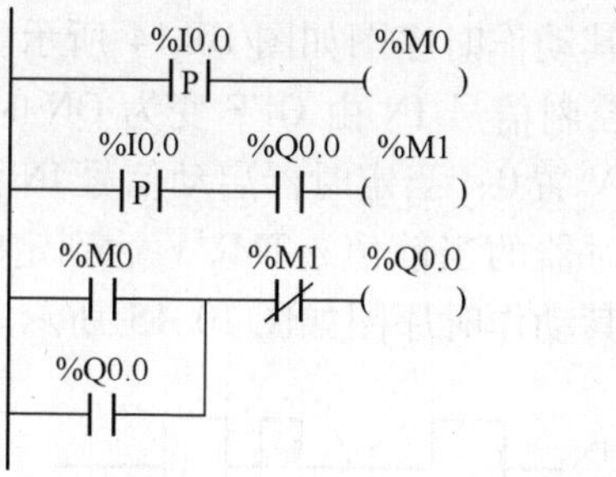

%I0.0 P %M0
%I0.0 P %Q0.0 %M1
%M0 %M1 %Q0.0
%Q0.0

```
LDR    %I0.0
ST     %M0
LDR    %I0.0
AND    %Q0.0
ST     %M1
LD     %M0
OR     %Q0.0
ANDN   %M1
ST     %Q0.0
```

图 10.12　单按钮控制电动机启停程序

【知识巩固】

例 10-1、例 10-2 均是两个按钮控制一台电动机的启停，那能否利用所学指令实现单按钮启停控制呢？即系统只有一个按钮，按一下按钮，电动机转动，再按一下按钮，电动机停止运行。这样，可以减少系统一个 I/O 点。其实现程序如图 10.12 所示。

10.2　任务二　定时器功能块指令

【任务提出】

用按钮控制三台电动机，按下启动按钮，启动第一台电动机，之后每隔 5s 启动一台电动机。全部启动后，若按下停止按钮，三台电动机同时停止。

【相关知识】

定时器功能块犹如电气控制线路中的时间继电器，可以用来按时间原则控制电动机的启动、停止或其他电气设备的工作。

1. 定时器功能块指令%TMi 的编程格式

定时器功能块的编程格式如图 10.13 所示，图中各参数说明如下：

(1) %TM0：表示默认的第 0 个定时器功能块，在 NEZA 系列 PLC 中，定时器功能块共有 32 个，即%TM0 ~ %TM31。

(2) IN：为定时器启动控制输入信号，每当 IN 由 0 变 1（由 OFF 变 ON）时，定时器启动。

(3) Q：为定时器输出信号，%TMi. Q 为输出位。

(4) TYPE：表示定时器的类型。在 NEZA　PLC 中，定时器

%TM0
IN TYPE TON Q
TB 1min
ADJ Y
%TM0.P 9999

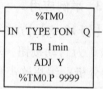

图 10.13　定时器功能块的编程格式

类型分为通电延时闭合型 TON、断电延时断开型 TOF 和脉冲输出型 TP 三种，默认为 TON型。各类型的具体功能见后面的叙述。

（5）TB：表示定时分辨率。在 NEZA PLC 中，定时分辨率可设置为 1min、1s、100ms、10ms 和 1ms 五种，系统默认为 1min。

（6）ADJ：表示定时器的预设值是否可改变，若允许改变设置为 Y，否则设置为 N，系统默认为 Y。

（7）%TMi.P：表示定时器的预设值，默认为 9999，可在 0～9999 之间任选。

2. 定时器功能块指令%TMi 的功能

（1）通电延时闭合定时器 TON 的功能。当定时器启动控制信号 IN 由 OFF 变 ON 时，定时器开始以 TB 为时基进行计时，当定时器的当前值%TMi.V 达到定时器的预设值%TMi.P时，定时器输出 Q 由 OFF 变为 ON；当定时器启动信号 IN 由 ON 变 OFF 时，定时器%TMi复位，即当前值%TMi.V 置 0，输出位%TMi.Q 变为 OFF。其动作时序图如图 10.14 所示。

（2）断电延时断开定时器 TOF 的功能。当定时器启动控制信号 IN 由 OFF 变为 ON 时，定时器输出 Q 立即也由 OFF 变为 ON，定时器当前值%TMi.V 置 0；当定时器启动信号 IN 由ON 变为 OFF 时，定时器开始以 TB 为时基进行计时，当定时器的当前值%TMi.V 达到定时器的预设值%TMi.P 时，输出位%TMi.Q 由 ON 变为 OFF。其动作时序图如图 10.15 所示。

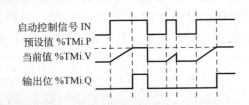

图 10.14　通电延时闭合定时器 TON 的功能

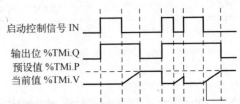

图 10.15　断电延时断开定时器 TOF 的功能

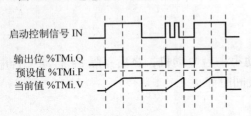

图 10.16　脉冲输出定时器 TP 的功能

（3）脉冲输出定时器 TP 的功能。当定时器启动控制信号 IN 由 OFF 变为 ON 时，定时器开始以 TB 为时基进行定时，同时定时器输出 Q 由OFF 变为 ON；当定时器的当前值%TMi.V 达到定时器的预设值%TMi.P 时，定时器输出 Q 由ON 变为 OFF，注意，此时若 IN 为 ON，则保持%TMi.V 等于%TMi.P，若 IN 为 OFF，则%TMi.V 等于 0；定时器一旦启动，在设定值时间内不论 IN 发生多少次 ON/OFF 改变，均不会影响定时器的输出 Q。其动作时序图如图 10.16 所示。

3. 举例应用

【例 10-5】方波发生器梯形图程序的编制。要求方波通过%Q0.0 输出，其周期为 2s，%I0.0 为启动按钮，%I0.1 为停止按钮。试编写其梯形图程序。

分析：编写这类程序，通常采用逻辑推理法，也就是根据方波输出的需要，推断产生方波的各种条件，并通过 PLC 指令实现。本例中要考虑的主要问题，一是方波发生器的启动停止问题，二是方波输出的周期控制问题，三是方波输出的问题。只要解决了这三个问题，程序也就相应地编写出来了。

首先我们来看一下第一个问题。方波发生器的启停应有一个标志信号，这一标志信号为 ON 表示方波发生器工作，而这一标志信号为 OFF 则表示方波发生器不工作，为此需要引入一个启停标志位 %M0。启停标志位 %M0 与启停控制按钮信号（%I0.0 和 %I0.1）相配合便可实现方波发生器的启停控制。图 10.17 所示 RUNG 0 程序段即满足上述要求。

第二个问题是要解决方波的周期问题。因方波的周期与时间有关，故首先可考虑使用 PLC 的定时器功能来完成。这样在启动方波发生器标志 %M0 后，可通过该标志启动一个定时器 %TM0。定时器 %TM0 选择 TON 类型，分辨率选择为 1s，预设值 %TM0.P 设置为 1，则在 %M0 启动后，定时器 %TM0 便开始定时，经 1s 延时定时器输出位 %TM0.Q 置位，产生

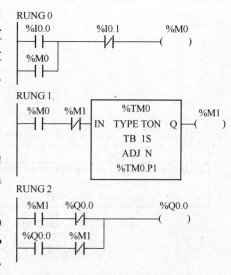

图 10.17　方波发生器梯形图程序

一个 1s 信号，这个 1s 信号，可用于控制方波的输出，应该每秒产生一个，为此需引入一个内部位 %M1 来控制该信号的不断发出。图 10.17 所示 RUNG 1 程序段即可满足这一要求。

有了方波控制信号后，需进一步研究方波的输出问题。上述方波控制信号 %M1 是一个只有一个扫描周期宽度的脉冲信号，怎样把这一信号转换为方波输出，这就要利用到 PLC 周期扫描的工作原理。利用这一原理，可在第一个脉冲信号到来时启动方波输出位 %Q0.0，而在第二个脉冲信号到来时停止方波输出位 %Q0.0。这一工作过程可通过图 10.17 所示 RUNG 2 程序段来实现。

改变定时器 %TM0 的预设置 %TM0.P，可改变方波发生器输出方波的周期，本例周期值为 2s。

【任务实施】

1. 列 I/O 分配表（见表 10-9）。

表 10-9　三台电动机顺序启动控制 I/O 分配表

输　　入			输　　出		
设备名称	PLC 端子	说明	设备名称	PLC 端子	说明
按钮 SB_1	%I0.0	启动按钮	KM_1	%Q0.1	接触器 1
按钮 SB_2	%I0.1	停止按钮	KM_2	%Q0.2	接触器 2
			KM_3	%Q0.3	接触器 3

2. 绘制 PLC 控制系统接线图（如图 10.18 所示）

3. 程序设计（如图 10.19 所示）

按下启动按钮 SB1（%I0.0），输出位 %Q0.1 得电并自锁，驱动第一台电动机启动。

第一台电动机启动时，定时器 %TM0 启动，经 5s 延时，定时器输出 %TM0.Q 置位，使输出位 %Q0.2 得电，驱动第二台电动机启动。

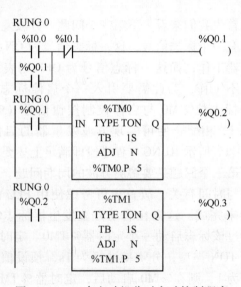

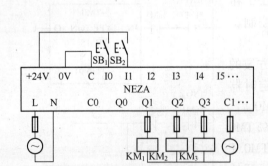

图 10.18　三台电动机分时启动接线图

图 10.19　三台电动机分时启动控制程序

第二台电动机启动时，定时器%TM1 启动，再经5s 延时，定时器输出%TM1. Q 置位，使输出位%Q0.3 得电，驱动第三台电动机启动。

按下停车按钮 SB$_2$（%I0.1），输出位%Q0.1 断电，使第一台电动机脱离电源，同时定时器%TM0 复位，输出位% Q0.2 断电，使第二台电动机脱离电源，同时也使%TM1 复位% Q0.3 断电，使第三台电动机脱离电源。PLC 程序的停车控制过程在一个扫描周期内完成。

【知识巩固】

设计流水灯控制系统。按下启动按钮后，% Q0.1、% Q0.2、% Q0.3 三盏灯依次点亮，并能够循环，每盏灯亮的时间均为1s。程序如图 10.20 所示。

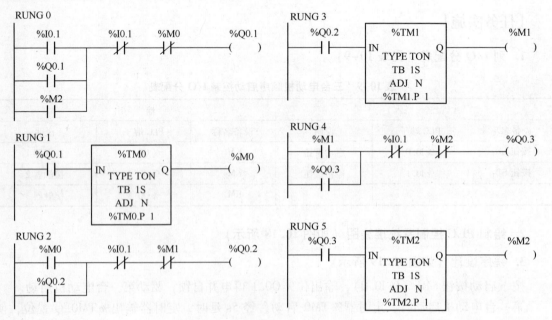

图 10.20　流水灯控制系统梯形图

10.3 任务三 计数器功能块指令

【任务提出】

计数器灯控系统。彩灯三盏、按钮一只。要求按钮按一下时，1 号灯亮；按第 2 下时，2 号灯亮，1 号灯灭；按第 3 下时，3 号灯亮，2 号灯灭；按第 4 下时，灯全灭。

【相关知识】

计数器功能块指令%Ci 可用于对产品数量或工作次数进行计数控制。

1. 计数器功能块指令%Ci 的编程格式

计数器功能块的编程格式如图 10.21 所示，它有 4 个输入信号和 3 个输出信号，另还有两个参数需要设置。各参数说明如下：

(1)%Ci：表示第 i 个计数器功能块，在 NEZA 系列 PLC 中，计数器功能块共有 16 个，即 $i = 0 \sim 15$。

(2) R：为计数器复位输入信号，每当 R 由 0 变 1（由 OFF 变 ON）时，计数器的当前值%Ci. V 被置 0。

(3) S：为计数器置位输入信号，每当 S 由 0 变 1（由 OFF 变 ON）时，计数器的输出%Ci. D 被置 1，当前值%Ci. V 被强制等于预设值%Ci. P。

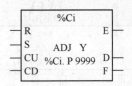

图 10.21 计数器功能块的编程格式

(4) CU：为计数器的加计数输入信号，当 CU 信号的上升沿出现时，计数器进行加计数操作。

(5) CD：为计数器的减计数输入信号，当 CD 信号的上升沿出现时，计数器进行减计数操作。

(6) E：为计数器下溢出标志输出位，当减计数器%Ci 从 0 变为 9999 时，%Ci. E = 1。

(7) D：为计数器的输出位，当计数器的当前值%Ci. V 等于预设值%Ci. P 时，%Ci. D = 1。

(8) F：为计数器上溢出标志输出位，当加计数器%Ci 从 9999 变为 0 时，%Ci. F = 1。

(9) ADJ：用于设置计数器的预设值是否允许改变，若允许改变设置为 Y，否则设置为 N，系统默认为 Y。

(10)%Ci. P：表示计数器的预设值，默认为 9999，可在 0～9999 之间任选。

2. 计数器功能块%Ci 的功能

计数器功能块指令%Ci 具有加计数器、减计数器及加/减计数器的功能。

(1) 加计数器。当加计数器的输入条件 CU 出现一个上升沿时，计数器的当前值%Ci. V 将加 1。当计数器的当前值%Ci. V 等于预设值%Ci. P 时，计数器的输出位%Ci. D 将由 0 变 1。当计数器的当前值%Ci. V 达到 9999 后再加 1，则当前值%Ci. V 将变为 0，满输出位%Ci. F 将置 1。在满输出位%Ci. F 置 1 以后，若计数器继续增加，则输出位%Ci. D 复位。

(2) 减计数器。当减计数器的输入条件 CD 出现一个上升沿时，计数器的当前值%Ci. V

将减 1。当计数器的当前值% Ci. V 等于预设值% Ci. P 时，计数器的输出位% Ci. D 将由 0 变 1。当计数器的当前值% Ci. V 达到 0 后再减 1，则当前值% Ci. V 将变为 9999，空输出位% Ci. E 将置 1。在空输出位% Ci. E 置 1 以后，若计数器继续减少，则输出位% Ci. D 复位。

（3）加/减计数器。若同时对加计数输入 CU 和减计数输入 CD 进行编程，则将组成一个加/减计数器。加/减计数器分别对加计数输入 CU 和减计数输入 CD 信号进行加/减计数处理，若 CU、CD 同时输入，则计数器当前值保持不变。

（4）计数器的复位。当复位输入 R 由 0 变 1 时，计数器的当前值% Ci. V 被强制为 0，其他各位也被强制为 0。

（5）计数器的置位。当置位输入 S 由 0 变 1 时，计数器的当前值% Ci. V 被强制等于预设值% Ci. P，且输出位% Ci. D 置 1。

3. 举例应用

【例 10-6】 一个灯光闪烁控制系统，要求系统闪烁 20 次后自动停止。

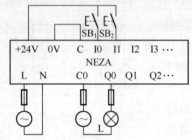

图 10.22　灯光闪烁系统 PLC 接线图

系统接线如图 10.22 所示，图中 SB₁、SB₂ 分别为启动按钮和停止按钮，L 为闪光灯。按图 10.22 接好线后，将图 10.23 所示梯形图程序编辑下载到 PLC 中，并使其进入运行状态，分别按 SB₁ 与 SB₂，观察运行结果。在此程序中，自动闪烁 20 次的计数控制就是由计数器功能块指令% Ci 来完成的。

图 10.23 所示闪光 20 次自动停止的程序中，闪光控制部分由 RUNG0、RUNG1、RUNG2 来完成，这部分程序就是我们上一节里分析过的方波发生器程序，而闪光 20 次自动停止的控制则是通过 RUNG3 来实现。

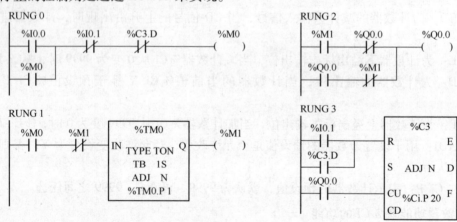

图 10.23　闪光 20 次自动停止控制程序

为了实现闪光 20 次自动停止的控制功能，我们首先需考虑对输出位% Q0.0 进行 20 次的计数，为此要采用计数器功能块指令% Ci。由图 10.22 程序可知，% Q0.0 作为计数器功能块的加计数输入信号，计数器预设值% C3. P 为 20。那么，当计数器的当前值% C3. V 等于预设值% C3. P 时，怎样才能实现闪光的自动停止？根据计数器功能块指令的功能，当计数器的当前值等于预设值时，计数器的输出位% Ci. D 将置 1 的原理，我们可以利用计数器的输出位% C3. D

来控制闪光的停止。为此，在程序 RUNG0 梯级中串联了 %C3.D 的常闭接点，一旦计数器 %C3 的当前值等于预设值，%C3.D 常闭接点将断开，从而实现闪光 20 次自动停止。

在图 10.23 程序 RUNG3 梯级中，计数器 %C3 的复位输入端并联了 %I0.1 和 %C3.D 两个常开接点，其作用是保证下一次闪光程序的正常启动。若灯光闪烁 20 次停止后，若不能将计数器自动复位，则闪光控制将不能启动，为此设置 %C3.D 作为计数器的复位输入；若闪光在中途被人为（使用 %I0.1）停止，则再次启动闪光时，闪光次数将不能保证为 20 次，为此设置 %I0.0 也作为计数器的复位输入。

【任务实施】

1. 列计数器灯控系统 I/O 分配表（见表 10-10）

表 10-10 计数器灯控系统 I/O 分配表

输　入			输　出		
设备名称	PLC 端子	说明	设备名称	PLC 端子	说明
按钮 SB_0	%I0.0	启动按钮	L_1	%Q0.1	1 号灯
按钮 SB_1	%I0.1	停止按钮	L_2	%Q0.2	2 号灯
			L_3	%Q0.3	3 号灯

2. 绘制计数器灯控系统接线图（如图 10.24 所示）

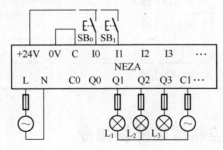

图 10.24　计数器灯控系统程序

3. 程序设计（见图 10.25）

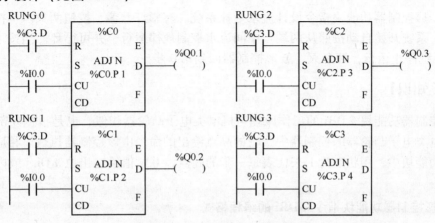

图 10.25　计数器灯控系统梯形图

【知识巩固】

1. 要求设计密码锁开锁方法

（1）SB$_0$ 为启动按钮，按下 SB$_0$，才可进行开锁工作，SB$_6$ 为停止或复位按钮，按下 SB$_6$，停止开锁作业，系统复位，可重新开锁。

（2）SB$_1$ ~ SB$_4$ 为密码输入键，开锁条件为：按顺序依次按下 SB$_1$ 3 次，SB$_2$ 1 次，SB$_3$ 2 次，SB$_4$ 4 次。

（3）SB$_5$ 为不可按压键，一旦按下，报警。

（4）当按压总次数超过几个按键的总次数时，报警。

2. I/O 分配表（如表 10–11 所示）

表 10–11　密码锁 I/O 分配表

输　　入			输　　出		
设备名称	PLC 端子	说明	设备名称	PLC 端子	说明
按钮 SB$_0$	%I0.0	启动按钮	开锁	%Q0.0	开锁输出
按钮 SB$_6$	%I0.6	停止按钮	警铃	%Q0.1	报警输出
按钮 SB$_1$	%I0.1	密码输入键 1			
按钮 SB$_2$	%I0.2	密码输入键 2			
按钮 SB$_3$	%I0.3	密码输入键 3			
按钮 SB$_4$	%I0.4	密码输入键 4			
按钮 SB$_5$	%I0.5	不可按压键			

10.4　任务四　鼓形控制器功能块指令

【任务提出】

应用鼓形控制器功能块指令设计流水灯控系统。有彩灯七盏、按钮两只。当按下启动按钮 SB$_0$ 时，系统开始自动按照从两端至中间流水控制规律运行，并可循环。当按下停止按钮 SB$_1$ 时，系统停止运行，灯全灭，鼓形控制器回到第 0 步。

【相关知识】

鼓形控制器功能块 %DRi 的工作原理与机电类电子凸轮器相似，也是根据外部环境改变步序。机电类电子凸轮器的控制器中凸轮的高点给出的命令由该控制器执行。相应地，在鼓形控制器功能块中，用状态为 1 来代表每一步的高点，并赋值给输出位 %Qi.j 或内部位 %Mi 作为控制位。

1. 鼓形控制器功能块指令 %DRi 的编程格式

鼓形控制器功能块的编程格式如图 10.26 所示，图中各符号的含义如下：

（1）%DRi：表示第 i 个鼓形控制器，在 NEZA 系列 PLC 中，共有 4 个鼓形控制器可用，即 i = 0 ~ 3。

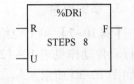

图 10.26　鼓形控制器的
编程格式

（2）R（RESET）：为鼓形控制器的复位输入端，也称回 0 端。当其为 1 时，鼓形控制器回到第 0 步。

（3）U（UP）：鼓形控制器的控制输入端，每当其上升沿到来时，鼓形控制器均向前进一步，并更新控制位。

（4）F（FULL）：为鼓形控制器的输出端，当鼓形控制器运行到最后一步时，该位被置1。

（5）STEPS：为鼓形控制器的控制步数，由编程软件设置。在 NEZA 系列 PLC 中，步数最多可设置 8 步，设置的步数范围为 0 ~ 7。

（6）使用鼓形控制器功能块指令时，还需通过软件设置其每一步的控制位（每步最多可设置 16 位）。在编程软件中，设置界面如图 10.27 所示。

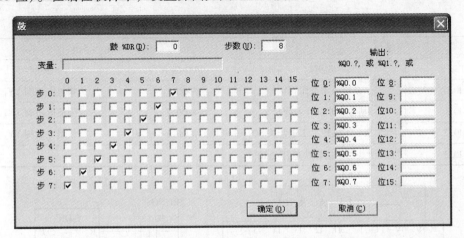

图 10.27　鼓形控制器功能指令控制步及控制位的设置

可以看出，鼓形控制器功能块的每一步对应 16 个位。用户可以自行定义对应的输出位或内部位。注意控制位只能是输出位或内部位。

2. 鼓形控制器功能块指令%DRi 的功能

每一个鼓形控制器功能块指令% DRi 最多可设置 8 个控制步，控制步数的设置在图 10.26 中的步数对话框中进行。每个控制步可有 16 个控制位，当步进控制端 U 出现上升沿时，鼓形控制器的当前步将向下前进一步；当复位端 R 出现上升沿时，鼓形控制器的当前步返回到初始步。当鼓形控制器运行到最后一步时，其输出位% DRi. F 将被置 1。应用鼓形控制器时，应注意，PLC 运行后，当程序执行% DRi 指令时，该鼓形控制器处于步 0，即步 0 对应的控制位得电。

为实现鼓形控制器功能，编程时需对控制步和控制位进行事先设置，其设置界面如图 10.26 所示。设置时，要在定义的控制步上进行控制位的选定，同时还需要定义输出位。在图 10.26 中，设定的控制步数为 8 步，每步的输出情况为步 0：% Q0.7 得电；步 1：% Q0.6 得电；步 2：% Q0.5 得电；步 3：% Q0.4 得电；步 4：% Q0.3 得电；步 5：% Q0.2 得电；步 6：% Q0.1 得电；步 7：% Q0.0 得电。

3. 举例应用

【例10-7】单工位组合机床动力头控制系统设计。动力头的工作循环如图 10.28 所示，执行元件动作见表 10-12，系统的 I/O 分配见表 10-13。系统接线如图 10.29 所示，系统程序如图 10.30 所示。

表 10-12　动力头驱动元件动作表

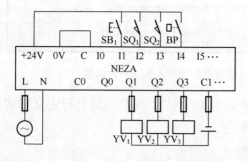

图 10.28　动力头工作流程图

	YV_1	YV_2	YV_3	行　程　阀
原位	—	—	—	—
快进	+	—	—	—
一工进	+	—	—	+
二工进	+	—	+	+
快退	—	+	—	+/—

表 10-13　组合机床动力头系统 I/O 分配

输　　入		输　　出	
PLC 端子	说明	PLC 端子	说明
%I0.0	系统启动按钮 SB_1	%Q0.1	快进电磁阀 YV_1
%I0.1	动力头原位开关 SQ_1	%Q0.2	限流电磁阀 YV_2
%I0.2	动力头一工进转二工进开关 SQ_2	%Q0.3	快退电磁阀 YV_3
%I0.3	动力头二工进转快退开关 BP		

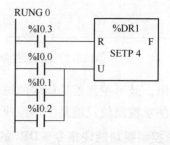

图 10.29　动力头 PLC 控制系统接线图　　图 10.30　动力头控制程序

由图 10.30 动力头控制程序可知，该程序段的表现形式非常简单，只有输入信号 %I0.0、%I0.1、%I0.2、%I0.3 编入程序中，而输出信号并没有表现出来，这就是鼓形控制器功能块指令%DRi 的最大特点。在这一段程序中，为了实现对动力头执行器件——电磁阀的控制，需在鼓形控制器功能块指令%DRi 编程时进行设置，本例设置的结果如图 10.31 所示。

本例运行时，若动力头在原位，则 %I0.3 接通，鼓形控制器被复位，保持在 0 步状态，此时电磁阀都不得电，动力头处待工作状态；当 %I0.0 得电时，鼓形控制器向前前进一步，进入步 1 状态，此时 %Q0.0 得电，电磁阀 YV_1 工作，动力头快进；快进过程中压下行程阀，动力头自动进入一工进状态；一工进过程中，若压下行程开关 SQ_2，将使 %I0.1 得电，鼓形控制器进入步 2 状态，此时 %Q0.0 和 %Q0.2 同时得电，动力头进入二工进状态；在二工

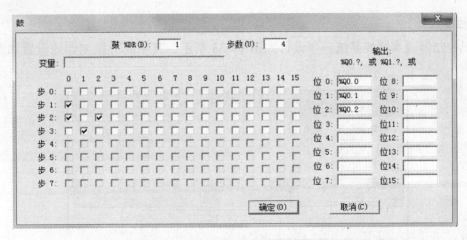

图 10.31　动力头控制程序中鼓形控制器功能块的设置

进状态压下行程开关 SQ_3，将使 % I0.2 得电，鼓形控制器进入步 3 状态，此时 % Q0.1 得电，电磁阀 YV_2 工作，动力头快退；当动力头快到原位时，压下原位行程开关 SQ_1，使 % I0.3 得电，则鼓形控制器回到 0 位状态，一个工作循环结束。

【任务实施】

1. 列 I/O 分配表（见表 10-14）

表 10-14　鼓形控制器流水灯控系统 I/O 分配表

输 入			输 出		
设备名称	PLC 端子	说明	设备名称	PLC 端子	说明
按钮 SB_0	% I0.0	启动按钮	L_1	% Q0.1	1 号灯
按钮 SB_1	% I0.1	停止按钮	L_2	% Q0.2	2 号灯
			L_3	% Q0.3	3 号灯
			L_4	% Q0.4	4 号灯
			L_5	% Q0.5	5 号灯
			L_6	% Q0.6	6 号灯
			L_7	% Q0.7	7 号灯

2. 绘制鼓形控制器流水灯控系统接线图（如图 10.32 所示）

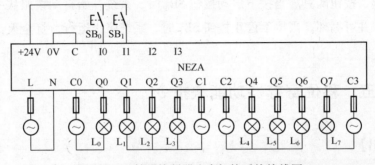

图 10.32　鼓形控制器流水灯控系统接线图

3. 程序设计

鼓形控制器流水灯控系统程序设计如图 10.33 所示，其中鼓形控制器的设置如图 10.34 所示。

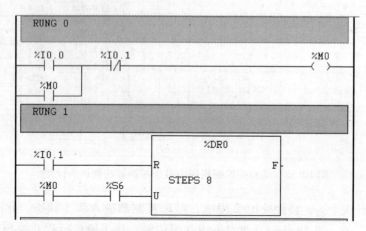

图 10.33　鼓形控制器流水灯控系统梯形图

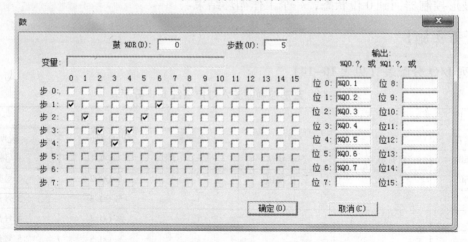

图 10.34　流水灯控系统中鼓形控制器功能块的设置

【知识巩固】

有彩灯七盏、按钮两只。当按下启动按钮 SB_0 时，系统开始自动按照从中间至两端流水控制规律运行，并可循环。当按下停止按钮 SB_1 时，系统停止运行，灯全灭，鼓形控制器回到第 0 步。

10.5　任务五　移位寄存器功能块指令

【任务提出】

设计一个八只彩灯依次点亮 1s 并不断循环的控制程序。设 %I0.0 为启动点亮系统输入信号，%I0.1 为停止系统输入信号，%Q0.0～Q0.7 为八只彩灯对应的 PLC 输出。用移位寄存器功能块完成。

【相关知识】

移位寄存器功能块%SBRi 用于存放 16 位二进制数据（0 或 1），相当于一个串行的移位寄存器。常用于步进移位控制。

1. 移位寄存器功能块指令%SBRi 的编程格式

移位寄存器功能块的编程格式如图 10.35 所示。图中各参数含义如下：

（1）%SBRi：表示第 i 个移位寄存器，在 NEZA 系列 PLC 中，共有 8 个移位寄存器可用，即 i=0～7。

（2）R（RESET）：为移位寄存器的复位输入端。当其有控制位出现上升沿时，第 i 个移位寄存器功能块中存放的 16 位二进制数据均置 0。

图 10.35　移位寄存器功能块梯形图格式

（3）CU：为移位寄存器的左移输入端，每当上升沿到来时，移位寄存器中的 16 位二进制数向左移动一位。

（4）CD：为移位寄存器的右移输入端，每当上升沿到来时，移位寄存器中的 16 位二进制数向右移动一位。

2. 移位寄存器功能块指令%SBRi 的功能

当左移位控制输入信号 CU 的条件满足时，移位寄存器%SBRi 的 16 位二进制数将依次向左移动一位，最高位被丢失。

当右移位控制输入信号 CD 的条件满足时，移位寄存器%SBRi 的 16 位二进制数将依次向右移动一位，最低位被丢失。

当移位寄存器复位输入信号 R 的条件满足时，移位寄存器%SBRi 中的 16 位二进制数据全部被清 0。

值得注意的是，在使用移位寄存器功能块指令%SBRi 编程时，移位寄存器%SBRi 中的数据需要通过程序进行预置，%SBRi 中的 16 个位可同时预置为多个 1。如果数据未被预置，则移位寄存器只能空移操作，失去移位控制的意义。

3. 举例应用

【例 10-8】设计次品剔除控制系统。图 10.36 中所示 A 传送带由工件传送带电动机驱动，工件在传送带上前进以步进方式进行，为检测工件前进的位置，在 A 传送带滚筒上装有一凸轮，用以配合接近开关实现步进检测，当其次品检测装置 P1 在 1 号位置检测到次品时，通过 PLC 控制，会在 6 号位置自动通过机械手将其移到次品传送带上，并同时启动次品传送带前进一步。设 SB_1 为 A 传送带启动按钮，SB_2 为系统停止按钮，SQ 为步进检测开关，P 为次品检测开关，KM_1 为 A 传送带驱动，KM_2 为 B 传送带驱动，KM_3 为剔除次品机械手驱动。PLC 系统接线如图 10.37 所示。

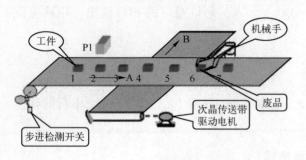

图 10.36　次品剔除控制系统　　　　图 10.37　次品剔除控制系统 PLC 接线图

梯形图控制程序设计如图 10.38 所示。%I0.0、%I0.1 用于启停 A 传送带（%Q0.0），次品检测信号 %I0.3 用于向移位寄存器输入次品信号，步进检测信号 I0.2 用于控制次品信号的向前移动，在移位寄存器中，当废品信号达到 %SBR0.6 位时，恰好次品工件移到 6 号工位，随即启动机械手（%Q0.1）及 B 传送带（%Q0.2）将次品移走。由以上分析可知，移位寄存器的作用主要是对次品进行移位跟踪记忆，在 1 号工位发现次品时，要在 6 号工位将其剔除。

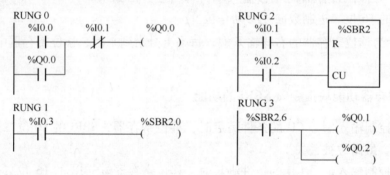

图 10.38　次品剔除控制程序

【任务实施】

1. 列 I/O 分配表（见表 10-15）

表 10-15　八只彩灯循环点亮系统 I/O 分配

输　入			输　出		
设备名称	PLC 端子	说明	设备名称	PLC 端子	说明
按钮 SB_0	%I0.0	启动按钮	L_0	%Q0.0	0 号灯
按钮 SB_1	%I0.1	停止按钮	L_1	%Q0.1	1 号灯
			L_2	%Q0.2	2 号灯
			L_3	%Q0.3	3 号灯
			L_4	%Q0.4	4 号灯
			L_5	%Q0.5	5 号灯
			L_6	%Q0.6	6 号灯
			L_7	%Q0.7	7 号灯

2. 绘制 PLC 控制系统接线图（如图 10.39 所示）

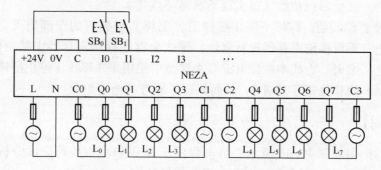

图 10.39　八只彩灯循环点亮系统接线图

3. 程序设计

八只彩灯循环点亮系统控制程序设计如图 10.40 所示。

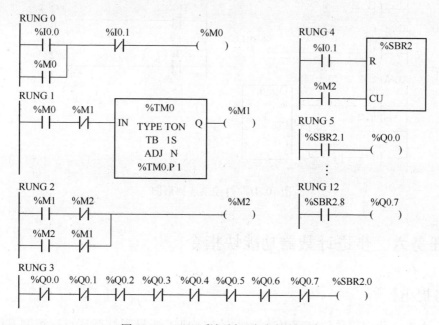

图 10.40　八只彩灯循环点亮控制程序

为实现任务控制要求，采用移位寄存器功能块指令%SBRi 来实现八只彩灯的自动依次点亮。在编写程序时需考虑以下几个问题：

（1）输出激活问题，也就是%Q0.0~%Q0.7 由谁来控制的问题。本例输出采用移位寄存器的位值来控制，即采用%SBRi.0~%SBRi.7 来分别接通%Q0.0~%Q0.7，如图 10.40 梯形图中 RUNG 5~RUNG 12 梯级所示。

（2）依次点亮问题，即怎样使彩灯一个一个地依次点亮。本例依次点亮采用移位寄存器的自动移位来实现，移位的控制由定时器功能块指令%TM0 与内部位%M1、%M2 的配合来完成。如图 10.40 梯形图中 RUNG 1、RUNG 2、RUNG 4 梯级所示。

（3）启动及循环控制问题，即按下启动按钮后，怎样实现第一只彩灯的点亮，并不断依次循环下去。本例采用互锁方法输入第一个信号，如图 10.40 中 RUNG 3 梯级，当各彩灯依次点亮一次后，又会回到初始状态实现不断循环点亮。

（4）停止及复位问题，即按下停止按钮后，怎样实现亮灯的全部熄灭。由图 10.40 所示可知，若停止时不对移位寄存器进行复位，那么会存在移位寄存器中某位仍为 1 的状态，导致彩灯不能全部熄灭。为此本例在 RUNG 4 梯级中使用了 %I0.1（停止按钮）对移位寄存器进行复位控制，使移位寄存器清 0，从而保证了彩灯的全部熄灭。

【知识巩固】

灯控系统梯形图如图 10.41 所示，将本程序下载到 PLC 中执行。试分析，在按下启动按钮 %I0.0 后，%Q0.1、%Q0.2、%Q0.3 将会如何动作。

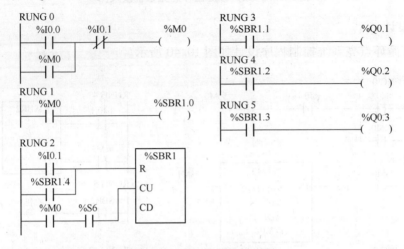

图 10.41　灯控系统梯形图

10.6　任务六　步进计数器功能块指令

【任务提出】

在任务 4 中，我们用移位寄存器功能块指令完成了八只彩灯循环点亮控制系统的设计，那用步进计数器功能块指令该如何完成此任务呢？

【相关知识】

步进计数器功能块指令 %SCi 是实现步进控制的又一功能指令，它由一系列动作可赋值的步组成。由外部或内部事件决定从一步移到另一步，当一步被激活时，其相应位置为 1。步进计数器中每次只能有一步被激活。

1. 步进计数器功能块指令 %SCi 的编程格式

%SCi 的编程格式如图 10.42 所示，与移位寄存器功能块指令类似，各参数说明如下：

（1）%SCi：为第 i 个步进计数器。在 NEZA 系列 PLC 中有 8 个步进计数器，故 i = 0 ~ 7。每个步进计数器有 256 位，即 %SCi.j 中，j = 0 ~ 255。

（2）R：为步进计数器的复位端，当其上升沿出现时，%SCi.1～%SCi.255均为0，只有%SCi.0为1。

（3）CU：为步进计数器的递增输入端，当其上升沿出现时，步进计数器向前递增一步。

（4）CD：为步进计数器的递减输入端，当其上升沿出现时，步进计数器向后递减一步。

（5）当%SCi.0为1时，CD端接入上升沿时，则激活位%SCi.255；当%SCi.255为1时，CU端接入上升沿时，则激活位%SCi.0。

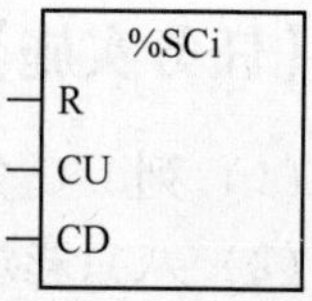

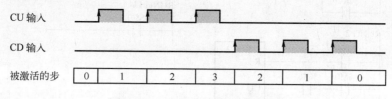

图10.42　步进计数器的编程格式

2. 步进计数器功能块指令%SCi的功能

每个步进计数器的256个位在递增/递减输入信号作用下步进和步退，但任意时刻只有一位被激活，其工作过程如图10.43所示。

图10.43　步进计数器的工作过程

3. 举例应用

【例10-9】试采用步进计数器功能块指令%SCi实现图10.28所示的组合机床动力头控制。

根据表10-13所示的I/O分配，设计程序如图10.44所示，图中RUNG 0梯级为步进计数器功能块指令%SC1编程。由程序可知，%I0.1用于复位步进计数器%SC1，这一操作在动力头回到原位时进行；%I0.0用于在原位（%I0.1=1）时启动动力头工作，使步进计数器的第一步%SC1.1激活；%I0.2用于实现一工进到二工进的转换，使步进计数器前进，%SC1.2激活，%SC1.1复位；%I0.3用于实现二工进转快退的操作，使步进计数器再前进一步，%SC1.3激活，%SC1.2复位。

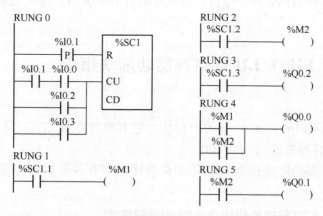

图10.44　用步进计数器实现动力头控制的程序

RUNG 1梯级用于设置快进标志%M1；RUNG 2梯级用于设置二工进标志%M2；RUNG 3梯级用于实现快退操作；RUNG 4梯级实现快进，并与RUNG 5梯级一起实现二工进操作。

【任务实施】

（1）列 I/O 分配表，见表 10-15。

（2）八只彩灯循环点亮 PLC 控制系统接线图如图 10.38 所示。

（3）程序设计见图 10.45。

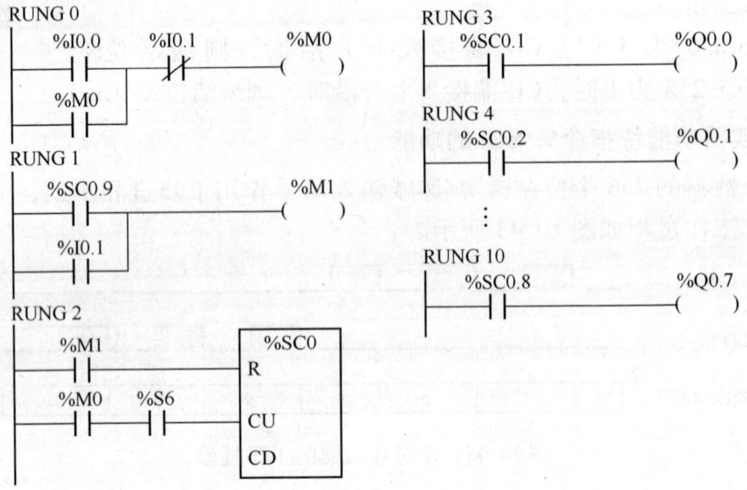

图 10.45　用步进计数器实现八只彩灯循环点亮控制的程序

通过任务 4 和任务 5 的实施，可以看到，移位寄存器和步进计数器用法上很相似，都可实现八只彩灯循环点亮控制系统的设计，值得注意的是每个移位寄存器只有 16 位，但可根据控制要求对多个位预置 1；而每个步进计数器有 256 个位，256 位中，只能有一位为 ON 状态。

【知识巩固】

设计一系统，要求：通过输入 %I0.2 递增步进计数器 %SC0。通过输入 %I0.3 或者当它达到步 3 时，把步进计数器 %SC0 复位。步 0 控制输出 %Q0.1，步 1 控制输出 %Q0.2，步 2 控制输出 %Q0.3。

10.7　任务七　FIFO/LIFO 寄存器功能块指令

寄存器是一个存储 16 个 16 位字的内存块，它有两种存储方式：队列式（先进先出），如 FIFO；堆栈式（后进先出），如 LIFO。

FIFO/LIFO 寄存器功能块指令 %Ri 用于按顺序保存有关数据，并在需要时将需要的数据取出。

1. FIFO/LIFO 寄存器功能块指令 %Ri 的编程格式

FIFO/LIFO 寄存器功能块指令 %Ri 的编程格式如图 10.46 所示，图中符号的意义如下：

（1）%Ri：为第 i 个 FIFO/LIFO 寄存器，在 NEZA 系列 PLC 中共有 4 个 FIFO/LIFO 寄存器，即 i = 0 ～ 3。

（2）R：为寄存器复位端，当其上升沿到来时，寄存器复位。

（3）I：为寄存器输入控制端，当其上升沿到来时，将输入字%Ri.I的内容存入寄存器中。

（4）O：为寄存器输出控制端，当其上升沿到来时，将寄存器中的字根据指令要求（FIFO 先进先出或 LIFO 先进后出）输出到%Ri.O 中。

（5）E：为空输出，当寄存器无数据存在时，%Ri.E = 1。

（6）F：为满输出，当寄存器已装入 16 个字后，%Ri.F = 1。

（7）TYPE F：为寄存器的类型。当 TYPE 选择 FIFO 时，类型提示为 TYPE F；当 TYPE 选择 LIFO 时，类型提示为 TYPE L。寄存器类型的选择通过 PL707 for Neza 扩展指令中的 %Ri – 寄存器来设定，如图 10.47 所示。

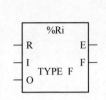

图 10.46　FIFO/LIFO 寄存器　　　　图 10.47　FIFO/LIFO 寄存器的选择设置
　　　　　　编程格式

（8）%Ri.I：为寄存器输入字，进入寄存器的字值必须首先写入寄存器输入字%Ri.I 中。

（9）%Ri.O：为寄存器输出字，从寄存器取出的字存入寄存器输出字%Ri.O 中。

2. FIFO/LIFO 寄存器功能块指令%Ri 的功能

（1）FIFO（先进先出）功能。当输入控制端 I 出现上升沿时，即接到一个存储请求，则将输入字%Ri.I 中的值存入寄存器（最顶端）中。若寄存器已满（%Ri.F = 1），则不可以再存入数据。

当输出控制端 O 出现上升沿时，即接到一个取出请求，则将寄存器最底部的数据装入输出字%Ri.O，并且寄存器中的其他数据都往底部移动一格。若寄存器已空（%Ri.E = 1），则不能再从寄存器中取出数据，输出字%Ri.O 不变，保持原值。

当复位端 R 出现上升沿时，寄存器复位。FIFO（先进先出）寄存器工作过程如图 10.48 所示。

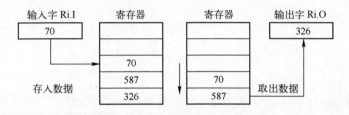

图 10.48　FIFO 寄存器工作过程示意图

（2）LIFO（后进先出）功能。当输入控制端 I 出现上升沿时，即接到一个存储请求，则将输入字 % Ri. I 中的值存入寄存器（最顶端）中。若寄存器已满（% Ri. F = 1），则数据不能存入。

当输出控制端 O 出现上升沿时，即接到一个取出请求，则将寄存器最顶部的数据（最后进入的数据）装入输出字 % Ri. O，寄存器中的其他数据不变，指针向下移动一个单元。若寄存器已空（% Ri. E = 1），则不能从寄存器中取出数据，输出字 % Ri. O 不变，保持原值。

当复位端 R 出现上升沿时，寄存器复位。LIFO（后进先出）寄存器工作过程如图 10.49 所示。

图 10.49　LIFO 寄存器工作过程示意图

习　题　10

10.1　定时器功能块指令有哪几种功能？如何实现？

10.2　计数器功能块指令有哪几种功能？如何实现？

10.3　鼓形控制器的"控制位"、"控制步"设置时，需要注意哪些问题？

10.4　有彩灯 4 盏、按钮 1 只，要求按钮按一下亮一盏灯，按钮按两下亮两盏灯，按钮按三下亮三盏灯，按钮按四下亮四盏灯，按钮按五下灯全灭，试编写梯形图程序。

10.5　设计一程序，按下常开按钮 % I0.0 时，可使负载 % Q0.0 运行 600 秒，按下常开按钮 % I0.1 时，可使负载 % Q0.0 运行 900 秒，% Q0.1 做急停按钮。

10.6　有彩灯 7 盏，试编制控制程序实现控制过程：彩灯向左或向右循环点亮，直到发出停止信号停止工作，灯亮及间隔时间均为 2s。

10.7　设计一台皮带运输机传动系统，分别用电动机 M_1，M_2，M_3 带动，控制要求：按下启动按钮后，三台电机按 $M_3 \rightarrow M_2 \rightarrow M_1$ 顺序启动，启动时间间隔 3S。正常运行时，三台皮带机均工作；按下停止按钮时，停止顺序是：$M_1 \rightarrow M_2 \rightarrow M_3$。

模块 11　数据处理指令的应用

知识目标

（1）掌握数据传送指令的编程格式、功能及应用；

（2）掌握数据比较指令的编程格式、功能及应用；

（3）掌握数据运算指令的编程格式、功能及应用；

（4）掌握数据移位指令的编程格式、功能及应用；

（5）掌握数据转换指令的编程格式、功能及应用。

能力目标

（1）能对 PLC 进行 I/O 分配，提高应用 PLC 的能力；

（2）能根据控制要求设计 PLC 的外围电路；

（3）会根据控制要求设计梯形图程序；

（4）能应用数据处理指令简化程序的方法和技巧，增强应用处理指令的意识。

在实际的控制过程中，需要用到大量非开关量的数据，对这些生产现场的数据需要进行采集、分析和处理，进而实现对生产过程的自动控制。PLC 的数据处理指令主要包括数据的传送、比较、运算、移位、转换等。

11.1　任务一　数据的传送

【任务提出】

运料小车运行方向的自动控制。小车可根据工位的呼叫信号，自动向呼叫工位移动。如何操作？这一节学习的数据传送指令将实现此操作。

【相关知识】

1. 数据传送指令的格式及功能（见表 11-1 所示）

表 11-1　数据传送指令的格式

指令名称	梯　形　图	操作数 OP1	操作数 OP2	指　令　功　能
位串传送	OP1:=OP2	位串：% Mi：L，% Qi：L，% Si：L 字存储器：% MWi，% QWi，% SWi 间址字；% MW[MW]	立即数 字存储器：% MWi，% KWi，% IWi，% QW% SW 间址字：% MW[MW] 功能块字：% BLK. x 位串：% Mi：L，% Qi：L，% Si：L	数据传送指令：实现字、位串、字表的数据传送。当条件满足时，将 OP2 的值传送到 OP1
字传送				

指令名称	梯形图	操作数 OP1	操作数 OP2	指令功能
字表传送		字表：%MWi：L %SWi：L	立即数 字表：%MWi：L %KWi：L，%SWi：L 字存储器：%MWi， %KWi，%IWi，%QW， %SW 功能块字：%BLK.x	

2. 数据传送的类型

（1）位串传送。位串传送的操作有位串到位串、位串到字及字到位串三种，见表 11-2 所示。表中所对应的操作如图 11.1 所示。

表 11-2　位串传送举例

操作类型	梯　形　图	语　句　表
立即数到位串（图 11.1（a））	%I0.0　[%Q0:5:=1]	LD　%I0.0 [%Q0:5：=1]
位串到位串（图 11.1（b））	%I0.1　[%Q0:5:=%M8:5]	LD　%I0.1 [%Q0:5：=%M8:5]
位串到字（图 11.1（c））	%I0.2　[%MW5:=%M8:5]	LD　%I0.2 [%MW5：=%M8:5]
字到位串（图 11.1（d））	%I0.3　[%M8:5:=%MW5]	LD　%I0.3 [%M8:5：=%MW5]

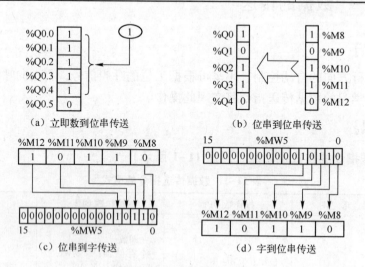

图 11.1　位串传送示意图

（2）字传送。主要包括字到字、字到间址字、间址字到字、立即值到字、立即值到间址字五种，见表 11-3 所示，表中部分对应的操作如图 11.2 所示。

表 11-3　字传送举例

操作类型	梯 形 图	语 句 表
字到字	%I0.0 ┤├ %SW112:=%MW10	LD %I0.0 [%SW112：=%MW10]
字到间址字	%I0.0 ┤├ %MW4[%MW50]:=%MW2	LD %I0.0 [%MW4[%MW50]：=%MW2]
间址字到字（图 11.2（a））	%I0.0 ┤├ %MW5:=%MW2[%MW4]	LD %I0.0 [%MW5：=%MW2[%MW4]]
间址字到间址字（图 11.2（b））	%I0.0 ┤├ %MW1[%MW5]:=%MW1[%MW7]	LD %I0.0 [%MW1[%MW5]：=%MW1[%MW7]]
立即值到字	%I0.0 ┤├ %MW10:=100	LD %I0.0 [%MW10：=100]
立即值到间址字	%I0.0 ┤├ %MW2[%MW4]:=500	LD %I0.0 [%MW2[%MW4]：=500]

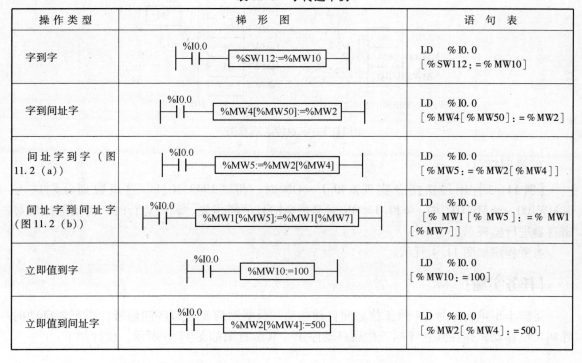

（a）间址字到字传送　　　　　　　　（b）间址字到间址字传送

图 11.2　字传送示意图

（3）字表传送。包括立即值到字表、字到字表及字表到字表传送三种，见表 11-4 所示，表中部分对应的操作如图 11.3 所示。

表 11-4　字表传送举例

操作类型	梯 形 图	语 句 表
立即值到字表（图 11.3（a））	%I0.0 ┤├ %MW0:3:=100	LD %I0.0 [%MW0:3=100]
字到字表（图 11.3（b））	%I0.2 ┤├ %MW0:5:=%MW20	LD %I0.2 [%MW10:5：=%MW20]
字表到字表	%I0.3 ┤├ %MW5:=%MW2[%MW4]	LD %I0.3 [%MW0:5：=%MW20:5]

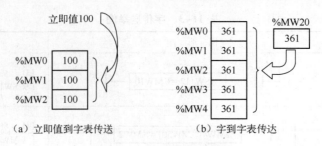

（a）立即值到字表传送　　　　　　（b）字到字表传达

图 11.3　字表传送示意图

3. 举例应用

【例 11-1】用传送指令实现 % I0.1 = ON 时，将"1949.10.1"这组数据分别送入 % MW100 ~ % MW102 中，% I0.0 = ON 时又可全清且清零优先。调试运行时，需用上位机对寄存器进行监视。

参考程序如图 11.4 所示。

【任务实施】

运料小车可在 1 号 ~4 号工位之间自动移动，只要对应工位有呼叫信号，小车会自动向呼叫工位移动，并在到达呼叫工位后自动停止，其示意图如图 11.5 所示。设计如下：

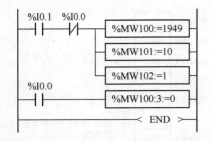

图 11.4　例 11-1 传送指令参考程序

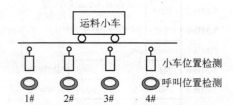

图 11.5　小车运行方向自动控制示意图

（1）列 I/O 分配表。见表 11-5 所示。

（2）绘制 PLC 控制系统接线图。如图 11.6 所示。

（3）程序设计。如图 11.7 所示。

表 11-5　小车运行方向控制的 I/O 分配表

输　　入			输　　出		
序号	输入端子	功　能	序号	输出端子	功　能
1	% I0.0	启动按钮 SB$_1$	5	% Q0.0	小车左移控制 KM$_2$
2	% I0.1	停止按钮 SB$_2$	6	% Q0.1	小车右移控制 KM$_1$
3	% I0.2 ~ % I0.5	小车位置检测信号 SQ$_1$ ~ SQ$_4$			
4	% I0.6 ~ % I0.9	呼叫位置检测信号 SB$_3$ ~ SB$_6$			

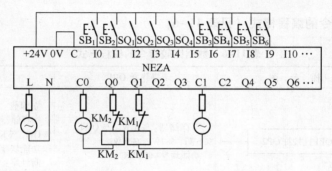

图 11.6 小车运行方向控制的系统接线图

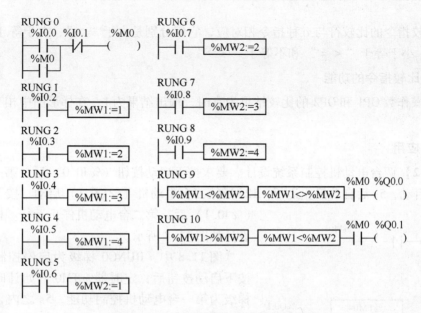

图 11.7 小车运行方向自动控制梯形图

11.2 任务二 数据的比较

【任务提出】

在实际的控制过程中，可能需要对两个操作数进行比较，比较条件成立时完成某种操作，从而实现相应控制。如：多台电动机分时启动控制。每隔10s相继自动启动，按下停止按钮，同时停车。

【相关知识】

比较指令是将两个操作数按指定的条件进行比较，它可以直接接到母线上，也可以与各种触点指令串并联。比较指令为上下限控制提供了极大的方便。

1. 数据比较指令的编程格式（见表 11-6）

表 11-6　数据比较指令的编程格式

指令名称	梯形图	操作数 OP1	操作数 OP2
大于			立即数
大于等于		字存储器：%MWi，%QWi，	字存储器：%MWi，%QWi，%SWi，
小于	OP1 比较符 OP2	%SWi，%IWi，%KWi	%IWi，%KWi
小于等于		功能块字：%BLK. x	功能块字：%BLK. x
不等于			间址字：%MWi[%MWi]
			%KWi[%MWi]

数据比较指令的比较符与五种指令相对应，它们分别是大于"＞"、大于等于"＞＝"、小于"＜"、小于等于"＜＝"和不等于"＜＞"。

2. 数据比较指令的功能

当两个操作数 OP1 和 OP2 的比较结果为真时，输出结果为 1，在梯形图中相当于常开触点的闭合。

3. 举例应用

【例 11-2】两台电动机控制系统设计。要求按下启动按钮（%I0.0）后，第一台电动机（%Q0.0）启动，5s 后自动停止运行；12s 后第二台电动机（%Q0.1）启动；按下停止按钮（%I0.1）后，第二台电动机停止运行。梯形图程序设计如图 11.8 所示。

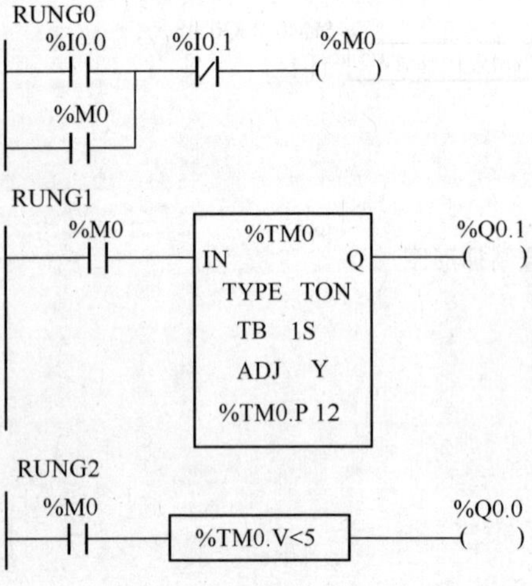

图 11.8 中，RUNG0 梯级为启停控制功能，当按下启动按钮后，定时器%TM0 开始计时；RUNG2 梯级为第一台电动机控制功能，5s 之内，定时器当前值满足"%TM0. V＜5"条件，故 RUNG2 梯级中，比较指令输出结果为 1，故%Q0.0 得电，第一台电动机启动；5s 后，定时器当前值不满足"%TM0. V＜5"条件，比较指令输出结果为 0，故%Q0.0 失电，第一台电动机停止运行；RUNG1 梯级为第二台电动机控制功能，在 12s 时，定时器定时时间到，定时器的输出位%TM0. Q 得电，故%Q0.1 得电，第二台电动机启动；按下停止按钮

图 11.8　两台电机控制系统梯形图程序

后，第二台电动机停止运行。

【任务实施】

假定三台电动机分别由%Q0.1、%Q0.2、%Q0.3 驱动，%I0.0、%I0.1 分别为三台电动机的分时启动按钮和同时停止按钮。设计如下：

（1）列 I/O 分配表，见表 11-7。

（2）绘制 PLC 控制系统接线图，如图 11.9 所示。

（3）程序设计。如图 11.10 所示。

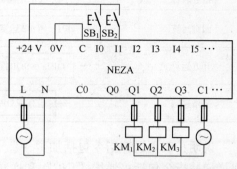

图 11.9　三台电动机分时启动接线图

表 11-7　三台电动机分时启动 I/O 分配表

输入 PLC 地址	说　明	输出 PLC 地址	说　明
%I0.0	启动按钮	%Q0.1	电动机 1
%I0.1	停止按钮	%Q0.2	电动机 2
		%Q0.3	电动机 3

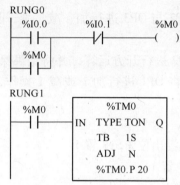

图 11.10　三台电动机分时启动梯形图控制程序

11.3　任务三　数据的运算

【任务提出】

在模拟量数据采集中，为了防止干扰，经常通过程序进行数据滤波，其中一种方法为平均值滤波法。要求每隔 100ms 采集一次模拟量输入通道的数据，采集 5 次后，剔除其中最高及最低两个数，然后对其余的 3 个数求平均值，并将作为采集值参与模拟量控制的运算中。

在这个程序中，需要用到运算指令，PLC 可以提供何种运算指令实现上述操作呢？

【相关知识】

工业控制中有不少场合要进行数据运算，其中算术及逻辑运算指令是基本的运算指令，主要实现数据的四则运算、开方运算、递增递减运算及逻辑"与"、"或"和取反等运算，多用于实现按数据的运算结果进行控制的场合，如工程量的标准化处理、自动配料系统等。

1. 算术运算指令

（1）算术运算指令的编程格式，见表 11-8。

表 11-8 算术运算指令的编程格式

指令名称	梯形图格式	操作数寻址
四则运算	OP1：=OP2 运算符 OP3	OP1：%MWi，%QWi，%SWi OP2&OP3： 立即数，%MWi，%QWi，%SWi，%KWi，%BLK.x
开方运算	OP1：=SQRT(OP2)	
递增递减	运算符 OP1	

说明： 四则运算指令包括加" + "、减" - "、乘" * "、除"／"和除法求余"REM"。递增递减指令包括：递增"INC"和递减"DEC"。

（2）算术运算指令的功能。

四则运算指令：当逻辑条件满足时，将 OP2 与 OP3 进行加、减、乘、除和除法求余运算，并将结果保存到 OP1 中。

开方运算指令：当逻辑条件满足时，将 OP2 进行开方运算，并将结果保存到 OP1 中。

递增递减运算指令：当逻辑条件满足时，将 OP1 进行加 1 或减 1 操作，并将结果保存到 OP1 中。

（3）算术运算指令对系统标志的影响。

加法运算超出 +32767 或 -32768 时，系统溢出位%S18 置 1。

减法运算结果小于 0 时，系统标志位%S17 置 1。

乘法运算超出范围时，系统溢出位%S18 置 1。

除法及除法求余运算时，若除数为 0 或运算结果超出范围时，系统溢出位%S18 置 1。

开方运算的操作数若为负值时，系统溢出位%S18 置 1。

当运算结果导致%S17 或%S18 被置 1 后，为再次执行运算，必须通过程序将%S17 或%S18 复位。

2. 逻辑运算指令

（1）逻辑运算指令的编程格式，见表 11-9。

（2）逻辑运算指令的功能。

当条件为 ON 时，AND 指令将 OP1 与 OP2 按位对应进行逻辑与操作。

当条件为 ON 时，OR 指令将 OP1 与 OP2 按位对应进行逻辑或操作。

当条件为 ON 时，XOR 指令将 OP1 与 OP2 按位对应进行异或操作。

当条件为 ON 时，NOT 指令将 OP2 按位对应进行逻辑取反操作。

表 11-9 逻辑运算指令的编程格式

指 令 名 称	梯形图格式	操作数寻址
与（AND）	OP1：=OP2 运算符 OP3	OP1：%MWi，%QWi，%SWi OP2&OP3： 立即数，%MWi，%QWi，%IWi，%SWi，%KWi，%BLK.x
或（OR）		
异或（XOR）	运算符（OP2）	
取反（NOT）		

注意：在取反指令中，操作数 OP2 不能为立即数。

3. 举例应用

【例11-3】试用算术运算指令完成计算：$\sqrt{\dfrac{[(20+8)-12]\times16}{4}}$。

要求：（1）%I0.7 = ON 时计算；%I0.6 = ON 时全清零。

（2）各步运算结果存入%MW105～%MW109 中，记录下来。

参考程序见图11.11。

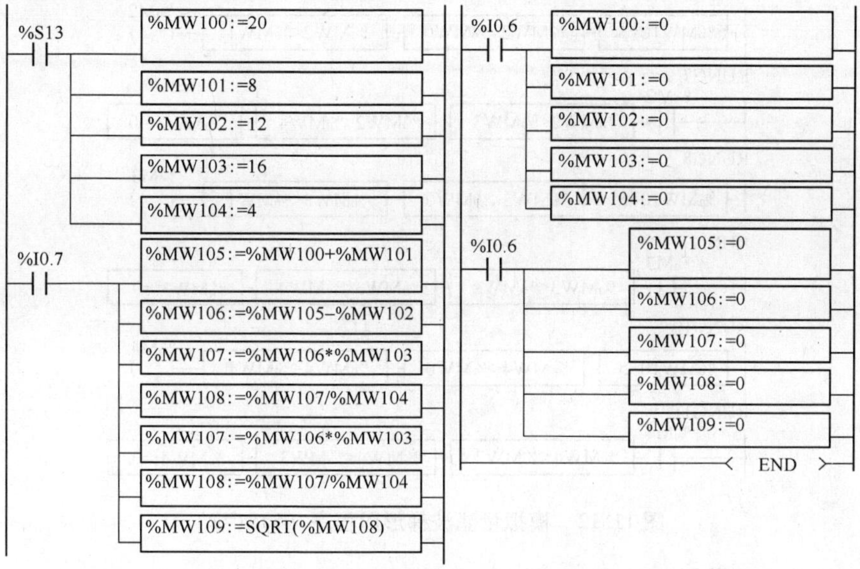

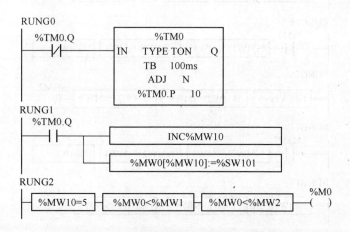

图11.11　例11-3 算术运算指令的参考程序

【任务实施】

设计平均值滤波法程序遇到的问题主要是数据的采集、模拟量采集周期的控制、剔除最大值与最小值及平均值的计算等。本任务采用 NEZA 系列 PLC 的数据处理指令，梯形图如图11.12 和图11.13 所示。

图11.12　模拟量滤波梯形图程序（1）

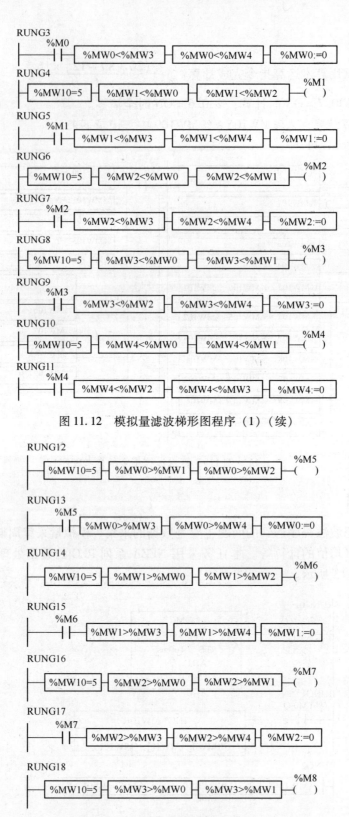

图 11.12　模拟量滤波梯形图程序（1）（续）

图 11.13　模拟量滤波梯形图程序（2）

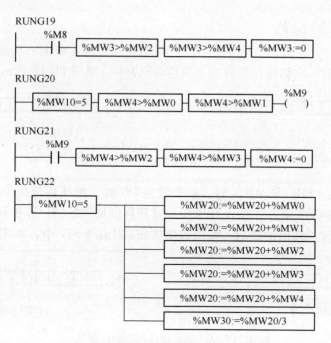

图 11.13　模拟量滤波梯形图程序（2）（续）

11.4　任务四　数据的移位

【任务提出】

制作彩灯控制器。要求：按下启动按钮，8 只彩灯从左到右以 1s 的速度依次点亮，到达最右端后，再从左到右依次点亮，如此循环；按下停止按钮后，彩灯循环停止。

思考：用前面学过的指令能不能实现上述控制目的？实现的过程有没有问题？

在学习数据移位指令的知识后，你会发现，完成这个任务有更简捷的方法。

【相关知识】

移位指令的作用是将存储器中的数据按要求进行移位。在控制系统中可用于数据的步进控制等。移位指令分为左、右移位，循环左、右移位两类。

1. 数据移位指令的编程格式（见表 11-10）

表 11-10　数据移位指令的编程格式

指 令 名 称	梯形图格式	操作数寻址
逻辑移位		OP1：%MWi，%QWi，%SWi
循环移位	─OP1：=运算符─	OP1：%MWi，%QWi，%IWi，%SWi，%KWi，%BLK.x

说明：表中移位指令包括逻辑移位和循环移位，对逻辑移位指令，其运算符为逻辑左移"SHL"、逻辑右移"SHR"；对循环移位指令，其运算符为循环左移"ROL"、循环右移"ROR"。

2. 数据移位指令的功能

当条件为 ON 时，逻辑移位指令将 OP2 中的数据按位向左或向右移动 I 位，并存入 OP1 中，存储单元的最后一次移出位保存在系统位%S17 中，如图 11.14 所示。

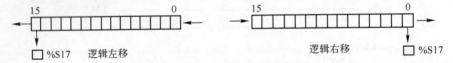

图 11.14 逻辑移位指令的功能图

例如，% MW0：= SHL(% MW2,5)。当条件为 ON 时，循环移位指令将 OP2 中的数据按位向左或向右循环移动 I 位，并存入 OP1 中，循环移位是环形的，即被移出来的位将返回到另一端空出来的位置，移出的最后一位的数值放在系统位%S17 中，如图 11.15 所示。

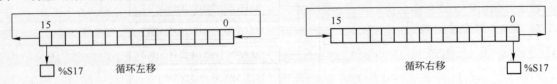

图 11.15 循环移位指令的功能图

【任务实施】

8 只彩灯分别接% Q0.0 ~ % Q0.7，可以用逻辑左移指令进行控制。设计如下：

（1）列 I/O 分配表，见表 11-11。

（2）绘制 PLC 控制系统接线图，如图 11.16 所示。

（3）程序设计如图 11.17 所示。

表 11-11　8 只彩灯循环点亮系统 I/O 分配表

输入 PLC 地址	说　明	输出 PLC 地址	说　明
% I0.0	启动按钮	% Q0.0	L1 彩灯
% I0.1	停止按钮	% Q0.1	L2 彩灯
		⋮	⋮
		% Q0.7	L8 彩灯

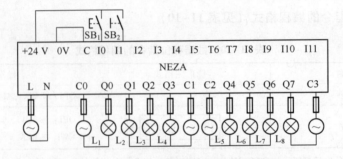

图 11.16　8 只彩灯循环点亮系统接线图

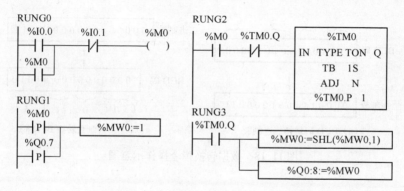

图 11.17 8 只彩灯循环点亮的控制程序

11.5 任务五 数据的转换

【任务提出】

在实际的控制过程中，经常要对不同类型的数据进行运算。为了实现数据处理时的数据匹配，要对数据格式进行转换。

将两片 BCD 拨码盘输入的信号进行二进制转换，如何操作？

【相关知识】

数据转换指令的作用是对不同数制间数据的转换，它包括 BCD 码与二进制数之间的转换。

1. 数据转换指令

（1）数据转换指令的编程格式，见表 11-12。

表 11-12 数据转换指令的编程格式

指 令 名 称	梯形图格式	操作数寻址
BCD 码转二进制数	OP1：= 运算符（OP2）	OP1：% MWi、% QWi、% SWi
二进制数转 BCD 码		OP2：% MWi、% KWi、% IWi、% QWi、% SWi、% BLK. x

（2）说明。

① BCD 码转二进制指令，其运算符为"BTI"。例如，% MW0：= BTI(% MW10)

② 二进制数转 BCD 码指令，其运算符为"ITB"。例如，% MW1：= ITB(% MW12)

2. 数据转换指令的功能

如将 3650 的 BCD 码转换成二进制数时，则为 0000111001000010，如图 11.18（a）所示；将二进制数 0000000000001111 转换成 BCD 码时，其值为 15，如图 11.18（b）所示。

【任务实施】

将两片 BCD 拨码盘接入从% I0.0 开始的连续的 PLC 输入接线端子上，接线图如

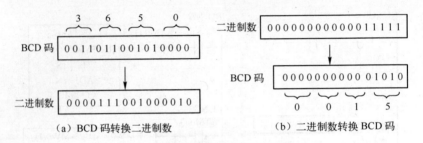

（a）BCD 码转换二进制数　　　　　（b）二进制数转换 BCD 码

图 11.18　数据转换指令操作示意图

图 11.19 所示。

为了将输入的 BCD 码与 PLC 内存中其他数据进行比较、运算等，需要对 BCD 输入的信号进行二进制转换，其转换程序如图 11.20 所示，转换结果存入%MW2 中。

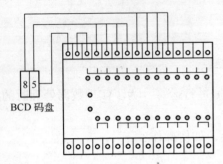

图 11.19　两片 BCD 拨码盘与 PLC 的连接

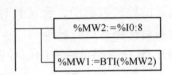

图 11.20　BCD 拨码盘码到二进制数的转换程序

习　题　11

11.1　用一个转换开关的 3 个不同位置（I0.0、I0.1、I0.2）对定时器的预设值进行预设，设定时器预设值为 20s、30s 和 40s。试用数据传送指令通过编程来实现。

11.2　现有 5 盏彩灯，希望彩灯向左或向右依次循环点亮，直到发出停止信号为止，灯亮及间隔时间均为 3s。试采用循环指令或移位寄存器功能块指令编写程序。

11.3　用定时器和比较指令组成占空比可调的脉冲发生器。

11.4　试用数据转换指令，用 6 路输入开关 $K_1 \sim K_6$ 实现优先抢答控制。

模块 12　NEZA 特殊指令应用

12.1　任务一　程序控制指令

【任务提出】

当三相异步电动机全压直接启动时，启动电流一般为正常工作电流的 4~7 倍。在电动机功率较大的情况下，直接启动将导致电源变压器输出电压下降，不仅降低电动机本身的启动转矩，而且会影响同一供电线路中其他电气设备的正常工作。为了限制异步电动机启动电流过大，对于正常运转时定子绕组作三角形（Δ）连接的电动机，启动时先使定子绕组接成星形（Y），电动机开始转动，待电动机达到一定转速时，再把定子绕组改成三角形连接，使电动机正常运行。某加工车间的一台机床的主轴电动机就是采用如图 12.1 所示的三相异步电动机 Y – Δ 降压启动的继电控制电路进行控制的。

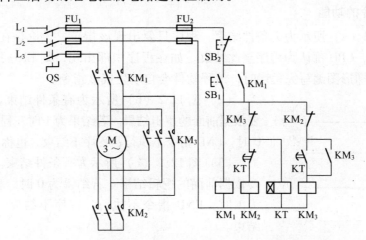

图 12.1　三相异步电动机 Y – Δ 降压启动的继电控制电路

本任务内容是用 PLC 控制系统来实现对上述三相异步电动机的 Y – Δ 降压启动控制的改造，并带有手动/自动切换功能。具体要求如下：

（1）能够用按钮控制电动机的启动和停止。

（2）能够用选择开关来进行手动/自动选择。

（3）当选择"自动"模式启动时，电动机启动时定子绕组接成星形，延时一段时间后，自动将电动机的定子绕组换接成三角形。

（4）当选择"手动"模式启动时，电动机启动时定子绕组接成星形，再次按下启动按钮后，电动机的定子绕组换接成三角形。

（5）在启动及运行阶段，各配有相应的指示灯。

（6）利用 PLC 的程序控制指令实现上述任务。

【相关知识】

程序控制指令主要包括程序结束指令、跳转指令、子程序调用指令等，它们主要用于控制程序的执行过程，引导程序进行有计划的工作。

12.1.1 程序结束指令 END

每个完整的程序最后必须有一条 END 指令。CPU 在执行循环扫描时识别到 END 指令，才认为用户程序结束。程序结束指令包括无条件结束指令和有条件结束指令两类，有条件结束指令又分为正逻辑结束指令和负逻辑结束指令。

1. END 指令的编程格式

END 指令的编程格式如图 12.2 所示。

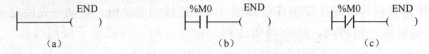

图 12.2 END 指令的编程格式

2. END 指令的功能

（1）图 12.2（a）所示为无条件结束。程序只要出现该指令，无论是在用户程序结尾，还是在程序中部，CPU 都认为程序至此结束。如在程序中部出现，则 END 指令之后的程序均不执行。在用梯形图编写完程序时，编程软件会自动生成该指令。

（2）图 12.2（b）所示为有条件结束。是否结束程序要依据前面的逻辑结果。若结果为 1 时，程序结束；结果为 0 时，END 指令不执行，程序不结束。也称为正逻辑结束。

（3）图 12.2（c）所示为有条件结束。是否结束程序要依据前面的逻辑结果。若结果为 0 时，程序结束；结果为 1 时，END 指令不执行，程序不结束。也称为负逻辑结束。

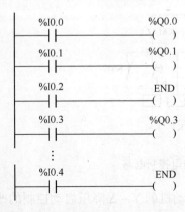

图 12.3 END 指令的示例控制程序

3. 举例应用

END 指令的示例控制程序如图 12.3 所示。在本例中，如果% I0.2 = 1，则程序结束，后面的程序不执行；若% I0.2 = 0，则继续程序扫描，直至新的 END 指令。

12.1.2 跳转指令 %Li

跳转指令用于控制程序的执行顺序。经常在程序运行期间出现不同分支程序时使用。例如手动/自动切换时常用跳转指令。

1. 跳转指令的编程格式

跳转指令的编程格式如图 12.4 所示。各参数说明如下：

（1）跳转目的行% Li，% Li 在程序输入时应特别设置。

（2）标号%Li在程序中只能定义一次。

（3）在NEZA系列PLC中，同一程序跳转指令最多可以使用16次，即：i = 0~15。

（4）程序跳转可以向上也可以向下。当向上跳转时，应注意程序的扫描时间。延长扫描时间可能导致警戒时钟超时而停止PLC运行。

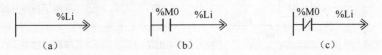

图12.4　跳转指令的编程格式

2. Li指令的功能

（1）图12.4（a）所示为无条件跳转。程序执行到该指令时，立即执行跳转目的行%Li，直至程序结束。而从Li指令出现处到目的行%Li之间的程序不执行。

（2）图12.4（b）所示为有条件结束指令。程序执行要依据前面的逻辑结果。若结果为1时，程序执行跳转；结果为0时，跳转指令不执行。也称为正逻辑跳转。

（3）图12.4（c）所示为有条件结束指令。程序执行要依据前面的逻辑结果。若结果为0时，程序执行跳转；结果为1时，跳转指令不执行。也称为负逻辑跳转。

3. 举例应用

【例12-1】某系统有两种运行模式：%I0.0为两种模式选择开关。若未按下%I0.0，则运行第一种模式，由%I0.1和%I0.2来分别控制%Q0.0的得电与失电；由%I0.3和%I0.4来分别控制%Q0.1的得电与失电；若按下%I0.0，则运行第二种模式，系统只由%I0.3和%I0.4来分别控制%Q0.1的得电与失电。试用跳转指令实现。

系统梯形图设计如图12.5所示。图中未按下%I0.0时，则顺序扫描执行RUNG1、RUNG2、RUNG3（%L1）；若按下%I0.0时，则程序执行跳转，直接执行%L1段程序。

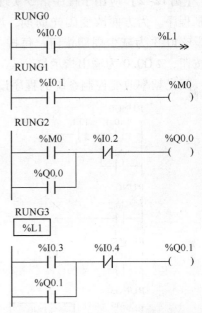

图12.5　两种运行模式选择系统梯形图

12.1.3　子程序指令%SRi

子程序指令用于实现某一特定操作，独立于主程序之外，在需要时根据条件调用。

1. 子程序指令的编程格式

子程序指令的编程格式及功能如表12-1所示。在NEZA系列PLC中，同一程序中子程序指令最多可以使用16次，即：i = 0~15。

表 12-1 子程序指令的编程格式及功能

指令名称	梯形图	语句表	功能
子程序调用		SRi:	当前面的逻辑结果为 1 时，调用标号为 SRi: 的子程序
子程序标号	SRi:	SRi:	标明子程序开始
子程序返回	─┤ ├──(RET)──	RET	子程序结束，返回主程序

2. 指令说明

（1）子程序开始和子程序结束指令必成对出现。

（2）一个子程序不可以调用另一个子程序，即子程序不能嵌套使用。

（3）主程序结束时一定要有 END 指令。

3. 举例应用

【例 12-2】应用子程序指令实现闪光频率的改变控制。闪光周期为 2s（占空比 1:1）的控制程序。为方便改变闪光周期，增设 %I0.2 为增加周期按钮，每按一次，周期增加 1s；增设 %I0.3 为减少周期按钮，每按一次，周期减少 1s。设 %I0.0 为启动按钮，%I0.1 为停止按钮，%Q0.0 为输出指示灯。

闪光频率改变控制系统的程序设计如图 12.6 所示。

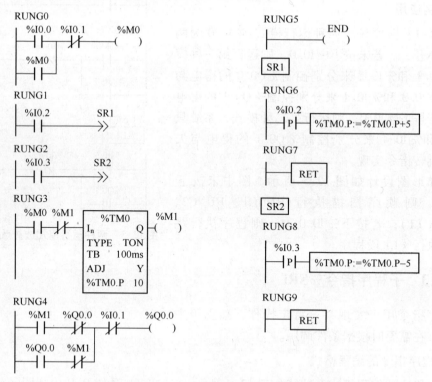

图 12.6 应用子程序实现闪光频率改变的控制程序

【任务实施】

1. 列 I/O 分配表（见表 12-2）

表 12-2　带手动/自动切换的电动机 Y-Δ 降压启动控制 I/O 分配

输　　入			输　　出		
设备名称	PLC 端子	说明	设备名称	PLC 端子	说明
按钮 SB₁	%I0.1	启动按钮（包括手动切换控制）	KM₁	%Q0.0	主电源接触器
按钮 SB₂	%I0.2	停止按钮	KM₂	%Q0.1	Y 连接接触器
选择开关 SA	%I0.3	手动/自动选择开关	KM₃	%Q0.2	Δ 连接接触器
			L₁	%Q0.3	启动指示灯
			L₂	%Q0.4	运行指示灯

2. 绘制主线路与 PLC 控制回路接线图

（1）系统主线路图如图 12.7 所示。

（2）PLC 控制回路接线图如图 12.8 所示。

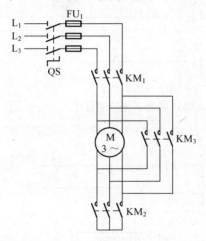

图 12.7　带手动/自动切换的电动机 Y-Δ
降压启动控制主电路图

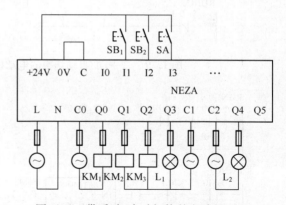

图 12.8　带手动/自动切换的电动机 Y-Δ
降压启动 PLC 控制回路接线图

3. 程序设计

带手动/自动切换的电动机 Y-Δ 降压启动系统控制程序设计如图 12.9 所示。

【知识巩固】

应用子程序指令和鼓形控制器功能块指令实现灯光变化。启动按钮 %I0.0，停止按钮 %I0.1，模式选择按钮 %I0.2；8 盏灯 %Q0.0 ~ %Q0.7。程序启动后，若按下模式选择按钮，8 盏灯按两灯依次串行点亮并循环；若不按选择控制按钮，灯光按间隔一灯依次串行点亮并循环。灯光变化周期设为 4s。

本系统控制程序如图 12.10 所示。鼓形控制器功能块指令参数配置如图 12.11 所示。

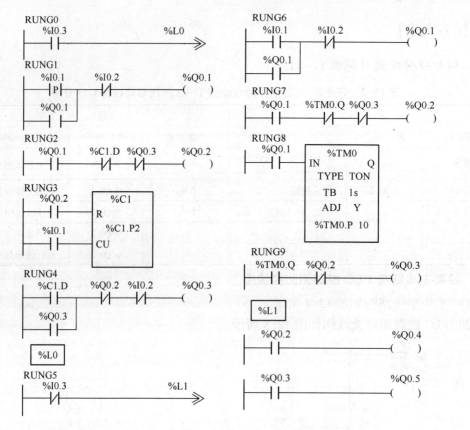

图 12.9　带手动/自动切换的电动机 Y−Δ 降压启动系统控制程序

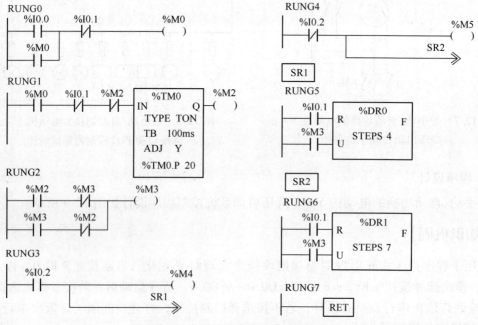

图 12.10　应用子程序指令实现灯光变化

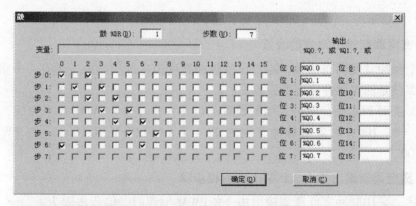

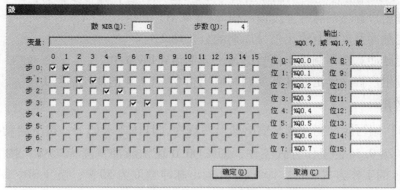

图 12.11 鼓形控制器功能块指令参数配置

12.2 任务二 专用功能指令

专用功能模块指令在 NEZA 系列 PLC 中主要包括脉冲宽度调制输出指令%PWM、脉冲发生器输出指令%PLS、高速计数器指令%FC 和通信指令等。

12.2.1 脉冲宽度调制输出指令%PWM

脉冲宽度调制输出指令%PWM 用于在 PLC 的输出端子%Q0.0 上生成一个方波信号,方波信号周期不变而宽度可调,常用于直流电动机的调速或加热炉温度的控制等。

1. 脉冲宽度调制输出指令%PWM 的编程格式

脉冲宽度调制输出指令的编程格式如图 12.12 所示。图中各参数说明如下:

(1)%PWM 表明该指令的操作者属性为脉宽调制输出。

(2) IN 为脉宽调制指令的使能输入信号。当其为 1 时,脉宽调制输出由%Q0.0 输出;当其为 0 时,%Q0.0 置 0。

(3) TB 为脉冲宽度调制信号周期的分辨率,有 0.1ms、10ms 和 1s 3 个值可选。

(4)%PWM.P 为脉宽调制信号预设周期。脉宽调制信号的周期 $T = \%PWM.P \times TB$,频率越低,所选的%PWM.P 值应越大。所得周期的范围为:当 $TB = 10ms$ 或 $1s$,

```
        %PWM
 ───────IN
        TB    1ms
        PRESET
```

图 12.12 %PWM 指令编程格式

%PWM.P $=0\sim32767$；当 TB $=0.1ms$，%PWM.P $=0\sim255$。

2. 脉冲宽度调制输出宽度的设置

对于一个脉冲宽度调制信号，除要设置脉冲宽度信号的周期外，还有一个很重要的参数需要设定，那就是输出脉冲宽度的设置。

在 NEZA 系列 PLC 中，脉冲宽度的设置通过用户程序写%PWM.R 来完成，其设置范围为%PWM.R $=0\sim100$，对应的脉冲宽度为 Tp $=$ T $\times$（%PWM.R/100）$=$ %PWM.P $\times$ TB $\times$ %PWM.R/100。

3. 脉冲宽度调制输出指令%PWM 的编程步骤

综上所述，采用脉冲宽度调制输出指令%PWM 编程时，编程步骤为：

（1）通过用户程序写脉冲宽度设定值%PWM.R。

（2）设定脉冲宽度调制输出信号周期的分辨率 TB。

（3）设定脉冲宽度调制输出信号的预设周期值%PWM.P。

（4）通过用户程序确定脉冲宽度调制输出指令%PWM 的使能信号 IN。

4. 举例应用

【例 12–3】编写脉冲宽度调制输出梯形图程序，具体要求如下：按下启动按钮 SB_1，灯 L_0 以亮 1.5s、灭 0.5s 的工作方式工作，即%Q0.0 输出脉冲宽度为 75%；按下 SB_0 时，L_0 以亮 1s、灭 1s 的工作方式工作，即%Q0.0 输出脉冲宽度为 50%；松开 SB_0，%Q0.0 又恢复开始时的工作状态；按下停止按钮 SB_2，%Q0.0 停止输出。工作时序图如图 12.13 所示，系统接线图如图 12.14 所示，控制程序设计梯形图如图 12.15 所示。

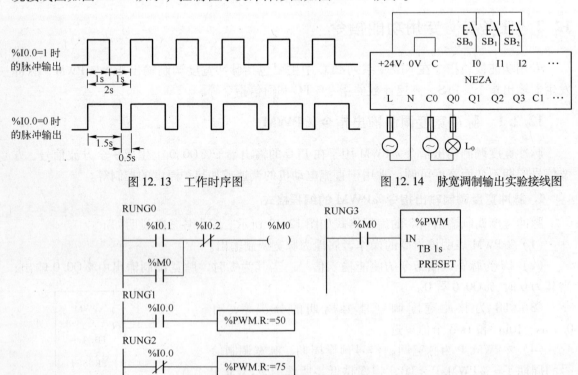

图 12.13　工作时序图　　　　图 12.14　脉宽调制输出实验接线图

图 12.15　%PWM 指令演示程序

%I0.0用于设置脉冲输出宽度。当%I0.0为ON时，脉冲宽度设置为周期的50%；当%I0.0为OFF时，脉冲宽度设置为周期的75%。图中%I0.1用于启动%PWM输出，当%M0为ON时，%Q0.0有脉冲输出；%I0.2用于停止脉冲输出，即当%M0为OFF时，%Q0.0复位为0。由此例可以看出，为了实现输出平均电压的可控调节，只需要在程序中修改脉冲宽度%PWM.R即可。

12.2.2 脉冲发生器输出指令%PLS

脉冲发生器输出指令%PLS可通过%Q0.0输出占空比为50%的方波信号，其周期可通过程序配置。通常可用于步进电动机的速度控制。

1. 脉冲发生器输出指令%PLS的编程格式

脉冲发生器输出指令%PLS的编程格式如图12.16所示，参数说明如下：

（1）%PLS表明该指令的操作属性为脉冲输出。

（2）IN为脉冲发生器输出指令的使能输入信号，当其为1时，输出%Q0.0处生成信号，当其为0时，%Q0.0置0。

（3）TB为输出脉冲周期的分辨率，有0.1ms、10ms和1s三个值可选。

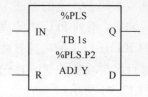

图12.16 %PLS指令编程格式

（4）%PLS.P为输出脉冲周期的设定值，要求必须为偶数。脉宽输出信号的周期=%PLS.P×TB，其范围为当TB=10ms或1s,%PLS.P=0~32767；当TB=0.1ms,%PLS.P=0~255。

2. 脉冲发生器输出指令%PLS的编程步骤

（1）通过编程终端确定脉冲周期设定值%PLS.P。

（2）设定脉冲发生器输出信号周期的分辨率TB。

（3）通过用户程序或编程终端的数据编辑器设定脉冲发生器输出信号的脉冲个数%PLS.N。

（4）通过用户程序确定脉冲发生器输出指令%PLS的使能信号IN。

3. 脉冲宽度调制输出指令%PWM应用举例

【例12-4】编写一个周期为2s，占空比为50%的脉冲程序，要求输出脉冲的个数可选择为10个或30个。

PLC控制回路接线图如图12.14所示；控制程序设计如图12.17所示，图中%I0.1与%I0.2用于脉冲发生器输出启停控制,%I0.0用于设定脉冲发生器输出的脉冲个数。TB设定

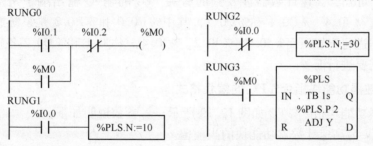

图12.17 %PLS指令演示程序

为 1s，%PLS.P 设定为 2。

按下启动按钮 SB$_1$（%I0.1），可看到 L0 以亮 1s、灭 1s 的方式工作，在%Q0.0 输出 30 个脉冲后，系统停止；按下 SB$_0$（%I0.0）时，L0 仍以亮 1s、灭 1s 的方式工作，但在 %Q0.0 输出 10 个脉冲后停止。

由此例可知，用户可以根据步进电动机的转动精度（步距角）确定脉冲发生器输出脉冲的个数，从而控制步进电动机所拖动负载的机械位移。

12.2.3　高速计数器功能指令%FC

PLC 中高速计数器功通常用于处理比 PLC 扫描周期还要快的事件。例如，旋转编码器每周产生 200 个脉冲，每分钟旋转 1500 转，则这个旋转编码器每毫秒产生的脉冲数为 5 个，这样高的脉冲频率远远超出了 PLC 的正常扫描周期（10～150ms），故采用普通计数器将无法捕捉编码器产生的脉冲。

NEZA 系列 PLC 中的高速计数器功能块是独立于 PLC 扫描周期以外的专用功能块，可处理 10kHz 以下的高速脉冲，具有高速加计数器、频率计和高速加/减计数器功能。在使用高速计数器功能块时，首先需通过编程终端对其进行不同的选择和设置，其对应的设置界面如图 12.18 所示。

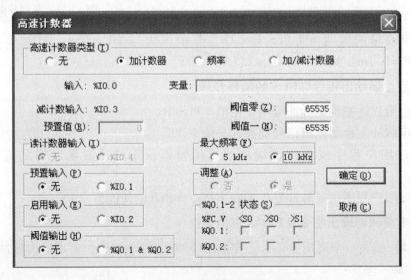

图 12.18　高速计数器功能块应用设置界面

由图 12.18 可知，高速计数器涉及到的有关 PLC 的输入/输出端子是%I0.0，%I0.1，%I0.2，%I0.3，%I0.4，%Q0.1 和%Q0.2，其中%I0.0 和%I0.3 是系统默认的加、减计数输入端，不需进行配置，而%I0.1，%I0.2，%I0.4，%Q0.1 和%Q0.2 各输入/输出端子，则可根据用户需要进行配置。

1. 高速计数器功能块指令%FC 的编程格式

高速计数器功能块指令%FC 如图 12.19 所示。各参数说明如下：

（1）%FC.V 为高速计数器功能块的当前值。

（2）%FC.P 只供高速加/减计数器功能用，为功能块的预设值，其范围为 0～65535。

（3）%FC. S0 和%FC. S1 是通过编程终端配置界面为高速加计数器或高速加/减计数器配置的两个阈值0和1，该值也可通过程序来改变，阈值%FC. S0 应小于%FC. S1。

（4）IN 为使能输入端，当其为1时激活高速计数功能。该使能的激活方法还可以通过设置%I0.2 来实现。

（5）S 为高速加计数器或高速加/减计数器的预置输入端。对于高速加计数器，当其值为1时，将当前值复位；对于高速加/减计数器，当其值为1时，把当前值设为预设值。该功能也可通过设置 I0.1 来完成。

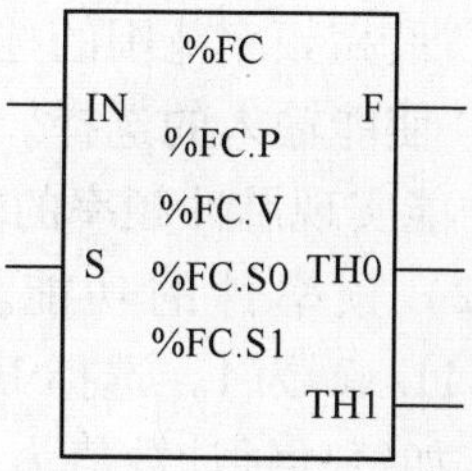

图 12.19　高速计数器编程格式

（6）F 为高速计数器溢出位。当高速计数器的当前值%FC. V 大于 65535 时，%FC. F 为1。

（7）%FC. TH0 和%FC. TH1 是与阈值0和阈值1相对应的阈值输出位。当高速计数器的当前值大于或等于阈值时，相应的阈值输出位将置1。

使用高速计数器功能块时，除要进行如图 12.18 所示的必要设置外，还应考虑上述编程格式中提到的一些与高速计数器有关的参变量的使用。

2. 高速加计数器的配置方法与功能

（1）高速加计数器的配置。由图 12.18 所示的高速计数器应用设置界面可知，使用高速加计数器时可进行以下配置：

① 阈值的设置。将所需要的阈值0和阈值1填入设置栏中。该值也可通过写%FC. S0 和%FC. S1 来改变。

② 最高频率的设置。根据输入脉冲的最高频率，确定高速计数器的最高频率。

③ 使能输入选择。若不选择%I0.2 作为使能输入位，则需要通过编程激活 IN 输入端才能实现对%I0.0 的计数。

④ 复位输入的选择。若不选择%I0.1 作为复位输入，则需通过编程使 S 端为1态，来实现对高速计数器的复位操作。

⑤ 阈值输出位的选择。若不选择%Q0.1，%Q0.2 作为阈值输出位，那么需要考虑使用高速计数器内部的阈值输出位%FC. TH0 和%FC. TH 1。若选择了%Q0.1、%Q0.2 作为阈值输出位，则还应就高速计数器的当前值%FC. V 与阈值%FC. S0 和%FC. S1 的关系在配置中进行设置，以明确%Q0.1、%Q0.2 的动作范围。

（2）高速加计数器的功能。当高速加计数器的使能位%I0.2（或高速加计数器的使能端 IN）为1时，高速加计数器对输入脉冲%I0.0 进行计数。当计数器的当前值%FC. V 大于或等于阈值0% FC. S0 时，阈值0输出位%FC. TH0 置1；当计数器的当前值%FC. V 大于或等于阈值1% FC. S1 时，阈值1输出位%FC. TH1 置1；若在配置中选择了%Q0.1、%Q0.2 作为阈值输出位，则当高速计数器的当前值%FC. V 达到某一配置要求时，%Q0.1 或%Q0.2 置1。

3. 频率计的配置方法与功能

（1）频率计的配置。由图 12.20 所示的高速计数器配置界面可知，使用高速计数器功能块作频率计时，其设置只有两项可选：

① 最高频率范围的选择。即根据所测信号频率的最大值，确定是选5kHz还是10kHz。

② 使能输入的选择。若不选择%I0.2作为使能输入信号，则需通过编程使IN为1态，这样才能实现脉冲频率的输入。

（2）频率计的功能。频率计在单位时间内（默认为1s，也可通过程序置系统位%SW111.x2为1，选择100ms）对输入脉冲信号%I0.0进行计数，所计结果即为脉冲的频率值。如每秒钟计数值为1000，则脉冲信号的频率即为1kHz。

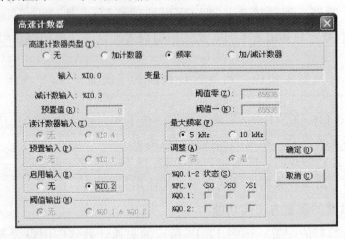

图12.20　频率计配置界面

4. 高速加/减计数器的配置方法与功能

（1）高速加/减计数器的配置。高速加/减计数器的配置过程与高速加计数器的配置类似，不同的设置项目主要是以下几个：

① 输入脉冲的频率默认为1kHz，无须进行选择。

② 增设预设值%FC.P定义一项。该参数也可通过程序修改。

③ 预设值可否调整选项。若选择"是"，则允许通过程序修改预设值；若选择"否"，则程序无法修改%FC.P。

（2）高速加/减计数器的功能。当高速加/减计数器的使能位（%I0.2或IN）为1时，高速加/减计数器对%I0.0输入的脉冲进行加计数，对%I0.3输入的脉冲信号进行减计数。当高速加/减计数器的当前值%FC.V达到阈值输出位%Q0.1或%Q0.2的动作范围内时，%Q0.1或%Q0.2动作。高速加/减计数器的预设值%FC.P在设置位%I0.1或S位的上升沿出现时，被装入到当前值。当外部输入信号%I0.4的上升沿出现时，高速加/减计数器的当前值被迅速读入系统字%SW110中。

5. 举例应用

【例12-5】采用一台高频信号发生器作脉冲源，PLC控制系统接线图如图12.21所示。取%I0.5作为PLC外部使能信号，用于启动高速加计数器；%I0.6用于停止高速加计数器；%I0.7用于复位高速加计数器；当高速加计数器

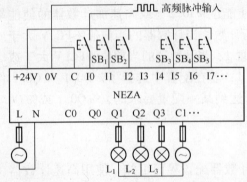

图12.21　高速加计数器指令示例接线图

满（当前值大于等于 65535）时，%Q0.3 得电；当%FC.V < S0 时，%Q0.1 得电，当%FC.V > S1时，%Q0.2 得电，当 S0 < %FC.V < S1 时，%Q0.1、%Q0.2 同时得电。

高速加计数器的配置界面如图 12.22 所示，对应的控制程序如图 12.23 所示。

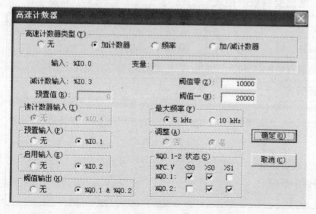

图 12.22　高速加计数器配置界面

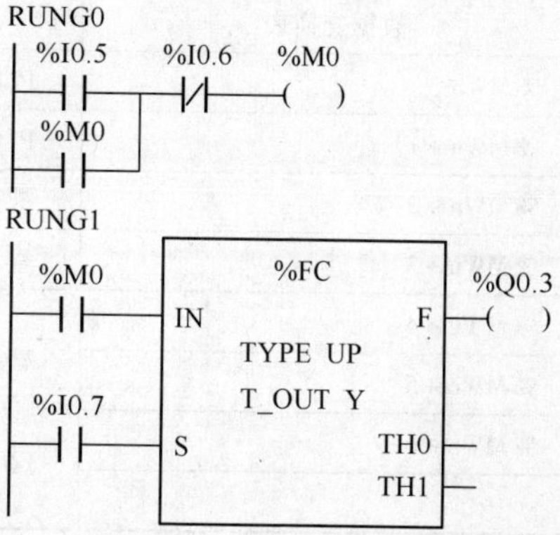

图 12.23　高速加计数器示例控制程序

【例 12-6】频率计应用示例。PLC 控制接线图如图 12.24 所示。配置频率计的最高测量频率为 5 kHz，使能输入为%I0.2，配置界面如图 12.20 所示。接好线后，将图 12.25 所示的梯形图程序下载到 PLC，运行 PLC，通过编程终端监视%FC.V 的大小。

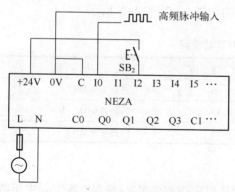

图 12.24　频率计示例接线图

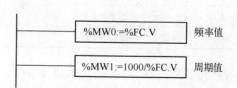

图 12.25　频率计示例控制程序

12.2.4　通信指令

NEZA 系列 PLC 的通信指令可与具有 ASCⅡ、UNI – TEL WAT 及 MODBUS 通信协议的智能设备进行数据交换。

1. 数据交换指令 EXCH

（1）数据交换指令 EXCH 的格式如表 12-3 所示。

表 12-3　数据交换指令 EXCH 的格式

指令名称	梯形图	语句表	操作数
数据交换 EXCH	EXCH OP	［EXCH OP］	OP：%MWi：L %KWi：L

（2）数据交换表的格式。在数据交换指令 EXCH 的格式中，操作数 OP 为一字表，长度为 L。这个字表也就是数据交换用的数据交换表，其格式如表 12-4 所示。

表 12-4　数据交换表的格式

数据交换表	高 字 节	低 字 节
%MWn	PLC 从机的地址	MODBUS 功能码
%MWn+1	PLC 从机的内部起始寄存器	
%MWn+2	被交换的数据长度	
%MWn+3	重试次数	请求时间
%MWn+4	数据区： ① 准备写入从设备数据 ② 由从设备读出数据	
%MWn+5		
%MWn+6		
……		

（3）数据交换指令的 EXCH 的功能。当条件满足时，按照 MDOBUS 读功能码的要求，将指定从设备的内部位或内部字的值读到主机的数据交换表中。按照写功能码的要求，将主机数据表中的内容写到指定从机的内部位或内部字中。

2. MODBUS 功能码及其意义

MODBUS 功能码规定主从设备之间数据交换的功能，如表 12-5 所示。

表 12-5　MODBUS 功能码

功 能 码	功 能	功 能 码	功 能
01 或 02	读 n 个内部位%Mi	06	写 1 个内部字%MWi
03 或 04	读 n 个内部字%MWi	15	写 n 个内部位%Mi
05	读 1 个内部位%Mi	16	写 n 个内部字%MWi

各功能码对应的数据交换表格举例：

（1）01 或 02 读 n 个内部位%Mi。假定从 4#从机中读取%M4～%M8 各位到主机数据表中，则对应的主机数据交换表如表 12-6 所示。

表 12-6　读 n 个内部位%Mi 的数据交换表

%MW10	16#0401	读 4#从设备的位值
%MW11	16#0004	从 4#从设备内部位的第五位开始读取（即%M4）
%MW12	16#0005	一共读取 5 位
%MW13	16#0364	重试 3 次，每次 100ms
%MW14	XXXX	4#从机%M4 的状态
%MW15	XXXX	4#从机%M5 的状态
……	……	……

（2）03 或 04 读 n 个内部字%MWi。假定从 3#从机中读取%MW9～%MW20 的值到主机数据表中，则对应的主机数据交换表如表 12-7 所示。

表 12-7　读 n 个内部字 %MWi 的数据交换表

% MW 10	16#0304	读 3#从设备的位值
% MW 11	16#0009	从 3#从设备内部字的第十单元格开始读取（% M9）
% MW 12	16#000C	一共读取 12 个字
% MW 13	16#0364	重试 3 次，每次 100ms
% MW 14	XXXX	3#从机% M9 的状态
% MW 15	XXXX	3#从机% M10 的状态
% MW 16	XXXX	3#从机% M11 的状态
……	……	……

（3）05 写 1 个内部位 %Mi。假定将 1 写入 5#从机的 %M4 位，则对应的主机数据交换表如表 12-8 所示。

表 12-8　写 1 个内部位 %Mi 的数据交换表

% MW 10	16#0505	读 5#从机的位值
% MW 11	16#0004	从 5#从设备内部内部位的第五位（即% M4）
% MW 12	16#FF00	写 1 到 5#从机内部的第五位（即% M4）
% MW 13	16#0364	重试 3 次，每次 100ms

（4）06 写 1 个内部字 % MWi。假定将 16 #1256 写入 20#从机的 % MW18 位中，则对应的主机数据交换表如表 12-9 所示。

表 12-9　写 1 个内部字 %MWi 的数据交换表

% MW 10	16#1406	读 20#从设备的字值
% MW 11	16#0013	从 20#从机内部字的第十九单元（即% MW18）
% MW 12	16#1256	将 16#1256 写到 20#从机% MW18 单元中
% MW 13	16#0364	重试 3 次，每次 100ms

（5）15 写 n 个内部位 % Mi。假定要改变 3#从机中% M10 ～% M14 连续的 5 个内部位状态，则对应的主机数据交换表如表 12-10 所示。

表 12-10　写 n 个内部位 %Mi 的数据交换表

% MW 10	16#030F	读 3#从设备的 n 个位值
% MW 11	16#000A	从 3#从设备内部位的第 11 位开始写（即% M10）
% MW 12	16#0005	一共读取 5 位
% MW 13	16#0364	重试 3 次，每次 100ms
% MW 14	FF00	写 1 到 3#从机的% M10 位
% MW 15	0000	写 0 到 3#从机的% M11 位
% MW 16	FF00	写 1 到 3#从机的% M12 位
……	……	……

（6）16 写 n 个内部字% MWi。假定将 3 个数据，写入 11#从机中的% MW4 ～% MW6 单元中，则对应的主机数据交换表如表 12-11 所示。

表 12-11　写 n 个内部位 %MWi 的数据交换表

MW 10	16#0B10	读 11# 从设备的位值
MW 11	16#0004	从 11# 从设备内部字的第五单元格开始写
MW 12	16#0005	一共写 3 个单元
MW 13	16#0364	重试 3 次，每次 100ms
MW 14	XXXX	写到 11# 从机 %MW4 单元中
MW 15	XXXX	写到 11# 从机 %MW5 单元中
MW 16	XXXX	写到 11# 从机 %MW6 单元中

3. 数据交换控制块指令 %MSG

（1）数据交换控制块指令 %MSG 的用途。数据交换控制块指令 %MSG 用于控制数据的交换，它主要有 3 个用途：

① 多条报文协调发送。在发送多条报文时，%MSG 功能块可提供有关前一条报文是否发送完成的信息，以保证多条报文发送时不发生冲突。

② 通信错误校验。用于校验 EXCH 指令确定的数据表是否足够装入要发送的信息。

③ 优先报文发送。用于暂停当前报文的发送，以立即发送紧急报文。

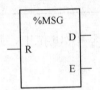

图 12.26　数据交换控制块指令

（2）数据交换控制块指令 %MSG 的格式。数据交换控制块指令 %MSG 的格式如图 12.26 所示。各参数说明如下：

① R 为输入复位端，当其状态为 1 时，重新初始化通信，%MSG.E = 0 和 %MSG.D = 1。

② D 为发送完成输出端，当其状态为 1 时，表示发送命令已经完成，同时还可表示以下意义：完成接收；发送错误；功能块复位；发送成功并发送完成。当其状态为 0 时，表示请求处理。

③ E 为故障输出（错误）端，当其状态为 1 时，表明发生下列情况：错误命令；不正确的配置表产生；接收到错误字符；接收表已满（没有更新）。当其状态为 0 时，信息长度、通信连接情况均正常。

4. 举例应用

【例 12-7】进行 PLC 之间通信设计。采用 1 台 PLC 作为主机，另外 3 台 PLC 作为从机，组成一个小的 PLC 网络系统，如图 12.27 所示。

要求系统启动后，4 台 PLC 各连续 8 个输出位从主机的 %Q0.0 开始顺次接通 1s，当 3# 从机 PLC 的输出位 %Q0.7 接通 1s 后，又接通主机的 %Q0.0，不断循环往复。系统的启停可通过任意一台 PLC 的 %I0.0 和 %I0.1 来控制，主机梯形图程序如图 12.28、图 12.29、图 12.30 所示，从机 PLC 梯形图程序如图 12.31 所示。图 12.29 中 RUNG4 梯级中 [EXCH%M W10:6] 指令为 PLC 之间的数据交换指令，%MSG 指令为数据交换控制指令。

主机灯亮控制梯形图程序中，为了实现对从机 PLC 的控制，可考虑按以下步骤设计梯形图程序：

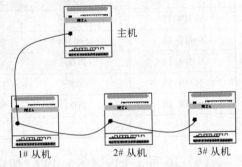

图 12.27　数据交换控制块指令 MSG 的格式

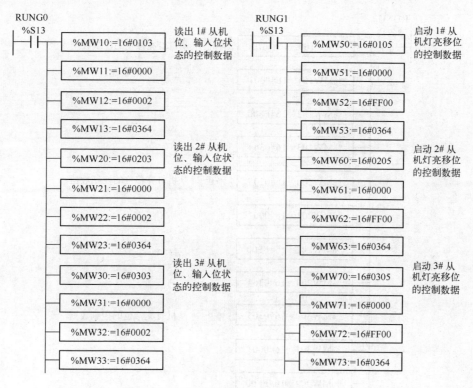

图 12.28　主机灯亮移位控制梯形图 (1)

（1）数据交换变化表的初始化。为了实现通信控制任务，按照数据交换指令 EXCH 的要求，必须首先为要发送和接收的数据进行初始化设置。RUNG 0 梯级用于将各从机的输入位%I0:8 和输出位%Q0:8 读入到主机中，以便了解从机的工作情况，进一步决定对从机的启停控制；RUNG 1 梯级用于设置从机的启动信息，当需要启动从机时，将这些信息发送给从机即可完成其启动控制；RUNG 2 梯级用于设置从机的停机信息，当需要停止从机时，发送这些信息。

（2）发送与接收信息的控制。为了实现向从机读取或写入信息，需将上述初始化后的数据交换表发送到从机，对从机进行通信请求，一旦从机响应请求，就会实现数据交换表要求的读写操作，即主机可向从机写入已备好的有关数据或从从机中读取有关数据到主机。RUNG 4、RUNG 5、RUNG 6 梯级用于发送读取从机的有关信息；RUNG 7、RUNG 8、RUNG 9 梯级用于写从机的启动信号，以便从机启动自身的灯亮控制；RUNG 10、RUNG 11、RUNG 12 梯级用于向从机写停止信号，以便停止从机的运行，不产生信号堵塞现象，需采用数据交换控制功能块指令%MSG 来按顺序一条一条地进行发送，发送完一组数据后，需对%MSG 进行复位，以便再次发送第二组数据，图 12.29 中使用%M10、%M11 和%M20、%M21 与%MSG 配合实现此功能。

（3）主机读取数据的利用。主机读取的数据有两个：一是各从机的%MW0 数据，用于反映从机的%I0.8 各输入位的状态；二是各从机的%MW 1 数据，用于反映从机的%Q0:8 各输出位的状态。对各从机的%MW0 信息，主要提取从机的启停按钮是否按下的信息，启动按钮按下，%MW0 =1；停止按钮按下，%MW0 =2。启动按钮按下，用于启动主机的灯亮控制程序，如 RUNG 13 梯级；停止按钮按下，用于停止所有的 PLC 的灯亮控制，如 RUNG 14

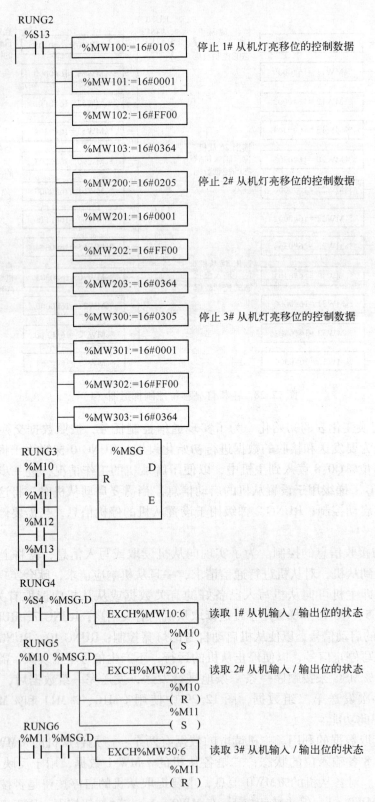

RUNG2
%S13

%MW100:=16#0105   停止 1# 从机灯亮移位的控制数据

%MW101:=16#0001

%MW102:=16#FF00

%MW103:=16#0364

%MW200:=16#0205   停止 2# 从机灯亮移位的控制数据

%MW201:=16#0001

%MW202:=16#FF00

%MW203:=16#0364

%MW300:=16#0305   停止 3# 从机灯亮移位的控制数据

%MW301:=16#0001

%MW302:=16#FF00

%MW303:=16#0364

RUNG3
%M10
%M11
%M12
%M13

%MSG
R   D
           E

RUNG4
%S4 %MSG.D
EXCH%MW10:6   读取 1# 从机输入 / 输出位的状态
%M10
(S)

RUNG5
%M10 %MSG.D
EXCH%MW20:6   读取 2# 从机输入 / 输出位的状态
%M10
(R)
%M11
(S)

RUNG6
%M11 %MSG.D
EXCH%MW30:6   读取 3# 从机输入 / 输出位的状态
%M11
(R)

图 12.29   主机灯亮移位控制梯形图（2）

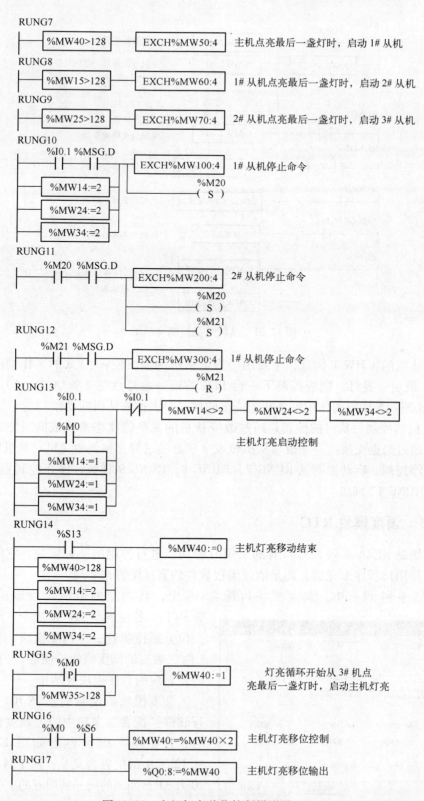

图 12.30　主机灯亮移位控制梯形图（3）

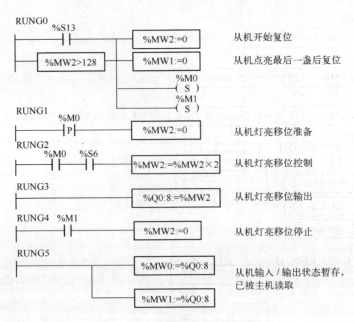

图 12.31　从机灯亮控制梯形图

梯级。对各从机的%MW1信息，主要用于提取从机的输出位%Q0:8的工作情况，一旦循环至%Q0.7最后一盏灯，则应控制下一台PLC的第一盏灯点亮（%Q0.0=1）。RUNG 8、RUNG 9、RUNG 15梯级的作用就是利用读出的信息再去控制从机的动作。

（4）从机的控制。从机的控制是通过改变从机的某些位状态来完成的。主机控制从机的过程就是通过数据交换指令来改写从机位或字状态的过程。本例中主机对从机的控制主要是灯亮的启停控制。启动控制见RUNG 7、RUNG 8、RUNG 9梯级，停止控制见RUNG 10、RUNG 11、RUNG 12梯级。

12.2.5　调度模块 RTC

调度模块是NEZA系列PLC特有的采用时钟功能进行控制的一种模块，它的控制作用不是通过执行用户程序来完成，而是通过编程软件的直接配置来实现。

在NEZA系列PLC中，调度模块可配置16个，其功能的激活与否取决于系统字%SW114各位的状态，系统字%SW114的每一位分别控制着一个调度模块，当相应位为1时，对应的调度模块被使能，当相应位为0时，对应的调度模块被禁止。

调度模块的配置通过PL707 for Neza编程软件"配置"菜单中的"调度模块"来进行，其相应的配置界面如图12.32所示。图12.32中的配置含义是：从1月1日开始到10月31日期间的周一到周五的上午7:30到下午18:00调度模块0控制的输出位%Q0.0被激活（前提是%SW114.x0状态为1）。

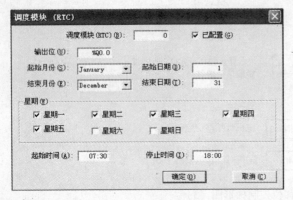

图 12.32　调度模块的配置界面

12.3 任务三 NEZA 系列 PLC 的扩展功能

12.3.1 数字量 I/O 的扩展

为了满足生产的需要，常需要对数字量 I/O 的点数进行扩展。NEZA 系列 PLC 可方便地进行本地扩展或远程扩展。

在 NEZA 系列一体机的右侧和 NEZA 系列 I/O 扩展模块的左侧及右侧如图 12.33 所示。均设计有一个 30 针的连接器插座，通过连接器可以方便地将本体 PLC 与 I/O 扩展模块连接在一起，实现 I/O 扩展功能。一个本体 PLC 最多可连接三个本地 I/O 扩展模块，点数可达 80 个。

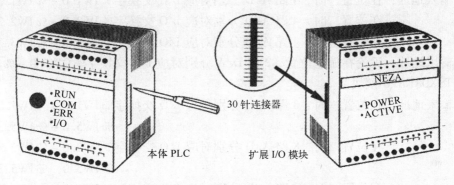

图 12.33 扩展 I/O 模块的连接

扩展 I/O 模块输入/输出点按"%＋输入/输出标志符(I 或 Q)＋扩展模块号(1～3)＋位号"的规律寻址，如图 12.34 所示。如%I0.3 为本体 PLC 的第 3 号输入点，%I3.5 为第三个扩展模块的第 5 号输入点，%Q1.6 为第一个扩展模块的第 6 号输入点。

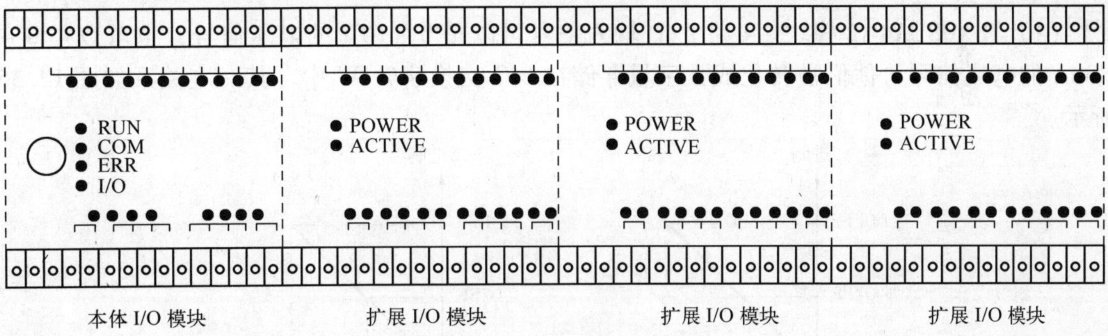

图 12.34 扩展模块的 I/O 寻址

12.3.2 模拟量 I/O 的扩展

模拟量 I/O 的扩展模块的连接方法与数字量 I/O 的扩展模块的连接方法一样，下面仅就使用模拟量 I/O 扩展模块的有关知识做一介绍。

使用模拟量 I/O 模块的目的是进行生产过程的模拟量控制。怎样利用模拟量 I/O 模块达到我们需要的控制目的，这是 PLC 使用人员必须首先弄清楚的问题。

1. 模拟量 I/O 模块的编址

模拟量 I/O 模块的编址是指本地 PLC 中怎样获得模拟量 I/O 模块的输入地址及输出地址，也就是说，输入到模拟量 I/O 模块的模拟量信号，经模拟量 I/O 模块转换后，存到什么地方去了的问题，以及输入到模拟量控制信号是从 PLC 内部的哪个存储器经模拟量 I/O 模块输出的问题。

在 NEZA 系列 PLC 中有两种模拟量 I/O 单元与其配套使用，它们是 4 路 A/D 输入、2 路 D/A 输出的 TSX08EA4A2 模块和 8 路 A/D 输入、2 路 D/A 输出的 TSX08EAP8（EAV8A2）模块，他们的地址分配如下：

（1）TSX08EA4A2 模块。

A/D 输入地址：在位置一时，4 路 A/D 分别对应 I/O 交换字%IW1.0 – %IW1.3

在位置二时，4 路 A/D 分别对应 I/O 交换字%IW2.0 – %IW2.3

在位置三时，4 路 A/D 分别对应 I/O 交换字%IW3.0 – %IW3.3

D/A 输出地址：无论在哪一位置，2 路 D/A 分别对应 I/O 交换字%QW5.0 – %QW5.1

（2）TSX08EAP8 模块。

A/D 输入地址：在位置一时，8 路 A/D 分别对应 I/O 交换字%IW1.0 – %IW1.3

%IW5.0 – %IW5.3

在位置二时，8 路 A/D 分别对应 I/O 交换字%IW2.0 – %IW2.3

%IW5.0 – %IW5.3

在位置三时，8 路 A/D 分别对应 I/O 交换字%IW3.0 – %IW3.3

%IW5.0 – %IW5.3

D/A 输出地址：无论在哪一位置时，2 路 D/A 分别对应 I/O 交换字%QW5.0 – %QW5.1

2. 模拟量 I/O 模块输入输出精度

（1）TSX08EA4A2 模块。4 路 A/D 输入信号可以是 0～10V 的电压信号，也可以是 0～20mA 的电流信号，他们被转化成数字量存储在 I/O 交换字%IW 中，其对应关系如图 12.35 所示。

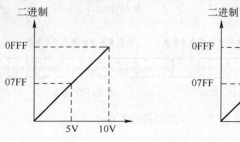

图 12.35　A/D 转换对应关系示意图

2 路 D/A 输出信号可以是 0～10V 的电压信号也可以是 0～20mA 的电流信号，这一信号实际上是由 I/O 交换字%QW 中的数字量转换而来的，他们的对应关系如图 12.36 所示。

（2）TSX08EAP8 模块。8 路 D/A 输入信号可以是 0～5V 的电压信号，也可以是 Pt –

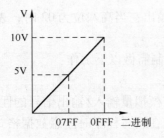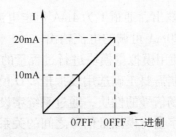

图 12.36　D/A 转换对应关系示意图

100 的温度信号。当输入信号为 0 ~ 5V 时，对应的转换值为 0 ~ 4095 数字量；当输入信号为温度信号时，其转换的结果为温度值，分辨率是 0.1℃，如转换结果为 436，则表示温度值为 43.6℃。

2 路 D/A 输入信号可以是 0 ~ 20mA 电流信号，也可以是一个恒定为 4mA 的输出信号。0 ~ 20mA 电流输出可由 PLC 控制其大小；4mA 输出则专为温度传感器（Pt – 100）提供电恒流源。

3. 模拟量 I/O 模块的设定

使用模拟量 I/O 模块时需事先通过系统字对其进行必要的设定，以便协调不同信号之间的关系。

（1）TSX08EA4A2 模块。使用 TSX08EA4A2 模块需通过系统字%SW116 进行设定，%SW116 的格式如图 12.37 所示，图中，采用 0 ~ 11 位来描述模拟量模块的安装位置，并根据相应位的状态确定模拟量输入信号的性质。当相应位为 0 时，模拟量输入信号为电压信号；当相应位为 1 时，模拟量输入信号为电流信号。图 12.37 中 0 ~ 3 位为位置一；4 ~ 7 位为位置二；8 ~ 11 位为位置三。

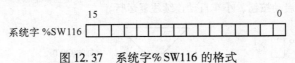

图 12.37　系统字%SW116 的格式

若系统字%SW116 = 16#000C，则说明该模拟量 I/O 单元安装在位置一，且 A/D1、A/D2 为电压输入，A/D3、A/D4 为电流输入。在 TSX08EA4A2 模块中，模拟量输出信号不需要事先设定，电压/电流信号同时输出，只需根据需要选用即可。

（2）TSX08EAP8 模块。使用 TSX08EAP8 模块需通过系统字%SW117 进行设定，%SW117 的格式如图 12.38 所示，图中，系统字%SW117 的低八位分别用于设定八路模拟量输入信号的性质，当相应位为 0 时，则模拟量输入信号为 0 ~ 5V 电压信号；当相应位为 1 时，则模拟量输入信号为 Pt – 100 的温度输入信号。

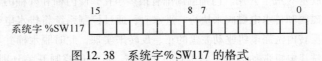

图 12.38　系统字%SW117 的格式

在图 12.38 中，系统字%SW117 的高八位用于设定输出信号的性质，当高八位为 00 时，表示 2 路模拟量输出全部为 4mA 恒定电流输出；当高八位为 01 时，表示模拟量输出通道 0

为 0～20mA 可调输出，通道 1 为 4mA 恒定电流输出；当高八位为 02 时，表示模拟量输出通道 0、1 均为 0～20mA 可调的电流输出。

综上所述，使用模拟量模块进行过程量的控制需做以下工作：

（1）根据控制需要正确选用模拟量 I/O 模块。

（2）根据现场信号的性质，通过系统字设定模拟量输入/输出信号的性质。

（3）根据数字量与模拟量信号之间的关系，在编写程序时注意数据格式的转换。

习　题　12

12.1　某恒温设备的温度要求控制在一个规定的范围内。当温度实际值小于 95℃ 时，状态指示灯 HL 慢闪；当温度实际值大于 105℃ 时，状态指示灯 HL 快闪；当温度实际值在 95℃ 和 105℃ 之间时，HL 长亮。提示：温度的变化是一个渐变的过程量，对该过程量的监控不必采用循环控制方式，可采用子程序方式控制（2s 时间到，调用子程序一次）。试设计该温度监控系统程序。

12.2　某剪板机的示意图如图 12.39 所示，开始时，压钳和剪刀在上限位置，限位开关 X0 和 X1 为 ON，按下启动按钮，工作过程为：首先板料右行至限位开关 X3，然后压钳下行，压紧板料后，压力继电器 X4 接通，压钳保持压紧，剪刀开始下行到 X2，剪断板料后，变为 ON，压钳和剪刀同时上行。它们分别碰到限位开关 X0 和 X1 后停止上行，都停止后，又开始下一周期的工作，剪完 10 块后停止并停在初始状态。

12.3　运料小车的 PLC 控制。如图 12.40 所示，当小车处于后端时，按下启动按钮，小车向前运行，行至前端压下前限位开关，翻斗门打开装货，6s 后，关闭翻斗门，小车向后运行，行至后端，压下后限位开关，打开小车门底门卸货，4s 后底门关闭，完成一次动作。要求控制送料小车的运行，并具有以下几种运行方式：

（1）手动操作。用各自的控制按钮，一一对应地接通或断开各负载的工作方式。

（2）单周期操作。按下启动按钮，小车往复运行一次后，停在后端等待下一次启动。

（3）连续操作。按下启动按钮，小车自动连续往复运行。

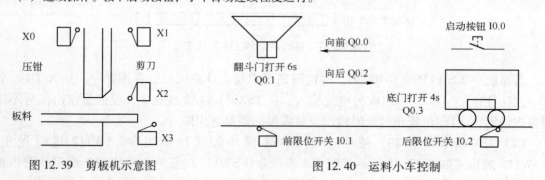

图 12.39　剪板机示意图　　　　　　　　图 12.40　运料小车控制

12.4　全自动洗衣机的洗衣桶（外桶）和脱水桶（内桶）是以同一中心安放的。外桶固定，作盛水用；内桶可以旋转，作脱水（甩干）用。内桶的周围有很多小孔，使内桶和外桶的水流相通。洗衣机的进水和排水分别由进水电磁阀和排水电磁阀来执行。进水时，通过控制系统将排水电磁阀打开，将水由外桶排到机外。洗涤正转、反转由洗涤电机驱动波盘的正、反转来实现，此时脱水桶并不旋转。脱水时，控制系统将离合器合上，由洗涤电机带动内桶正转进行甩干。高、低水位控制开关分别用来检测高、低水位，启动按钮用来启动洗衣机工作，停止按钮用来实现手动停止进水、排水、脱水及报警，排水按钮用来实现手动排水。其示意图如图 12.41 所示。

该全自动洗衣机的控制工艺过程：按下启动按钮后，洗衣机开始进水，水满时（即水位到达高水位，高水位开关由 OFF 变为 ON），PLC 停止进水，并开始洗涤正转，正转洗涤 15s 后暂停，暂停 3s 后开始洗涤反转，反洗 15s 后暂停。暂停 3s 后，若正、反洗未满 3 次，则返回从正洗开始的动作；若正、反洗满 3 次时，则开始排水，水位下降到低水位时（低水位开关由 ON 变为 OFF）开始脱水并继续排水，脱水 10s 即完成一次从进水到脱水的大循环过程。若未完成 3 次大循环，则返回从进水开始的全部动作，进行下一次大循环；若完成了 3 次大循环，则进行洗完报警。报警 10s 后结束全部过程，自动停机。此外，还要求可以按排水按钮以实现手动排水；按停止按钮以实现手动停止进水、排水、脱水及报警。试根据控制工艺过程，编制系统梯形图。

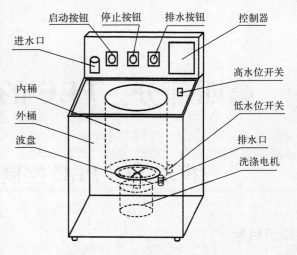

图 12.41　全自动洗衣机示意图

12.5　完成化学反应过程控制系统的程序设计。某化学反应过程由四个容器组成，如图 12.42 所示，容器之间用泵连接，每个容器都装有检测容器空和满的传感器。1 号、2 号容器分别用泵 P1、P2 将碱和聚合物灌满，灌满后传感器发出信号，P1、P2 关闭。2 号容器开始加热，当温度达到 60℃时，温度传感器发出信号，关掉加热器，然后泵 P3、P4 分别将 1 号、2 号容器中的溶液输送到反应池 3 号中，同时搅拌器启动，搅拌时间为 2 分钟。一旦 3 号满或 1 号、2 号空，则泵 P3、P4 停，等待。当搅拌时间到，P5 将混合液抽入产品池 4 号容器，直到 4 号满或 3 号空。产品用 P6 抽走，直到 4 号池空。这样就完成了一次循环，等待新的循环开始。

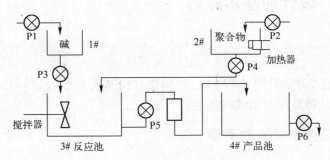

图 12.42　化学反应过程控制示意图

第四部分　PLC 的工程应用与设计

模块 13　PLC 控制系统的总体设计

知识目标

（1）熟悉 PLC 控制系统设计的基本原则；

（2）熟悉 PLC 控制系统设计的基本流程。

能力目标

（1）能根据控制任务要求确定设计原则；

（2）能根据实际控制要求完成相应技术文件。

13.1　任务一　设计的基本原则

【相关知识】

PLC 控制系统的总体设计是进行 PLC 应用设计时至关重要的第一步。首先应当根据被控对象的要求，确定 PLC 控制系统的类型。

13.1.1　PLC 控制系统的类型

1. 单机控制系统

单机控制系统是由 1 台 PLC 控制 1 台设备或 1 条简易生产线，如图 13.1 所示。单机系统构成简单，所需要的 I/O 点数较少，存储器容量小，可任意选择 PLC 的型号。注意：无论目前是否有通信联网的要求，都应当选择有通信功能的 PLC，以适应将来系统功能扩充的需要。

2. 集中控制系统

集中控制系统是由 1 台 PLC 控制多台设备或几条简易生产线，如图 13.2 所示。这种控

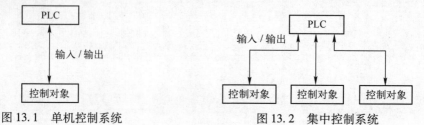

图 13.1　单机控制系统　　　　　　　　图 13.2　集中控制系统

制系统的特点是多个被控对象的位置比较接近，且相互之间的动作有一定的联系。由于多个被控对象通过同 1 台 PLC 控制，因此各个被控对象之间的数据、状态的变化不需要另设专门的通信线路。

集中控制系统的最大缺点是如果某个被控对象的控制程序需要改变或 PLC 出现故障时，整个系统都要停止工作。对于大型的集中控制系统，可以采用冗余系统来克服这个缺点，此时要求 PLC 的 I/O 点数和存储器容量有较大的余量。

3. 远程 I/O 控制系统

这种控制系统是集中控制系统的特殊情况，也是由 1 台 PLC 控制多个被控对象，但是却有部分 I/O 系统远离 PLC 主机，如图 13.3 所示。

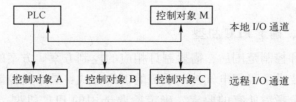

图 13.3　远程 I/O 控制系统

远程 I/O 控制系统适用于具有部分被控对象远离集中控制室的场合。PLC 主机与远程 I/O 通过同轴电缆传递信息，不同型号的 PLC 所能驱动的同轴电缆的长度不同，所能驱动的远程 I/O 通道的数量也不同，选择 PLC 型号时，要重点考察驱动同轴电缆的长度和远程 I/O 通道的数量。

4. 分布式控制系统

这种系统有多个被控对象，每个被控对象由 1 台具有通信功能的 PLC 控制，由上位机通过数据总线与多台 PLC 进行通信，各个 PLC 之间也有数据交换，如图 13.4 所示。

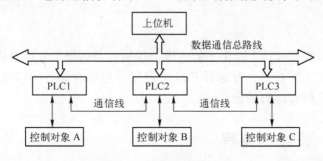

图 13.4　分布式控制系统

分布式控制系统的特点是多个被控对象分布的区域较大，相互之间的距离较远，每台 PLC 可以通过数据总线与上位机通信，也可以通过通信线与其他的 PLC 交换信息。分布式控制系统的最大好处是某个被控对象或 PLC 出现故障时，不会影响其他的 PLC 正常运行。

PLC 控制系统的发展是非常快的，从简单的单机控制系统，到集中控制系统，到分布式控制系统，目前又提出了 PLC 的 EIC 综合化控制系统，即将电气控制（Electric），仪表控制（Instrumentation）和计算机（Computer）控制集成于一体，形成先进的 EIC 控制系统。基于这种控制思想，在进行 PLC 控制系统的总体设计时，要考虑到如何同这种先进性相适应，并有利于系统功能的进一步扩展。

13.1.2　PLC 控制系统设计基本原则

PLC 控制系统是为了实现被控制对象的工艺要求，从而提高生产效率和产品质量。在设计 PLC 控制系统时，应按照以下基本原则进行。

1. 熟悉控制对象，确定控制范围

设计前，要深入现场进行实地考察，全面详细地了解被控制对象的特点和生产工艺过程。同时要搜集各种资料，归纳出工作状态流程图，并与有关的机械设计人员和实际操作人员相互交流和探讨，明确控制任务和设计要求。要了解工艺过程和机械运动与电气执行元件之间的关系和对控制系统的控制要求，共同拟定出电气控制方案，最后归纳出电气执行元件的动作节拍表。

2. 优化控制系统，确定 PLC 机型

在确定控制对象和控制范围后，需要制订相应的控制方案。方案的制订可以根据生产工艺和机械运动的控制要求，确定电气控制系统的工作方式：是单机控制还是需要多机联网通信的方式。最后，综合考虑所有的要求，确定所要选用的 PLC 机型，以及其他的各种硬件设备。

3. 提高可靠性和安全性

大多数的工业控制现场，有各种各样的干扰和潜在的突发状况。因此，在设计的最初阶段就要考虑到这方面的各种因素，到现场观察和搜集数据。

4. 力求控制系统简单

在能够满足控制要求和保证可靠工作的前提下，不失先进性，应力求控制系统结构简单。只有结构简单的控制系统才具有经济性、实用性的特点，才能做到使用方便和维护容易。

5. 可升级性

考虑到生产规模的扩大，生产工艺的改进，控制任务的增加，以及维护方便的需要，要充分利用 PLC 易于扩充的特点，在选择 PLC 的容量（包括存储器的容量、机架插槽数、I/O 点的数量等）时，应留有适当的余量。

13.2　任务二　设计的流程

【相关知识】

图 13.5 给出了 PLC 控制系统的设计流程图，其具体步骤如下。

1. 明确设计任务和技术条件

在进行系统设计之前，设计人员首先应该对被控对象进行深入的调查和分析，并熟悉工艺流程及设备性能。根据生产中提出来的问题，确定系统所要完成的任务。与此同时，拟定出设计任务书，明确各项设计要求、约束条件及控制方式。设计任务书是整个系统设计的依据。

2. 选择 PLC 机型

目前，国内外 PLC 生产厂家生产的 PLC 品种已达数百个，其性能各有特点，价格也不尽相同。在设计 PLC 控制系统时，要选择最适宜的 PLC 机型，一般应考虑下列因素。

（1）系统的控制目标。设计 PLC 控制系统时，首要的控制目标就是：确保控制系统安全可靠地稳定运行，提高生产效率，保证产品质量等。如果要求以极高的可靠性为控制目标，则需要构成 PLC 冗余控制系统，这时要从能够完成冗余控制的 PLC 型号中进行选择。

（2）PLC 的硬件配置。根据系统的控制目标和控制类型，从众多的 PLC 生产厂中初步选择几个具有一定知名度的公司，如 SIEMENS，OMRON，AB 等，另一方面，也要征求和听取生产厂家的意见，再根据被控对象的工艺要求及 I/O 系统考虑具体配置问题。

PLC 硬件配置时的主要考虑以下几方面。

① CPU 能力。CPU 的能力是 PLC 最重要的性能指标，在选择机型时，首先要考虑如何配置 CPU，主要从处理器的个数及位数、存储器的容量及可扩展性以及编程元件的能力等方面考虑。

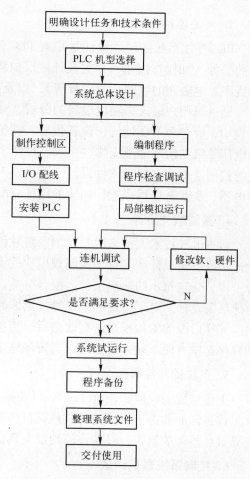

图 13.5　PLC 控制系统的设计流程图

② I/O 系统。PLC 控制系统的输入/输出点数的多少，是 PLC 系统设计时必须知道的参数，由于各个 PLC 生产厂家在产品手册上给出的最大 I/O 点数所表示的确切含义有一些差异，有的表示输入/输出的点数之和，有的则分别表示最大输入点数和最大输出点数。因此要根据实际的控制系统所需要的 I/O 点数，在充分考虑余量的基础上配置输入/输出点。

③ 指令系统。PLC 的种类很多，因此它的指令系统是不完全相同的，可根据实际应用场合对指令系统提出的要求，选择相应的 PLC。PLC 的控制功能是通过执行指令来实现的，指令的数量越多，PLC 的功能就越强，这一点是毫无疑问的。另一方面应用软件的程序结构以及 PLC 生产厂家为方便用户利用通用计算机（IBM－PC 及其兼容机）编程及模拟调试而开发的专用软件的能力也是要考虑的问题。

④ 响应速度。对于以数字量控制为主的 PLC 控制系统，PLC 的响应速度都可以满足要求，不必特殊考虑；而对于含有模拟量的 PLC 控制系统，特别是含有较多闭环控制的系统，必须考虑 PLC 的响应速度。

其他还要考虑工程投资及性能价格比，备品配件的统一性，以及相关的技术培训、设计指导、系统维修等技术支持。

3. 系统硬件设计

PLC 控制系统的硬件设计是指对 PLC 外部设备的设计。在硬件设计中，要进行输入设备的选择（如操作按钮、开关及计量保护装置的输入信号等），执行元件的选择（如接触器的线圈、电磁阀的线圈、指示灯等），以及控制台、柜的设计和选择，操作面板的设计。

通过对用户输入、输出设备的分析、分类和整理，进行相应的 I/O 地址分配，在 I/O 设备表中，应包含 I/O 地址、设备代号、设备名称及控制功能，应尽量将相同类型的信号，相同电压等级的信号地址安排在一起，以便于施工和布线，并依此绘制出 I/O 接线图。对于较大的控制系统，为便于软件设计，可根据工艺流程，将所需要的定时器、计数器及内部辅助继电器、变量寄存器也进行相应的地址分配。

4. 系统软件设计

对于电气技术人员来说，控制系统软件的设计就是用梯形图编写控制程序，可采用经验设计法或逻辑设计法。对于控制规模比较大的系统，可根据工艺流程图，将整个流程分解为若干步，确定每步的转换条件，配合分支、循环、跳转及某些特殊功能，以便很容易地转换为梯形图设计。对于传统的继电器控制线路的改造，可根据原系统的控制线路图，将某些电路按照梯形图的编程规则进行改造后，直接转换为梯形图。这种方法设计周期短，修改、调试程序简单方便。软件设计可以与现场施工同步进行，以缩短设计周期。

5. 系统的局部模拟运行

上述步骤完成后，便有了一个 PLC 控制系统的雏形，接着便进行模拟调试。在确保硬件工作正常的前提下，再进行软件调试。在调试控制程序时，应本着从上到下，先内后外，先局部后整体的原则，逐句逐段地反复调试。

6. 控制系统联机调试

这是最后的关键性一步。应对系统性能进行评价后再做出改进，反复修改，反复调试，直到满足要求为止。为了判断系统各部件工作的情况，可以编制一些短小而针对性强的临时调试程序（待调试结束后再删除）。在系统联调中，要注意使用灵活的技巧，以便加快系统调试过程。

7. 编制系统的技术文件

在设计任务完成后，要编制系统的技术文件。技术文件一般应包括总体说明、硬件文件、软件文件和使用说明等，随系统一起交付使用。

习 题 13

13.1 简述 PLC 系统设计的基本原则和设计流程。

模块 14 PLC控制系统的设计步骤

知识目标

（1）掌握PLC的选型方法和外围电路的设计方法；

（2）掌握PLC控制系统的硬件和软件设计方法；

（3）熟悉PLC的系统调试方法；

（4）了解PLC供电系统及接地设计；

（5）了解PLC控制系统设计的方法和步骤。

能力目标

（1）能根据实际控制要求计算I/O点数、内存容量，并对PLC进行选型；

（2）会根据实际控制要求，分配I/O端口，设计PLC的外围设备的接线原理图；

（3）会根据实际控制要求设计中等复杂的梯形图程序。

14.1 任务一 设计的依据

【相关知识】

稳定、快速、准确是设计控制系统的原则，所以在设计前应摸清控制对象的情况，如工艺要求、设备情况、控制功能、I/O点数及所选PLC性能规格等。

1. 系统条件

（1）工艺要求。进行系统设计前，必须熟悉工艺要求与控制过程，详细了解被控对象（设备、生产过程）的工作原理、功能、工作过程和各种操作方式等。如果实现的是单体设备控制，其工艺要求相对简单；如果实现的是整个车间或全厂的控制，其工艺要求就较复杂，针对复杂的生产过程，还需画出工作流程图或功能表图，从而清楚地了解被控对象的控制关系。

（2）设备情况。设备配置应满足整个工艺要求，设备是具体的控制对象，是控制系统设计的基本依据。在设计时如果是对设备进行控制系统改造，还要注意掌握设备的新旧程度。根据设备情况（机械、液压、仪表、位置、电气系统之间的关系及控制复杂程度等）可大体推算出整个系统的控制规模。

（3）控制功能。工艺要求、设备情况和控制功能等内容是控制系统设计的依据。对控制对象的下述内容进行分类统计，使确定系统的规模、机型和配置的依据更为具体。选择PLC控制系统的类型，设计总体控制初步方案。其内容包括：

① 全面了解被控制对象的机构、运行过程等，并明确动作逻辑关系。

② 根据功能要求（参数、性质、是否联网运行等）选择PLC型号及各种附加配置，并

·265·

分配输入、输出点。

③ 开关量输入、输出点数、按参数等级分类。

④ PLC 与被控制设备之间的距离。

⑤ 控制对象对控制器响应速度的要求。

2. 工作环境

工作环境是 PLC 工作的硬性指标，所选用的 PLC 产品要适应实际工作环境。

3. 对 PLC 结构形式的选择

在相同功能和相同 I/O 点数据的情况下，整体式比模块式价格低。要按实际需要选择 PLC 的结构形式。

4. 可延性

可延性包括产品寿命、产品连续性、产品的更新周期。

5. 售后服务与技术支持

售后服务与技术支持包括选择好的公司产品、选择信誉好的代理商、是否有较强的售后服务与技术支持。

14.2　任务二　PLC 及其组件的选型

【相关知识】

1. PLC 机型的选择

机型选择的基本原则是在满足控制功能要求的前提下，保证系统工作可靠、维护使用方便及具有最佳的性能价格比。

（1）机构合理。对于工艺过程比较固定、环境条件较好、维修量较小的场合，选用整体式结构的 PLC；否则，选用模块式结构的 PLC。

（2）功能强、弱适当。一般小型 PLC 具有逻辑运算、定时、计数等功能，对于只需要开关量控制的设备都可满足。

对于以开关量控制为主、带少量模拟量控制的系统，可选用带 A/D 和 D/A 单元、具有加减算术运算、数据传送功能的增强型 PLC。

对于控制较复杂，要求实现 PID 运算、闭环控制、通信联网等功能的系统，选用中档或高档 PLC。一般大型机用于大规模过程控制和集散控制系统等场合。

（3）响应速度的要求。通常，不论哪种 PLC，最大响应时间都等于输入、输出延迟时间及 2 倍扫描时间三者之和。对于大多数被控对象来说，PLC 的响应时间都是能满足要求的，但对于某些要求快速响应的系统，需考虑 PLC 的最大响应时间是否满足要求。

（4）系统可靠性的要求。对于一般系统，PLC 的可靠性均能满足；对可靠性要求很高的系统，应考虑是否采用冗余控制系统或热备用系统。

2. PLC 的容量选择

（1）I/O 点数：在满足控制要求的前提下使 I/O 点最少，但必须留有一定的备用量。通常 I/O 点数是根据被控对象的输入、输出信号的实际需要，再加上 10% ~ 15% 的备用量来确定。

（2）用户存储容量：指 PLC 用于存储用户程序的存储器容量。其大小由用户程序的长短决定，通常可按下式估算，再按实际需要留适当的余量（20% ~ 30%）来选择。

$$存储容量 = 开关量 I/O 点总数 \times 10 + 模拟量通道数 \times 100$$

当控制系统较复杂、数据处理量较大时，可能会出现存储容量不够的问题，应特殊对待。

3. I/O 模块的选择

（1）确定 I/O 点数。I/O 点数的确定要充分考虑到裕量，能方便地对功能进行扩展。对一个控制对象，由于采用不同的控制方法或编程水平不一样，I/O 点数就可能有所不同。

（2）开关量 I/O。

① 选择开关量输入模块主要从两方面考虑：一是根据现场输入信号与 PLC 输入模块距离的远近选择电平的高低；二是高密度的输入模块，如 32 点输入模块，允许同时接通的点数取决于输入电压和环境温度。

② 选择开关量输出模块从三个方面考虑：一是输出方式的选择，有三种输出方式：继电器输出、晶闸管输出、晶体管输出；二是输出接线方式的选择，有两种接线方法：分组式输出、分隔式输出；三是注意同时接通的输出点数量，同时接通输出设备的累计电流值必须小于公共端所允许通过的电流值。

（3）模拟量 I/O。模拟量 I/O 接口是用来传输传感器产生的信号。这些接口能测量温度、流量和压力等模拟量的数值，并用于控制电压或电流输出设备。

14.3　任务三　PLC 的硬件设计

【相关知识】

在完成 PLC 选型之后，就可以进行控制系统的硬件设计了。PLC 控制系统的硬件设计主要是完成系统流程图的设计，详细说明各个输入信息流之间的关系，具体安排输入和输出的配置，以及对输入和输出进行地址分配。

对输入进行地址分配时，可以将所有的按钮和限位开关分别集中配置，相同类型的输入点尽量分在同一组。对每一种类型的设备号，按顺序定义输入点的地址。如果有多余的输入点，可以将每一个输入模块的输入点都分配给一台设备。将那些高噪声的输入模块尽量插到远离 CPU 模块的插槽内，以避免交叉干扰。

在进行输出配置和地址分配时，也要尽量将同类型设备的输出点集中在一起。按照不同类型的设备，顺序地定义输出点地址。如果有多余的输出点，可将每一个输出模块的输出点都分配给一台设备。

在进行上述工作时，也要结合软件设计以及系统调试等方面来考虑。

14.4 任务四 PLC 的软件设计

【相关知识】

PLC 控制系统的软件设计主要是完成参数表的定义、程序框图的绘制、程序的编制和程序说明书的编写四项内容。

参数表是为编写程序做准备，对系统各个接口参数进行规范化的定义，不仅有利于程序的编写，也有利于程序的调试。参数表的定义包括输入信号表、输出信号表、中间标志表和存储表的定义。

程序框图描述了系统控制流程的走向和系统功能的说明。它应该是全部应用程序中各功能单元的结构形式，以便了解所有控制功能在整个程序中的位置。一个详细、合理的程序框图有利于程序的编写和调试。

软件设计的主要过程是编写用户程序，是控制功能的具体实现过程。因此，用户应对所选择的 PLC 的设计软件要有所了解。PLC 的控制功能以程序的形式来体现，通常采用逻辑设计的方法编写程序。逻辑设计法以布尔代数为基础，根据生产过程各工步之间各个检测元件状态的不同组合和变化，确定所需的中间环节；再按照各执行元件所应满足的动作节拍表，分别写出相应的中间环节状态的布尔表达式；最后用触点的串并联组合，即通过具体的物理电路实现所需的逻辑表达式。

程序说明书是对整个程序内容的注释性的综合说明，包括程序设计的依据、程序的基本结构、各功能单元的详细分析、所用公式的原理、各参数的来源以及程序测试的情况等。

在进行系统设计时，可同时进行硬件和软件的设计，这样有利于发现相互之间配合方面的一些问题，及早地改进有关设计，更好地共享资源，提高效率。

14.5 任务五 PLC 供电系统设计

【相关知识】

PLC 控制系统的用电负荷等级和供电要求应满足《供配电系统设计规范》GB50052 – 95 的要求，供配电系统应采用电压等级 220V/380V，工频 50Hz 或中频 400 ~ 1000Hz 的系统，电源系统按设备的要求确定。为提高供电系统可靠性，最理想的技术措施是在配电设备前端增加交流不间断电源系统（UPS）。

根据 UPS 供电系统设计确定配线回路，UPS 系统的配线一般采用暗槽方式，但是也有采用活地板槽方式。配电导线的线径应根据 UPS 负载连续工作的电流选择，但要与主断路器的保护功能相配合，一般主干线的允许电压降控制在 2% 以内。

作为控制设备负载侧的要求是，UPS 输出为非接地系统时，旁路供电电路也应采用非接地系统。若旁路供电电路为接地系统，则需要用隔离变压器，反之，UPS 输出为接地系统，旁路也必须为接地系统，若为非接地系统，则要用隔离变压器。

14.5.1 PLC 电源设计

在 PLC 控制系统中，电源占有重要位置。PLC 系统的电源有两类：外部电源和内部电源，外部电源是用来驱动 PLC 输出设备（负载）和提供输入信号的，又称用户电源，同一台 PLC 的外部电源可能有多种规格。内部电源是 PLC 的工作电源，它的性能好坏直接影响到 PLC 的可靠性。因此，为了保证 PLC 的正常工作，对内部电源有较高的要求，一般采用开关式稳压电源或原边带低通滤波器的稳压电源。

1. 电源的供电方式

（1）分相供电。供电线路配置上应把干扰大的设备与测控装置分开由不同的相线供电，最好直接从配电室用屏蔽电缆分别引出两相供电，有利于消除干扰，如图 14.1 所示。

（2）PLC 控制装置与动力设备分别供电。PLC 控制系统使用的交流低压电源容量小，但要求电压尽量稳定，干扰尽量小。因此，被控设备和 PLC 控制系统不宜采用同一变压器供电，可以采取分别供电方式，如图 14.2 所示。

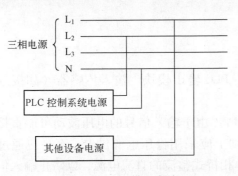

图 14.1 分相供电方式

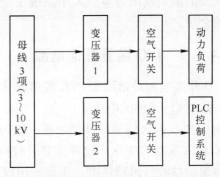

图 14.2 变压器分别供电方式

PLC 供电电源一般为 AC 85～240V，为抑制线路干扰，原则上应在电源输入回路加入隔离变压器、浪涌吸收器或者采取稳压措施。PLC 输入电源要与设备动力电源、交流控制回路电源、交流输出电源分离配线，并具有独立的保护回路与独立的隔离变压器。

对于直流 DC 24V 供电的 PLC，原则上应采用稳压电源供电：至少应通过三相桥式整流、滤波后进行供电；一般不能使用仅通过单相桥式整流的直流电源直接对 PLC 进行供电。PLC 输入电源要与设备直流动力电源、直流控制回路电源、直流输出电源分离配线，并具有独立的保护回路，在系绕组成较复杂时，应使用独立的稳压电源单独对 PLC 供电。

2. 电源系统的隔离技术

（1）交流供电系统的隔离。由于电网中存在大量的谐波、高频干扰和雷击浪涌等噪声，对于控制装置和电气设备都应采用 1:1 隔离变压器供电的抗干扰措施，这对电网尖峰脉冲干扰有很好的效果，如图 14.3 所示。

（2）直流供电系统的隔离。隔离直流电源的方法是使用 DC – DC 变换器，如图 14.4

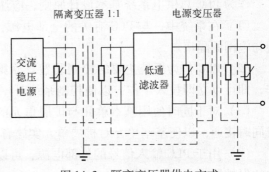

图 14.3 隔离变压器供电方式

（a）所示为利用 DC – DC 变换器对被光电隔离器隔离的单元进行供电的电路，光电隔离器的输入回路和输出回路的供电系统电源已被隔离，这样可提高系统对电磁干扰的抑制能力。

当控制装置和电气设备的内部子系统需要相互隔离时，它们各自的直流供电电源也相互隔离，其隔离方式如图 14.4（b）所示。

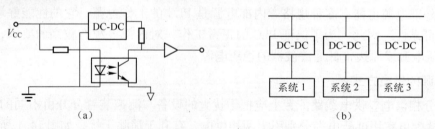

图 14.4　直流供电系统的隔离

当系统采用模块化结构时，电源模块的容量应保证满足 PLC 系统对电源容量的要求，电源模块的额定输出容量应大于系统中全部组成模块所消耗的功率总和，并且留有 20% ~ 30% 的余量。

14.5.2　I/O 装置外部电源

I/O 外部电源是指用于 PLC 源型输入模块、PLC 输出模块、输入传感器（如接近开关等）、输出执行元件的电源。

用于 PLC 输入信号的外部电源一般为 DC 24V。由于输入信号的电压波动可能直接影响到 PLC 输入状态的变化，故对其要求较高，原则上应采用稳压电源供电；至少应通过三相桥式整流、滤波后进行供电；不能使用仅通过单相桥式整流的直流电源，以防止输入信号采样的错误。

用于 PLC 输出信号的外部电源与 PLC 的输出形式与负载要求有关，可以是交流，也可以是直流。特别在当采用继电器接点输出时，电源要求完全取决于负载。

通常情况下，PLC 对输出电源的要求要低于输入电源。如：对于直流 24V 中间继电器、电磁阀类负载，一般可以使用单相桥式整流的直流电源，但是，当 PLC 的输出需要作为系统其他控制装置的输入时，必须根据后者的要求选择输出电源。

14.5.3　PLC 总供电系统

作为 PLC 总供电系统基本设计原则，应注意如下几个方面：

（1）在系统中，与 PLC 有关的全部电源，均可以通过设备的总电源开关进行分断，实现与电网的隔离。

（2）PLC 作为系统主要的控制装置，原则上应在设备总电源接通后，无须其他启动操作，即可以立即投入工作，以便控制系统对控制对象实施有效的监控。

（3）对于同时使用基本单元与扩展单元的控制系统，扩展单元的电源应先于基本单元或同时接通，以便基本单元对扩展单元实施有效的监控。

（4）用于 PLC 输入信号的外部电源，可以与 PLC 基本电源共用，但回路中必须安装独立的保护器件（如断路器等）。

（5）当用于 PLC 输入信号的外部电源独立设置时，此电源应在设备总电源接通后，立即投入工作，以便 PLC 通过输入信号对设备的现行状态实施有效的监控。

（6）用于 PLC 输出信号的外部电源，可以与输入电源共用或进行独立设置。对于组成复杂、执行元件较多的控制系统，可根据需要设置多个电源。

（7）当 PLC 输出使用公用外部电源时，应根据输出对象的不同，分类设置多路保护（如断路器等），且每一类输出的电源接通次序应有所区别。设计应保证 PLC 的各类输出电源的通断，受强电控制回路"互锁"条件的约束与控制。

（8）用于系统中的其他控制回路用电源，在电压相同时（如 DC 24V 控制回路），可以与 PLC 的输入或输出电源共用，但必须安装有独立的保护元件（如断路器等）。

14.6 任务六 系统电缆、接地设计

【相关知识】

在系统设计时，应从安全角度、功能和抑制干扰的角度考虑接地方式、接地点、接地线；此外，良好的接地设计必须有良好的装配工艺做保障，才能达到预期的目的。在接地设计时，要根据实际情况选择接地方式及接地点。

1. 电缆的选择

在 PLC 控制系统中，既有传输各种开关量、模拟量和各种高速信号（光电信号、高速脉冲信号）的信号线，又有供电系统的动力线。模拟量信号和高速信号传输应该选用屏蔽电缆。开关量信号对信号电缆没有严格的要求，可以选择普通电缆。长距离传输信号时，可以选用屏蔽电缆。对于高频信号的传输，应该选用专用电缆或光纤电缆。低频信号的传输，可以采用带屏蔽的多芯电缆或双绞线电缆。电源供电系统一般可按通常的供电系统选择电源电缆。

2. 接地系统设计准则

（1）电路尺寸小于 0.05λ 时可用单点接地，大于 0.15λ 时可用多点接地。对于最大尺寸远小于 $\lambda/4$ 的电路，使用单点接地的紧绞合线（是否屏蔽视实际情况而定），以使控制设备敏感度最好。

（2）对工作频率很宽的系统要用混合接地。

（3）出现地线环路问题时，可用浮地隔离（如变压器，光电）。

（4）所有接地线要短。

（5）接地线要导电良好，避免高阻性。

（6）对信号线、信号回线、电源系统回线以及底板或机壳都要有单独的接地系统，然后可以将这些回线接到一个参考点上。

（7）对于那些将出现较大电流突变的电路，要有单独的接地系统，或者有单独的接地回线以减少对其他电路的瞬态耦合。

3. 地线设计步骤

（1）分析系统内各类器件的干扰特性。

（2）分析系统内各电路单元的工作电平、信号类型等干扰特性和抗干扰能力。

（3）将地线分类，例如分为信号地线、干扰源地线、机壳地线等，信号地线还可分为模拟地线和数字地线等。

（4）画出总体布局图和地线系统图。

PLC控制系统的接地一般有三种方式，专用接地，即控制器和其他控制设备分别接地方式，这种接地方式最好。如果做不到每个控制设备专用接地，可使用公共接地方式，但不允许使用共通接地方式，特别是应避免与电动机、变压器等动力设备共通接地。接地时应注意：接地线应尽量粗，一般用大于 $2mm^2$ 的接地线。接地点应尽量靠近控制器，接地点与控制器之间的距离不大于 $50m$。接地线应尽量避开强电回路和主回路电线，不能避开时，应垂直相交，尽量缩短平行走线长度。

14.7　任务七　总装统调

【相关知识】

对于PLC控制系统来说，可以先进行模拟调试。使用一些硬件设备，如输入器件等组成的电路产生模拟信号，并将这些信号以硬接线的方式连到PLC系统的输入端，来模拟现场的输入信号的状态；用输出点的指示灯来模拟被控对象；用PL707WIN软件将设计好的控制程序传送到PLC中，进行程序的监控和模拟调试运行。在模拟调试过程中，可采用分段调试的方法，逐步扩大，直到整个程序的调试。

模拟调试通过后，才进行实际的总装统调。先要仔细检查PLC外部设备的接线是否正确和可靠，外部的接线一定要正确无误。还要检查一下各个设备的的工作电压是否正常，不要只检查电源的输出电压，而要直接检查各个设备管脚上的工作电压是否正常。很多情况下，设备工作电压的异常，可能是由于连接线接触不良或是内部断开的原因所引起的。如果只检查电源电压，往往会造成误判断。同时，在将用户程序送到PLC之前，可先用一些短小的测试程序检测外部的接线状况，看看有无接线故障。进行这类预调时，要将主电路先断开，目的为了安全和可靠，避免误操作或电路故障而损坏主电路的元器件。当一切确认无误后，可将程序送入存储器中进行总调试，直到各部分都能正常工作，并且能成为一个正确的整体控制为止。如在统调过程中发现问题，则要对硬件和软件做出调整。全部调试结束后，可将程序长久保存在有记忆功能的EPROM中。

习　题　14

14.1　如何正确选择PLC的机型？

14.2　如何进行PLC内存容量的估算？

14.3　PLC的工作电源分为几种？对于交流供电方式，通常采用何种配线？

模块 15　PLC 在自动控制系统中的应用

知识目标

(1) 理解 PLC 在控制系统中的应用；
(2) 根据实例，掌握 PLC 控制系统的设计流程。

能力目标

(1) 能根据任务要求，完成 PLC 系统设计；
(2) 能熟练完成 PLC 系统的操作运行与调试工作。

15.1　任务一　机械手控制系统的设计

【任务提出】

机械手的动作示意图如图 15.1 所示，它是一个水平/垂直位移的机械设备，用来将工件由左工作台搬到右工作台。机械手的全部动作均由液压驱动，而液压缸又由相应的电磁阀控制。其中，上升/下降和左移/右移分别由三位四通电磁阀控制，即当下降电磁阀通电时，机械手下降；当上升电磁阀通电时，机械手才上升；当电磁阀断电时，电磁阀处于中位，机械手停止。同样，左移/右移控制原理相同。机械手的放松/夹紧由一个二位二通电磁阀（称为夹紧电磁阀）控制。当该线圈通电时，机械手夹紧；当该线圈断电时，机械手放松。

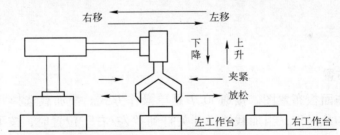

图 15.1　机械手的动作示意图

为了确保安全，必须在右工作台无工件时才允许机械手下降。若上一次搬运到右工作台上的工件尚未搬走时，机械手应自动停止下降，用光电开关 I0.5 进行无工件检测。

机械手的动作过程如图 15.2 所示。机械手的初始位置在原点，按下启动按钮，机械手将依次完成下降→夹紧→上升→右移→再下降→放松→再上升→左移 8 个动作。至此，机械手经过 8 步动作完成了一个周期的动作。机械手下降、上升、右移、左移等动作的转换，是由相应的限位开关来控制的，而夹紧、放松动作的转换是由时间继电器来控制的。

机械手的操作方式分为手动操作方式和自动操作方式。自动操作方式又分为步进、单周期和连续操作方式。

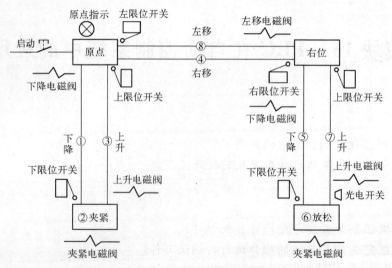

图 15.2 机械手的动作过程

（1）手动操作。就是用按钮操作对机械手的每一步运动单独进行控制。例如，当选择上/下运动时，按下启动按钮，机械手下降；按下停止按钮，机械手上升。当选择左/右运动时，按下启动按钮，机械手右移；按下停止按钮，机械手左移。当选择夹紧/放松运动时，按下启动按钮，机械手夹紧；按下停止按钮，机械手放松。

（2）步进操作。每按一次启动按钮，机械手完成一步动作后自动停止。

（3）单周期操作。机械手从原点开始，按一下启动按钮，机械手自动完成一个周期的动作后停止。

（4）连续操作。机械手从原点开始，按一下启动按钮，机械手的动作将自动地、连续不断地周期性循环。在工作中若按一下停止按钮，则机械手将继续完成一个周期的动作后，回到原点自动停止。

【任务实施】

1. 操作面板布置

图 15.3 为操作面板布置图。接通 I0.7 是单操作方式。按加载选择开关的位置，用启动/停止按钮选择加载操作，当加载选择开关打到"左/右"位置时，按下启动按钮，机械手右行；按下停止按钮，机械手左行。用上述操作可使机械手停在原点。

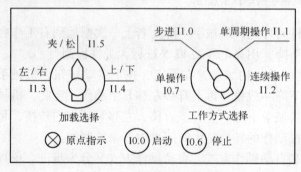

图 15.3 操作面板布置图

接通 I1.0 是步进方式。机械手在原点时，按下启动按钮，向前操作一步；每按启动按钮一次，操作一步。接通 I1.1 是单周期操作方式。机械手在原点时，按下启动按钮，自动操作一个周期。接通 I1.2 是连续操作方式。机械手在原点时，按下启动按钮，连续执行自动周期操作，当按下停止按钮，机械手完成此周期动作后自动回到原点并不再动作。

2. I/O 地址分配

机械手控制系统所采用的 PLC 是德国西门子公司生产的 S7-200 CPU 224，图 15.4 是系统 I/O 地址分配图。该机械手控制系统共使用了 14 个输入量，6 个输出量。

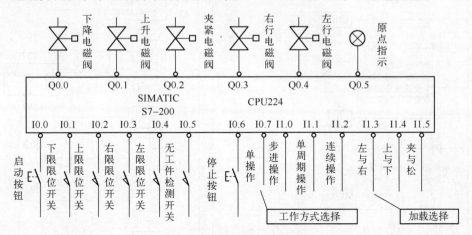

图 15.4　输入/输出端子分配

3. 整体程序结构

机械手的整体程序结构如图 15.5 所示。若选择单操作工作方式，I0.7 断开，接着执行单操作程序。单操作程序可以独立于自动操作程序，可另行设计。

在单周期工作方式和连续操作方式下，可执行自动操作程序。在步进工作方式，执行步进操作程序，按一下启动按钮执行一个动作，并按规定顺序进行。

在需要自动操作方式时，中间继电器 M1.0 接通。步进工作方式、单操作工作方式和自动操作方式，都用同样的输出继电器。

4. 整体顺序功能流程图

机械手的顺序功能流程图如图 15.6 所示。PLC 上电时，初始脉冲 SM0.1 对状态进行初始复位。当机械手在原点时，将状态继电器 S0.0 置 1，这是第一步。按下启动按钮后，置位状态继电器 S0.1，同时将原工作状态继电器 S0.0 清零，输出继电器 Q0.0 得电，Q0.5 复位，原点指示灯熄灭，执行下降动作。当下降到底碰到下限位开关时，I0.1 接通，将状态继电器 S0.2 置 1，同时将状态继电器 S0.1 清零，输出继电器 Q0.0 复位，Q0.2 置 1，于是机械手停止下降，执行夹紧动作；定时器 T37 开始计时，延时 2s 后，接通 T37 动合触点将状态继电器 S0.3 置 1，同时将状态继电器 S0.2 清零，而输出继电器 Q0.1 得电，执行上升动作。由于 Q0.2 已被置 1，夹紧动作继续执行。当上升到上限位时，I0.2 接通，将状态继电器 S0.4 置 1，同时将状态继电器 S0.3 清零，Q0.1 失电，不再上升，而 Q0.3 得电，执行右行动作。当右行至右限位时，I0.3 接通，Q0.3 失电，机械手停止右行，若此时 I0.5 接通，则将状态继电器 S0.5 置 1，同时将状态继电器 S0.4 清零，而 Q0.0 再次得电，执行下降动作，当下降到底碰到下限位开关时，I0.1 接通，将状态继电器 S0.6 置 1，同时将状态继电器 S0.5 清零，输出继电器 Q0.0 复位，Q0.2 被复位，于是机械手停止下降，执行松开动作；定时器 T38 开始计时，延时 1s 后，接通 T38 动合触点将状态继电器 S0.7 置 1，同时将状态继电器 S0.6 清零，而输出继电器 Q0.1 再次得电，

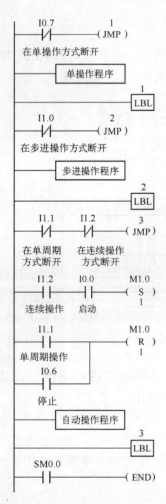

图 15.5　机械手的整体程序结构

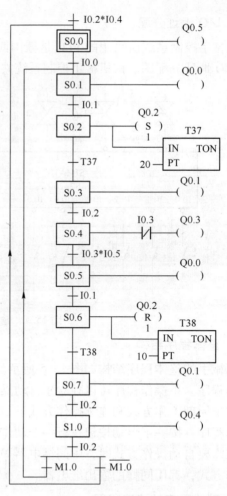

图 15.6　顺序功能流程图

执行上升动作。行至上限位置，I0.2 接通，将状态继电器 S1.0 置 1，同时将状态继电器 S0.7 清零，Q0.1 失电，停止上升，而 Q0.4 得电，执行左移动作。到达左限位，I0.4 接通，将状态继电器 S1.0 清零。如果此时为连续工作状态，M1.0 置 1，即将状态继电器 S0.1 置 1，重复执行自动程序。若为单周期操作方式，状态继电器 S0.0 置 1，则机械手停在原点。

在运行中，如按停止按钮，机械手的动作执行完当前一个周期后，回到原点自动停止。

在运行中，若 PLC 掉电，机械手动作停止。重新启动时，先用手动操作将机械手移回原点，再按启动按钮，便可重新开始自动操作。

5. 实现单操作工作的程序

图 15.7 是实现单操作工作的梯形图程序。为避免发生误动作，插入了一些连锁电路。例如，将加载

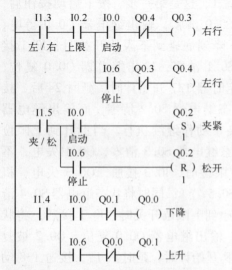

图 15.7　单操作工作的梯形图程序

开关扳到"左右"挡，按下启动按钮，机械手向右行；按下停止按钮，机械手向左行。这两个动作只能当机械手处在上限位置时才能执行（即为安全起见，设上限安全联锁保护）。

将加载选择开关扳到"夹/松"挡，按启动按钮，执行夹紧动作；按停止按钮，松开。

将加载选择开关扳到"上/下"挡，按启动按钮，下降；按停止按钮，上升。

6. 自动顺序操作控制程序

根据机械手顺序工作流程图（或称功能图），用步进功能指令编制梯形图如图 15.8 所示。需要说明几点：

（1）PLC 上电，用传送指令复位从 S0.0 开始的一个字，本例中，复位 S0.0~S1.0。

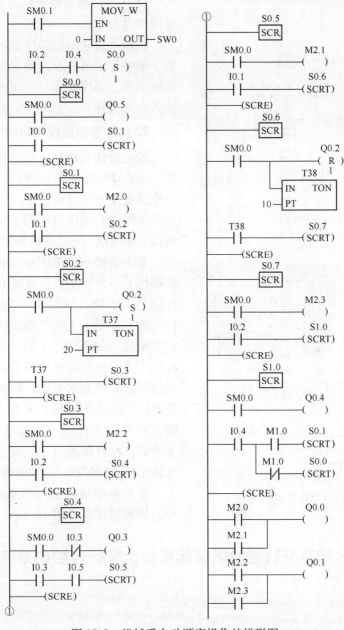

图 15.8　机械手自动顺序操作的梯形图

（2）点位置必须是机械手在上限位开关和左限位都闭合的位置，所有的操作必须从原点位置开始。

（3）从顺序功能流程图上看，上升和下降在一个循环周期中出现两次，使用 S7－200 PLC 的顺控指令时不能有双线圈输出，所以在本例中用了位存储器 M2.0、M2.1 来控制 Q0.0 输出，用了位存储器 M2.2、M2.3 来控制 Q0.1 输出。

（4）右行到位后由右行限位开关断开右行，然后光电开关检测右工作台无工件时，才进入步 S0.5，机械手开始下降，所以在右行控制梯级中串入了 I0.3 的常闭接点。

（5）由位存储器的状态来决定执行连续或单操作过程。

机械手自动顺序操作也可以用移位寄存器指令来编程，每一步的满足条件作为下一步的启动条件，顺序操作，这里不再列出程序，请读者自行设计。

7. 机械手步进操作功能流程图

步进动作是指按下启动按钮一次，动作一次。步进动作功能图与图 15.6 相似，只是每步动作都需按一次启动按钮，如图 15.9 所示。步进操作所用的输出继电器、定时器与其他操作所用的输出继电器、定时器相同。

在步进操作功能图中，在每个活动步的后面都加了一个控制启动按钮 I0.0，由于 I0.0 是短信号，所以，如果是一般输出线圈，则与 I0.0 都并联了一个相应输出的线圈常开接点来自锁输出，如下降、上升、右行、左行；如果使用了置位，可以不与 I0.0 并联一个相应输出的线圈常开接点来自锁，但如果本支路带时间继电器，就必须与 I0.0 并联一个相应输出的线圈常开接点来自锁，为时间继电器提供能流，如夹紧；松开梯级由于是复位，所以并联了一个输出的常闭接点，为时间继电器提供能流。

步进操作功能图与自动顺序功能图相似，控制梯形图请参考图 15.8。

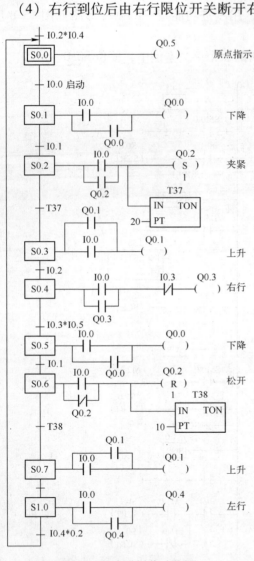

图 15.9 步进操作功能图

15.2 任务二 带有夹轨器的塔架起重机大车行走控制系统的设计

【任务提出】

STDQ1800/60 型单臂塔架起重机是我国上世纪 70 年代的产品，它主要由塔架、运行台车架、台车、转盘、人字架、机房、司机室、臂架、吊钩等组成。整个起重机运行机构主要分为4大部分：起升机构、变幅机构、旋转机构、大车行走机构。在三峡大坝120栈桥上施工的单臂塔架起重机有4台，由于三峡地区特殊的地理环境和施工条件，同时也由于STDQ1800/60型单臂塔架起重机施工时回转运动的惯性作用，产生了巨大的冲击力，常使台车联动轴扭断或减速器固定底盘脱裂。此外，为了增强塔机防风能力，为每台塔机设计并加装了四套夹轨器。

塔机加装了夹轨器后，原有设备大车运行系统的控制逻辑发生了变化，原有的继电－接触器控制系统已无法满足要求，综合可靠性和经济性等方面的考虑，采用PLC控制系统来替代原有的继电控制系统。

15.2.1 大车行走控制系统

塔架起重机系统的大车运行机构有4组独立的台车组件，分别安装在门架端梁的4个支承架下方。运行台车组的机构包括：支承架、平衡梁、主动台车、从动台车等。

1. 塔机加装夹轨器前大车运行控制机构

（1）大车行走警声灯。它一共有4组，分别安装在塔机台车外侧显眼的地方，通过声音和灯光提醒施工人员注意安全。

（2）拖动大车的电动机及电力液压推杆制动器。拖动大车运行的是8台绕线式的异步电动机，采用串电抗器启动，制动采用液压推杆制动器，大车运行时启动液压电机，打开制动抱闸，大车停止时由弹簧推动推杆进行制动。

（3）拖动电缆卷筒的力矩电动机。用于电缆的收放，由一台力矩电动机拖动。

（4）大车左、右运行设极限限位保护。

2. 塔机加装夹轨器后大车运行控制机构

经过精心设计和调试后的自动液压弹簧式夹轨器焊接在台车端部，与台车连成一个整体。大车运行控制系统就增加了一套液压控制系统，液压控制系统主要由液压泵站、控制夹轨器开钳与夹钳的三位四通电磁阀和开钳到位与夹钳到位限位开关组成。

3. 塔机大车行走控制技术要求和动作过程

大车行走控制的基本要求主要有：

（1）塔机大车的运行采用联动台（司机室内）和现场（控制柜门上）两种操作方式，联动台由主令控制器控制大车运行，现场由转换开关控制大车运行。现场操作时联动台的主令控制器应在零位。同时在两地设有紧急停车按钮。

（2）塔机在停机状态和施工作业阶段夹轨器应与固定轨道保持足够的连接，不会因大风和施工工作产生滑动；在大车需要行走时，夹轨器应可靠打开，以方便塔机在轨道上行走，而且不产生任何阻力，确保大车安全稳定的行走。

（3）大车需要行走时，液压电机启动，带动液压泵给液压油加压，为夹钳的运动提供条件。同时可考虑加装压力开关和进行延时补偿，以缓解压力管的压力和溢流阀的压力，延长设备的使用寿命。通过电磁阀选择液压油的流动方向，以决定夹轨器的开启。在夹轨器可靠地打开或关闭时应停止液压泵电机的工作，以免液压泵电机长时间运行，甚至超载运行烧坏电机。

（4）大车行走时，电力液压推杆制动器应可靠打开，停止行走时，电力液压推杆制动器应延时制动，延时时间不能过长，应根据具体情况而定。

（5）电缆卷筒拖动电机应和大车行走时同时启动，停止时适当延时，务求电缆完全收放，既不能收得太紧，也不能太松。

（6）大车行走警声灯在大车行走前应发出声光信号，提醒附近人员注意安全。

（7）大车控制系统应改为 PLC 控制系统，而且要和原来的控制系统匹配，不再增加司机室的控制主令电器，由于中心受电器的受电环预留有限，不能增加太多新的控制线路。

（8）所有电力及控制电缆必须穿管敷设，中间不能有接头和分支。

根据甲方要求及现场考察的实际情况，归纳并整理塔机大车运行控制技术要求，塔机动作功能描述如下：

（1）PLC 上电（包括停电后来电、电动机保护动作后恢复供电、上班送电等）。PLC 自检夹钳限位开关的状态，如果检测不到夹轨器可靠夹钳到位信号，PLC 将自动启动警声灯和液压站，完成夹钳，这是为了可靠保证塔机和轨道始终连接；检测到夹钳到位信号，则保持夹钳。

（2）大车行走。大车行车指令到，警声灯发出声光信号，延时，液压站电机启动，延时，开钳（电磁阀）动作，夹轨器打开，开钳限位信号回 PLC，大车制动器动作，延时，大车电动机和电缆卷筒（力矩电动机）启动，大车行走，电缆卷筒自动收放电缆。

（3）停大车。无行车指令（大车已动），停大车电动机，延时，停大车制动器，延时，停电缆卷筒，夹钳动作，夹钳限位信号回 PLC，停液压站和警声灯，零位信号回联动台。

（4）启动过程中，无行车指令（即两地控制开关中途回零位），PLC 则根据实际的运行状态，按停车后必须可靠夹钳的原则执行停车过程。

（5）大车行程限位动作。大车按停车动作程序执行，主令控制开关同向操作时无效，反向操作则按行车动作程序执行。

（6）大车的操作应从零位状态下开始才有效。

【任务实施】

1. 现场控制柜盘面布置

现场控制柜安装在塔吊台车主横梁上方，与上行扶梯临近。图 15.10 所示为现场控制柜操作面板布置图。面板上面一排为信号灯。当工作人员上班时，按启动按钮，电源指示灯亮，现场控制柜通电，同时轴流风机启动，为 PLC 等通风降温（为了节省输入点，启动按钮信号不进入 PLC，这也是减少输入点的方法）；当司机室主令开关处于零位和大车电机保护正常时，零位指示灯亮；开钳、夹钳指示灯指示夹轨器工作状态。

I0.1 接通，司机室和现场都可以按正常程序操作，即完成左、右行走，正常工作过程。I0.2 接通，调试开夹钳工作状态，如果 I0.7 接通，开钳；如果 I0.6 接通，夹钳。I0.3 接通，调试大车运行工作状态，如果 I0.7 接通，大车左行；如果 I0.6 接通，大车右行。

控制柜面板下一排有两个按钮，一个为电源启动按钮，为了减少输入点，启动按钮直接接通控制柜电源，为现场操作提

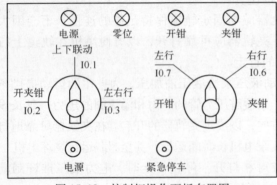

图 15.10　控制柜操作面板布置图

供条件；另一个是现场急停（紧急停车）按钮，直接停止供电，所有工作过程结束。

2. PLC 外部接线图及 I/O 地址分配

大车行走控制系统所采用的 PLC 是德国西门子公司生产的 S7 – 200 CPU 224，图 15.11 是 S7 – 200 CPU 244 输入/输出端子地址分配图和接线图。该控制系统共使用了 14 个输入量，9 个输出量。其中需要说明的是：

$$FR \sum = FR1 * FR2 * FR3 * FR4 * FR5 * FR6 * FR7 * FR8$$

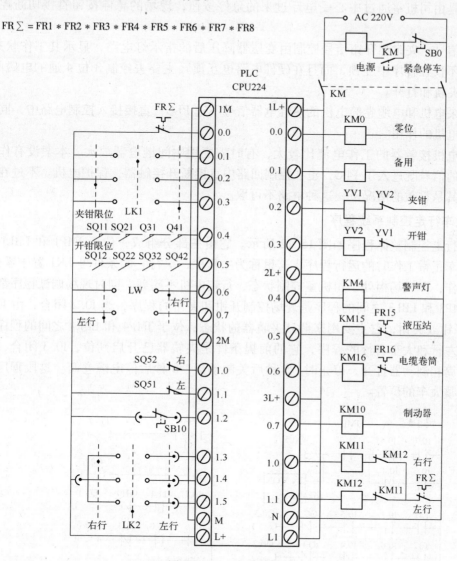

图 15.11　PLC 接线图和 I/O 分配

（1）I0.0 是 8 台行走电机的热继电器的常闭接点，在正常工作中，只要有一台电机过载，I0.0 的信号就进入 PLC，停止 PLC 的运行。现场有时根据需要也只开 4 台电机，由于塔吊自重超过 800 吨，启动时，电机基本上处于过载状态，使 PLC 无法运行。在这种情况下，可设延时电路躲过，或直接去掉该信号。

（2）I0.4、I0.5 分别是夹钳到位信号和开钳到位信号，它们常用的是常开接点的串联方式，只要有一个夹轨器夹钳或开钳不到位，PLC 都不会执行下一个动作。

（3）I0.6、I0.7 是现场控制柜控制大车右行或左行的控制主令开关信号。I1.3、I1.4 是由司机室通过中心受电环过来的控制大车右行或左行的控制主令开关信号。I1.5 是主令开关零位信号，任何操作都要从零位开始。

（4）I1.0 和 I1.1 是大车左、右行极限限位开关，是保护塔吊不出轨道的终极保护输入信号。

（5）I1.2 是由司机室通过中心受电环过来的急停按钮，现场的急停按钮直接切断控制柜的电源。

（6）零位信号、夹钳和开钳信号控制由变压器降压后的指示灯电路，显示其工作状态；夹钳和开钳（不仅在程序中互锁，而且在硬件电路也互锁）主要去控制 3 位 4 通的电磁阀，控制夹轨器的夹轨和打开。

（7）液压泵电机和电缆卷筒电机的热继电器信号不进 PLC，直接接入控制电路中，同样可以起到保护电机的作用。

（8）大车电机接触器的工作电流比较大，有时需要用中间继电器放大，本案没有作处理。热继电器的信号既进入了 PLC，也在控制回路中直接断开接触器，保护电机。不过在实际工作中，尤其是重载的情况下，这种电路不可取。

3. 设计大车行走控制系统程序

设计大车行走控制整体程序如图 15.12 所示。它由三部分组成，位于 JMP1 和 LBL1 之间的程序是大车正常工作时的运行程序，这里称为主程序，执行它的条件是 LK1 置于零位、热继电器不动作，即现场柜处于司机室控制状态，行走电机不超载，同时现场调试程序都不执行；位于 JMP3 和 LBL3 之间的程序是现场控制开钳和夹钳的程序，当 I0.2 闭合，由 I0.7 和 I0.6 决定开钳或夹钳，它主要用来调试夹轨器的状态；位于 JMP4 和 LBL4 之间的程序是现场控制大车左行和大车右行的程序，它的前提条件是夹轨器已开启到位，I0.3 闭合，行走时，电缆卷筒和制动器打开，停止时，5 秒后关制动器，8 秒后停电缆卷筒。这段程序主要用来现场调整大车的位置。

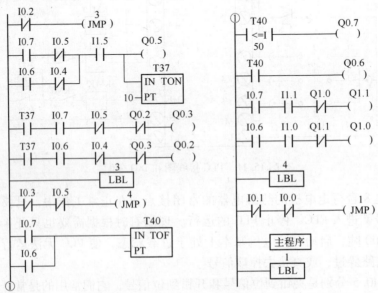

图 15.12　大车运行的整体程序

大车的司机室控制程序如图 15.13 所示。这是用经验法编制的程序，看起来比较复杂，其实层次很清晰。这里对位存储信号进行介绍。M0.1 是行车标志信号，不管是现场还是司机室、是左行还是右行；M0.4 是初始化标志信号，主要用来检测夹轨器是否夹钳到位，否则启动夹钳；M0.5 是在无行车信号的状态下，夹钳不到位信号标志；M0.6 是行车警声灯已得电，而液压站没动的标志信号；M0.7 是液压站已动，而延时时间没到的标志信号；M1.0 是正开钳，但是没开到位标志信号；M1.1 是开钳到位，而电缆卷筒没动的标志信号；M0.3 是夹钳到位标志信号；M0.2 是延时 5 秒去控制大车制动的标志信号。知道这些信号的作用后，再去分析程序就简单多了。还有一个要注意的问题是，左、右限位等信号进入 PLC 是常闭接点信号，所以在程序中如果是常开接点的，程序运行时接点处于闭合状态，这是一个基本的概念。大车和电缆卷筒的制动，在这个程序中用的是通电延时定时器，而在整体程序中用的是断电延时定时器，其实用断电时间定时器更方便，更合乎实际。大车和电缆卷筒的制动采用断电延时定时器，即是对断电延时定时器的最好的诠释。

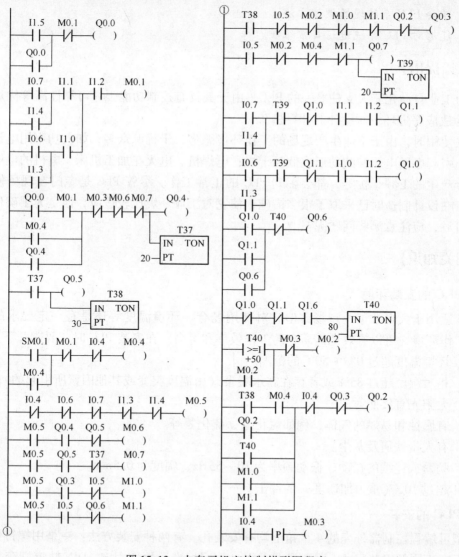

图 15.13　大车司机室控制梯形图程序

模块 16　PLC 的安装与维护

知识目标

（1）掌握 PLC 的正确安装方法；
（2）熟悉 PLC 的安装环境；
（3）掌握 PLC 系统现场的调试流程。

能力目标

（1）能够正确、合理安装 PLC 系统；
（2）学会 PLC 系统现场调试方法；
（3）能够对 PLC 系统进行日常维护。

【任务提出】

作为工业自动化三大支柱之一的 PLC，由于其具有控制功能强，可靠性高等优点，被称为"专为适应恶劣环境而设计的计算机"。

但在使用时，由于工业生产现场的工作环境恶劣，干扰源众多，如大功率用电设备的启动或停止引起电网电压的波动形成低频干扰；电焊机、电火花加工机床、电机的电刷等通过电磁耦合产生的工频干扰等，都会影响 PLC 的正常工作。尽管 PLC 是专门在现场使用的控制装置，在设计制造时已采取了很多措施，使它对工业环境比较适应，但是为了确保整个系统稳定可靠，应注意哪些问题呢？

【相关知识】

1. PLC 的安装环境

PLC 适用于大多数工业现场，但它对使用场合、环境温度等还是有一定要求的。控制 PLC 的工作环境，可以有效地提高它的工作效率和寿命。在安装 PLC 时，要避开下列场所：

（1）环境温度超过 0℃～50℃ 的范围。
（2）相对湿度超过 85% 或者存在露水凝聚（由温度突变或其他因素所引起的）。
（3）太阳光直接照射。
（4）有腐蚀和易燃的气体，例如氯化氢、硫化氢等。
（5）有大量铁屑及灰尘。
（6）频繁或连续的振动，振动频率为 10～55Hz、幅度为 0.5mm。
（7）超过 10g（重力加速度）的冲击。

2. PLC 的安装

小型可编程控制器外壳的 4 个角上均有安装孔。有两种安装方法：一是用螺钉固定，不同的单元有不同的安装尺寸；另一种是 DIN（德国标准）轨道固定。DIN 轨道配套使用的安装夹板，左右各一对。在轨道上，先装好左右夹板，装上 PLC，然后拧紧螺钉。为了使控制系统工作可靠，通常把可编程控制器安装在有保护外壳的控制柜中，以防止灰尘、油污、水溅。为了保证可编程控制器在工作状态下其温度保持在规定环境温度范围内，安装机器应有足够的通风空间，基本单元和扩展单元之间要有 30mm 以上间隔。如果周围环境超过 55℃，要安装电风扇，强迫通风。

当可编程控制器垂直安装时，要严防导线头、铁屑等从通风窗掉入可编程控制器内部，造成印制电路板短路，使其不能正常工作甚至永久损坏。

数字量信号一般对信号电缆无严格的要求，可选用一般电缆，信号传输距离较远时，可选用屏蔽电缆。模拟信号和高速信号线（如脉冲传感器、计数码盘等提供的信号）应选择屏蔽电缆。通信电缆对可靠性的要求高，有的通信电缆的信号频率很高（如大于等于 10MHz），一般应选用专用电缆（如光纤电缆），在要求不高或信号频率较低时，也可以选用带屏蔽的多芯电缆或双绞线电缆。

PLC 应远离强干扰源，如大功率晶闸管装置、变频器、高频焊机和大型动力设备等。PLC 不能与高压电器安装在同一个开关柜内，在柜内 PLC 应远离动力线（二者之间的距离应大于 200mm）。与 PLC 装在同一个开关柜内的电感性元件，如继电器、接触器的线圈，应并联 RC 消弧电路。

信号线与功率线应分开走线，电力电缆应单独走线，不同类型的线应分别装入不同的电缆管或电缆槽中，并使其有尽可能大的空间距离，信号线应尽量靠近地线或接地的金属导体。

当数字量输入、输出线不能与动力线分开布线时，可用继电器来隔离输入/输出线上的干扰。当信号线距离超过 300m 时，应采用中间继电器来转接信号，或使用 PLC 的远程 I/O 模块。

I/O 线与电源线应分开走线，并保持一定的距离，如不得已要在同一线槽中布线，应使用屏蔽电缆。交流线与直流线应分别使用不同的电缆，如 I/O 线的长度超过 300m 时，输入线与输出线应分别使用不同的电缆；数字量、模拟量 I/O 线应分开敷设，后者应采用屏蔽线。如果模拟量输入/输出信号距离 PLC 较远，应采用 4～20mA 或 0～10mA 的电流传输方式，而不是易受干扰的电压传输方式。

传送模拟信号的屏蔽线，其屏蔽层应一端接地，为了泄放高频干扰，数字信号线的屏蔽层应并联电位均衡线，其电阻应小于屏蔽层电阻的 1/10，并将屏蔽层两端接地。如果无法设置电位均衡线，或只考虑抑制低频干扰时，也可以一端接地。

不同的信号线最好不用同一个插接件转接，如必须用同一个插接件，要用备用端子或地线端子将它们分隔开，以减少相互干扰。

3. PLC 控制系统的调试

PLC 控制系统的调试应在模拟调试及现场安装后进行。调试时可先不带负载，利用编程器的监视功能，采用分段、分级、逐步加载的方法进行。若不符合要求，通常只需修改部分程序或参数即可达到调整的目的。现场调试完毕应注意程序的保存。

4. 故障的检测与诊断

PLC 的可靠性很高，本身有很完善的自诊断功能，如果出现故障，借助自诊断程序可以方便地找到出现故障的部件，更换它后就可以恢复正常工作。

大量的工程实践表明，PLC 外部的输入、输出元件，如限位开关、电磁阀、接触器等的故障率远远高于 PLC 本身的故障率，而这些元件出现故障后，PLC 一般不能觉察出来，不会自动停机，可能使故障扩大，直至强电保护装置动作后停机，有时甚至会造成设备和人身事故。停机后，查找故障也要花费很多时间。为了及时发现故障，在没有酿成事故之前自动停机和报警，也为了方便查找故障，提高维修效率，可用梯形图程序实现故障的自诊断和自处理。

现代的 PLC 拥有大量的软件资源，如 S7 - 200 系列 CPU 有几百点存储器位、定时器和计数器，有相当大的余量。可以把这些资源利用起来，用于故障检测。

（1）超时检测。机械设备在各工步的动作所需的时间一般是不变的，即使变化也不会太大，因此可以以这些时间为参考，在 PLC 发出输出信号，相应的外部执行机构开始动作时启动一个定时器定时，定时器的设定值比正常情况下该动作的持续时间长 20% 左右。例如，设某执行机构在正常情况下运行 10s 后，它驱动的部件使限位开关动作，发出动作结束信号。在该执行机构开始动作时启动设定值为 12s 的定时器定时，若 12s 后还没有接收到动作结束信号，由定时器的常开触点发出故障信号，该信号停止正常的程序，启动报警和故障显示程序，使操作人员和维修人员能迅速判别故障的种类，及时采取排除故障的措施。

（2）逻辑错误检测。在系统正常运行时，PLC 的输入、输出信号和内部的信号（如存储器位的状态）相互之间存在着确定的关系，如出现异常的逻辑信号，则说明出现了故障。因此，可以编制一些常见故障的异常逻辑关系，一旦异常逻辑关系为 ON 状态，就应按故障处理。例如，某机械运动过程中先后有两个限位开关动作，这两个信号不会同时为 ON。若它们同时为 ON，说明至少有一个限位开关被卡死，应停机进行处理。在梯形图中，用这两个限位开关对应的输入位的常开触点串联，来驱动一个表示限位开关故障的存储器位。

5. PLC 控制系统的维护

PLC 本身的稳定性、可靠性较高，日常维护非常简单方便，主要包括基板螺钉是否有松动，各接线端是否牢固，观察指示灯，注意 PLC 及系统的运行情况，以便发现问题，及时处理。除此之外，还要注意定期更换锂电池。

附录 A S7 - 200 PLC 快速参考信息

表 A.1 常用特殊继电器 SM0 和 SM1 的位信息

特殊存储器位			
SM0.0	该位始终为 1	SM1.0	操作结果 = 0 时置位
SM0.1	首次扫描时为 1	SM1.1	结果溢出或非法数值时置位
SM0.2	保持数据丢失时为 1	SM1.2	结果为负数时置位
SM0.3	开机进入 RUN 时为一个扫描周期	SM1.3	试图除以零时置位
SM0.4	时钟脉冲：30s 闭合/30s 断开	SM1.4	执行 ATT 指令，超出表范围时置位
SM0.5	时钟脉冲：0.5s 闭合/0.5s 断开	SM1.5	从空表中读数时置位
SM0.6	时钟脉冲：闭合 1 个扫描周期/断开 1 个扫描周期	SM1.6	BCD 到二进制转换出错时置位
SM0.7	开关放置在 RUN 位置时为 1	SM1.7	ASCII 码到十六进制转换出错时置位

表 A.2 S7 - 200 CPU 存储器范围和特性汇总

描　述	范　围				存取格式			
	CPU221	CPU222	CPU224	CPU226	位	字节	字	双字
用户程序区	2KB 字	2KB 字	4KB 字	4KB 字				
用户数据区	1KB 字	1KB 字	2.5KB 字	2.5KB 字				
输入映像寄存器	I0.0 ~ I15.7	I0.0 ~ I15.7	I0.0 ~ I15.7	I0.0 ~ I15.7	Ix.y	IBx	IWx	IDx
输出映像寄存器	Q0.0 ~ Q15.7	Q0.0 ~ Q15.7	Q0.0 ~ Q15.7	Q0.0 ~ Q15.7	Qx.y	QBx	QWx	QDx
模拟输入（只读）	—	AIW0 ~ AIW30	AIW0 ~ AIW30	AIW0 ~ AIW30			AIWx	
模拟输出（只写）	—	AQW0 ~ AQW30	AQW0 ~ AQW30	AQW0 ~ AQW30			AQWx	
变量存储器（V）	VB0.0 ~ VB2047.7	VB0.0 ~ VB2047.7	VB0.0 ~ VB5119.7	VB0.0 ~ VB5119.7	Vx.y	VBx	VWx	VDx
局部存储器（L）	LB0.0 ~ LB63.7	LB0.0 ~ LB63.7	LB0.0 ~ LB63.7	LB0.0 ~ LB63.7	Lx.y	LBx	LWx	LDx
位存储器（M）	M0.0 ~ M31.7	M0.0 ~ M31.7	M0.0 ~ M31.7	M0.0 ~ M31.7	Mx.y	MBx	MWx	MDx
特殊存储器 （SM）只读	SM0.0 ~ SM179.7 SM0.0 ~ SM29.7	SM0.0 ~ SM179.7 SM0.0 ~ SM29.7	SM0.0 ~ SM179.7 SM0.0 ~ SM29.7	SM0.0 ~ SM179.7 SM0.0 ~ SM29.7	SMx.y	SMBx	SMWx	SMDx
定时器	256 （T0 ~ T255）	256 （T0 ~ T255）	256 （T0 ~ T255）	256 （T0 ~ T255）	Tx		Tx	
保持接通延时 1ms 保持接通延时 10ms 保持接通延时 100ms	T0, T64 T1 ~ T4 T65 ~ T68	T0, T64 T1 ~ T4 T65 ~ T68	T0, T64 T1 ~ T4 T65 ~ T68	T0, T64 T1 ~ T4 T65 ~ T68				
接通/断开延时 1ms	T5 ~ T31 T69 ~ T95	T5 ~ T31 T69 ~ T95	T5 ~ T31 T69 ~ T95	T5 ~ T31 T69 ~ T95	Cx		Cx	
接通/断开延时 10ms 接通/断开延时 100ms	T32, T96 T33 ~ T36 T97 ~ T100 T101 ~ T255	T32, T36 T97 ~ T100 T37 ~ T63 T101 ~ T255	T32, T96 T37 ~ T63 T97 ~ T100 T101 ~ T255	T32, T96 T37 ~ T63 T97 ~ T100 T101 ~ T255				

描 述	范 围				存 取 格 式			
	CPU221	CPU222	CPU224	CPU226	位	字节	字	双字
计数器	C0 ~ C255	C0 ~ C255	C0 ~ C255	C0 ~ C255	Cx			Cx
高速计数器	HC0，HC3 HC4，HC5	HC0，HC3 HC4，HC5	HC0—HC5	HC0—HC5				HCx
顺控继电器（s）	S0.0 ~ S31.7	S0.0 ~ S31.7	S0.0 ~ S31.7	S0.0 ~ S31.7	Sx.y	SBx	SWx	SDx
累加器	AC0 ~ AC3	AC0 ~ AC3	AC0 ~ AC3	AC0 ~ AC3		ACx	ACx	ACx
跳转/标号	0 ~ 255	0 ~ 255	0 ~ 255	0 ~ 255				
调用/子程序	0 ~ 63	0 ~ 63	0 ~ 63	0 ~ 63				
中断程序	0 ~ 127	0 ~ 127	0 ~ 127	0 ~ 127				
回路	0 ~ 7	0 ~ 7	0 ~ 7	0 ~ 7				
通信口	0	0	0	0				

注：（1）所有存储器可以保持在永久存储器中。

（2）LB60 到 LB63 为 STEP7 – Micro/WIN 32 V3.0 或更高版本保留。

表 A.3 S7 –200 CPU 指令系统速查表

传送、移位、循环和填充指令		表、查找和转换指令	
MOVB IN,OUT MOVW IN,OUT MOVD IN,OUT MOVR IN,OUT BIR IN,OUT BIW IN,OUT	字节、字、双字和实数传送	ATT DATA,TABLE	把数据加入到表中
		LIFO TABLE,DATA FIFO TABLE,DATA	从表中数取数据
		FND = TBL,PATRN,INDX FND < >TBL,PATRN,INDX FND <TBL,PATRN,INDX FND >TBL,PATRN,INDX	根据比较条件在表中查找数据
BMB IN,OUT,N BMW IN,OUT,N BMD IN,OUT,N	字节、字和双字块传送	BCDI OUT IBCD OUT	把 BCD 码转换成整数 把整数转换成 BCD 码
SWAP IN	交换字节	BTI IN,OUT ITB IN,OUT ITD IN,OUT DTI IN,OUT	把字节转换成整数 把整数转换成字节 把整数转换成双整数 把双整数转换成整数
SHRB DATA,S – BIT,N	寄存器移位		
SRB OUT,N SRW OUT,N SRD OUT,N	字节、字和双字右移		
SLB OUT,N SLW OUT,N SLD OUT,N	字节、字和双字左移	DTR IN,OUT TRUNC IN,OUT ROUND IN,OUT、	把双字转换成实数 把实数转换成双字(舍去小数) 把实数转换成双整数(保留小数)
RRB OUT,N RRW OUT,N RRD OUT,N	字节、字和双字循环右移		
RLB OUT,N RLW OUT,N RLD OUT,N	字节、字和双字循环左移	ATH IN,OUT,LEN HTA IN,OUT,LEN ITA IN,OUT,FMT	把 ASCII码转换成 16 进制格式 把 16 进制格式转换成 ASCII码 把整数转换成 ASCII码
FILL IN,OUT,N	用指定的元素填充存储器空间	DTA IN,OUT,FM RTA IN,OUT,FM	把双整数转换成 ASCII码 把实数转换成 ASCII码

传送、移位、循环和填充指令		表、查找和转换指令	
逻 辑 操 作		DECO IN,OUT	解码
		ENCO IN,OUT	编码
ALD	与一个组合	SEG IN, OUT	产生 7 段码显示器格式
OLD	或一个组合	中 断	
LPS	逻辑堆栈(堆栈控制)		
LRD	读逻辑栈(堆栈控制)	CRETI	从中断返回
LPP	逻辑出栈(堆栈控制)	ENI 允许中断	
LDS	装入堆栈(堆栈控制)	DISI 禁止中断	
AENO	对 ENO 进行与操作	ATCH INT,EVENT	给事件分配中断程序
		DTCH EVENT	解除中断事件
ANDB IN1,OUT		通 信	
ANDW IN1,OUT	对字节、字和双字取逻辑与	XMT TABLE,PORT	自由口传送
ANDD IN1,OUT		RCV TABLE,PORT	自由口接收信息
ORB IN1,OUT		NETR TABLE,PORT	网络读
ORW IN1,OUT	对字节、字和双字取逻辑或	NETW TABLE,PORT	网络写
ORD IN1,OUT		GPA ADDR,PORT	获取口地址
		SPA ADDR,PORT	设置口地址
XORB IN1,OUT		高 速 指 令	
XORW IN1,OUT	对字节、字和双字取异或		
XORD IN1,OUT		HDEF HSC,Mode	定义高速计数器模式
INVB OUT		HSC N	激活高速计数器
INVW OUT	对字节、字和双字取反(1 的补码)		
INVD OUT		PLS Q	脉冲输出(Q 位 0 或 1)
布 尔 指 令		数学增减指令	
LD N	装载	+I IN1,OUT	整数、双整数或实数加法
LDI N	立即装载	+D IN1,OUT	IN1 + OUT = OUT
LDN N	取反后装载	+R IN1,OUT	
LDNI N	取反后立即装载	−I IN1,OUT	整数、双整数或实数减法
A N	与	−D IN1,OUT	IN1 − OUT = OUT
AI N	立即与	−R IN1,OUT	
AN N	取反后与	DUL IN1,OUT	整数或实数乘法
ANI N	取反后立即与	*R IN1,OUT	IN1 × OUT = OUT
O N	或	*D、*I IN1,OUT	整数或双整数乘法
OI N	立即或	DIV IN1,OUT	整数或实数除法
ON N	取反后或	/R IN1,OUT	IN1/UT = OUT
ONI N	取反后立即或	/D、/I IN1,OUT	整数或双整数除法
LDBx N1,N2	装载字节比较的结果 N1(x:<, ⩽, =, >=, >, <>)N2	SQRT IN, OUT	平方根
		LN IN, OUT	自然对数
		EXP IN,OUT	自然指数
		SIN IN, OUT	正弦
ABx N1,N2	与字节比较的结果 N1(x:<, ⩽, =, >=, >, <>)N2	COS IN, OUT	余弦
		TAN IN, OUT	正切

布尔指令		数学增减指令	
OBx N1,N2	或字节比较的结果 N1(x:<,≤,=,>=,>,<>)N2	INCB OUT ONCB OUT INCD OUT	字节、字和双字增1
LDWx N1,N2	装载字比较结果 N1(x:<,≤,=,>=,>,<>)N2	DECB OUT DECW OUT DECD OUT	字节、字和双字减1
AWx N1,N2	与字比较结果 N1(x:<,≤,=,>=,>,<>)N2		
OWx N1,N2	或字比较结果 N1(x:<,≤,=,>=,>,<>)N2	PID Table,Loop	PID 回路
		定时器和计数器指令	
LDDx N1,N2	装载双字比较结果 N1(x:<,≤,=,>=,>,<>)N2	TON Txxx,PT	接通延时定时器
		TOF Txxx,PT	关断延时定时器
		TONR Txxx,PT	带记忆的接通延时定时器
ADx N1,N2	与双字比较结果 N1(x:<,≤,=,>=,>,<>)N2	CTU Cxxx,PV	增计数
		CTD Cxxx,PV	减计数
		CTUD Cxxx,PV	增/减计数
ODx N1,N2	或双字比较结果 N1(x:<,≤,=,>=,>,<>)N2	实时时钟指令	
		TODR T	读实时时钟
		TODW T	写实时时钟
LDRx N1,N2	装载实数比较结果 N1(x:<,≤,=,>=,>,<>)N2	程序控制指令	
ARx N1,N2	与实数比较结果 N1(x:<,≤,=,>=,>,<>)N2	END	程序的条件结束
		STOP	切换到 STOP 模式
ORx N1,N2	或实数比较结果 N1(x:<,≤,=,>=,>,<>)N2	WDR	看门狗复位(300ms)
		JMP N	跳到定义的标号
NOT	堆栈取反	LBL N	定义一个跳转的标号
EU DU = N =1 N	检测上升沿 检测下降沿 赋值 立即赋值	CALL N[N1…] CRET	调用子程序[N1,……可以有16个可选参数] 从 SBR 条件返回
S S – BIT,N R S – BIT,N SI S – BIT,N RI S – BIT,N	置位一个区域 复位一个区域 立即置位一个区域 立即复位一个区域	FOR INDX,INIT FINAL NEXT	For/Next 循环
		LSCR SCRT N SCRE N	顺控继电器段的启动、转换和结束

附录 B NEZA PLC 的系统位与系统字

系统位	功 能	描 述
%S0	冷启动	正常值为 0，置 1 时： • 电源恢复，数据丢失（电池故障） • 用户程序； 该位在第一次完全扫描过程中置 1，并在下一次扫描之前复位为 0。
%S1	热启动	正常值为 0，置 1 时： • 电源恢复，并且保存数据； • 用户程序； • 终端（在数据编辑器中）。 该位在第一次完全扫描结束且在更新输出之前由系统复位为 0。
%S4 %S5 %S6 %S7	时基 10ms 100ms 1s 1min	这些位状态的改变由一个内部时钟控制，而且不与 PLC 的扫描同步。 例如：%S4 ⎍⎍⎍⎍
%S8	输出保持	初始值为 1，可以由程序或终端（在数据编辑器中）置 0： • 在状态 1 时，如果程序没有被正常执行或者 PLC 停止时 PLC 输出为 0； • 在状态 0 时，如果程序操作出错或者 PLC 停止时 PLC 输出保持当前状态。
%S9	输出复位	正常值为 0，可以由程序或终端（在数据编辑器中）置 1： • 在状态 1 时，当 PLC 在 RUN 模式时 PLC 输出复位为 0； • 在状态 0 时，PLC 输出被正常刷新。
%S10	I/O 故障	正常值为 1，当检测到主 PLC 或对等 PLC 上的 I/O 故障（配置故障、交换故障、硬件故障）时，该位被置 0。%SW118 和 %SW119 位显示故障在哪一个 PLC 上。 当故障排除时，%S10 位复位为 1。
%S11	警戒时钟 溢出	正常值为 0，当程序执行时间（扫描时间）超过最大扫描时间（软件警戒时钟）时，该位由系统置 1。警戒时钟溢出将导致 PLC 变为 STOP 状态。
%S13	第一次扫描	正常值为 0，在 PLG 变为 RUN 之后的第一次扫描过程中，该位由系统置 1。
%S17	进位溢出	正常值为 0，以下情况将被系统置 1： • 当无符号的算术运算（余数）进位溢出时； • 在循环或移位操作过程中，它表示 1 被移出。 在有溢出可能的地方，用户程序必须在每一次操作之后检查该位是否有溢出危险，当溢出发生时，用户要将其复位为 0。
%S18	算术运算溢出 或出错	正常值为 0，在执行 16 位运算溢出时置 1，即： • 运算结果大于 +32767 或小于 −32768； • 0 作除数； • 负数求平方根； • BT 或 ITB 转换无意义；BCD 码的值超出范围。 在有溢出可能的地方，用户程序必须在每一次操作之后检查该位，当有溢出发生时，用户要将其复位为 0。

系统位	功能	描述
%S19	扫描时间超限（周期扫描）	正常值为0，当扫描时间超限（扫描时间大于用户在配置或在%SWO中设定的时间）时由系统置1。 此位由用户复位为0
%S20	索引溢出	正常值为0，当索引对象的地址小于0或大于最大值时，该位被置1。 在有溢出可能的地方，用户程序必须在每一次操作之后检查该区，当有溢出发生时，将其复位为0
%S50	使用字%SW50到53更新日期和时间	正常值为0，这个仅可以由程序或终端1或置0。 • 为0时，日期和时间可以读出 • 为1时，日期和时间可以被更新
%S51	实时时钟状态	• 为0时，日期和时间已经设置好。 • 为1时，日期和时间必须由用户来设置。 当这个位为1时，实时时钟数据为无效状态。此时，日期和时间可能未被设置，或者电池电压太低
%S59	使用字%SW59更新日期时间	正常值为0，这个位可以由程序或终端1或置0。 • 为0时，日期和时间保持不变。 • 为1时，日期和时间根据%SW59中设置的控制位增加或减少。
%S70	更新交换字 处理Modbus请求	对于主PLC来说，当完成一次传送交换字%Iw/%QW到对等PLC的完整周期时，该位就置为1。 对于每一个对等PLC，当对等PLC与主PLC完成接收并传送交换字时，该让就置为1。 该位由程序或终端复位为0。 当一个Modbus请求被处理时，该位就置1。 操作员可以使用这个位。该位由程序或编程终端复位为0
%S71	通过扩展连接进行交换	初始值为0。当检测到一个通过扩展连接的交换时，该位置1。 当没有通过扩展连接执行交换时，该位置0。主PLC的字%SW71显示了有效扩展的清单和状态。
%S100	/DPT信号的状态	显示TER端口上的INL/DPT短接状态： • 未短接：UNI–TELWAY主协议（%S100 = 0） • 短接状态：（/DPT为OV）协议由应用程序的配置（%S100 = 1）来定义
%S101	通信端口设置	当%SI 01 = 0（缺省）时，由EXCH指令控制的通信数据由TER口发送/接收。 当%SI 01 = 1，由EXCH指令控制的通信数据由扩展通信口发送/接收。
%S118	主PLC故障	正常值为0，当检测到主PLC上的I/O故障时置1。字%SWl18给出了故障的详细内容。 当故障消失时，位%S118复位为0
%S119	对等PLC故障	正常值为0，当检测到I/O扩展上的I/O故障时置1。字%SW119给出了故障的详细内容。 当故障消失时，位%S119复位为0
%SW0	PLC扫描周期	通过用户程序或编程终端（在数据编辑器中）修改在配置中定义的PLC扫描周期
%SW11	警戒时钟时间	读取警戒时钟时间（150ms）

系统位	功 能	描 述
%SW14	Unitelway 超时	用于通过用户程序修改 UNITELWAY 超时的值
%SW15	PLC 版本和 UI	该字用于显示 PLC 的版本（高位字节）和它的 UI（低位字节）。例如：TSX08 Neza 为 0X1019：PLC 的版本为 1.0，UI 为 27
%SW30	上一次扫描时间	显示 PLC 上一次扫描的执行时间（以 ms 为单位）。
%SW31	最大扫描时间	显示 PLC 上一次冷启动后最长的扫描执行时间（以 ms 为单位）。
%SW32	最小扫描时间	显示 PLC 上一次冷启动后最短的扫描执行时间（以 ms 为单位）。
%SW50 %SW51 %SW52 %SW53	实时时钟	包含当前日期和时间（BCD 码方式）的系统字：%SW50：SSXN 秒和星期 %SW51：HHMM 时和分 %SW52：MMDD 月和日 %SW53：CCYY 世纪和年 当位%S50 为 0 时，这些字由系统控制。当位%S50 为 1 时，这些字可由用户程序或编程终端写入
%SW52 %SW52 %SW52 %SW52	上次停机时间	该系统字包含上一次电源故障或 PLC 停止的日期和时间值（BCD 码方式）：%SW54 = 秒和星期 %SW55 = 时和分 %SW56 = 月和日 %SW57 = 世纪和年。
%SW58	上一次停止的标记吗	显示导致上一次停止的代码 1 = 终端开关从 RUN 变为 STOP 2 = 软件故障导致停止（PLC 扫描过长） 4 = 停电 5 = 硬件故障导致停止

包含两组 8 位，用于调整当前的日期和时间。操作总是在位的上升沿执行，该字由%S59 位使能。

	增加	减小	参数
%SW59	第 0 位	第 8 位	星期
调整当前	第 1 位	第 9 位	秒
实时时钟	第 2 位	第 10 位	分
	第 3 位	第 11 位	时
	第 4 位	第 12 位	日
	第 5 位	第 13 位	月
	第 6 位	第 14 位	年
	第 7 位	第 15 位	世纪

| %SW67 | Modbus 帧结束代码 | 用于在 Modbus 的结束帧设置 'LF'（ASCll 模式）。在冷启动时，该字由系统写为 16#000A。当主 PLC 使用的帧结束字符不是 16#000A 时，用户可以使用程序或调整模式修改这个字。 |
| %SW68 | 接收的帧结束代码（ASCll） | 用于设置帧结束的参数（ASCll 模式）。一收到这个值立即停止接收。默认值为：16#000D |

系统位	功 能	描 述
%SW69	EXCH 模块出错代码	在使用 ExcH 块出错时，输出位 %MSG. D 和 %MSG. E 变为 1。 这个系统字包含出错的代码．其值如下： 0：无错误，交换正确 1：传送缓冲区太大 2：传送缓冲区太小 3：表太小 4：错误的 Unitelway 地址（仅在 Unnelway 模式） 5：超时（Unitelway 模式或 Modbus 主模式） 6：传送错误（仅在 Unitelway 模式） 7：错误 ASCll 命令（仅在 ASCll 模式） 8：保留 9：接收错误（仅在 ASCII 模式） 10：%KWi 字表禁止 20：Modbus 从地址错误（在 Modbus Master 模式下） 21：Neza 不支持的 Modbus 功能码（仅在 Modbus Master 模式） 22：重试次数无效（有效值为 0～3，仅在 Modbus Master 模式） 23：数据长度无效（Modbus Master 模式） 24：结束参数号（开始参数号＋长度）无效（在 Modbus Master 模式下〕 81：从 PLC 返回"非法功能码"信息 82：从 PLC 返回"非法数据地址"信息 83：从 PLC 返回"非法数据值"信息 84：从 PLC 返回"从设备失败"信息 85：从 PLC 返回"确认"信息 86：从 PLC 返回"从设备忙"信息 87：从 PLC 返回"未确认"信息 88：从 PLC 返回"内存奇偶校验错误"信息 每次使用 EXCH 块后，该字被清 0。
%SW70	PLC 地址	包合如下信息： ● 第 2 位：1 ＝有调度模块（RTC） ● 第 7、6、5 位：PLC 的地址（和 TSX08RCOM 上的旋转拨码开关位置相同）如果有 I/O 扩展： ● 第 13 位：有一个 I/O 扩展。
%SW71	远程扩展连接上的设备	显示每一个远程扩展与主 PLC 的通信状态： 第 1 位：Block I/O 扩展 第 2 位：对等 PLC 或模拟量模块#2 第 3 位：对等 PLC 或模拟量模块#3 第 4 位：对等 PLC 或模拟量模块#4 相应位为 0：如果没有远程扩展或对等 PLC，没有供电或有故障。 相应位为 1：如果有远程扩展并与主 PLC 交换数据。
%SW76 到 %SW79 %SW100	减计数字 1ms 模拟量输入	这 4 个字用作 1ms 定时器。如果它们的值为正，则每毫秒由系统分别减 1。这就构成了 4 个毫秒减计数器，相当于操作范围为： 1ms 到 32767ms。设置第 15 位为 1 可以停止减操作。 模拟量输入功能命令字： 值为 0：模拟量输入无效 值为 1：无量程操作 值为 2：单极量程（周期 125ms） 值为 3：双极量程（周期 125ms） 值为 4：单极量程（周期 500ms） 值为 5：双极量程（周期 500ms） 该字必须由应用程序进行写操作。

系统位	功　能	描　　述
%SW101	模拟量输入	该字包含采集模拟量输入的值。其值的范围取决于%SW100的选择。 %SW100 = 0　　　%SWI01 = 0 %SW100 = 1　　　%SW101 从 0 到 1000 变化 %SW100 = 2 或 4　%SW101 从 0 到 1000 变化 %SW100 = 3 或 5　%SW101 从 −10000 到 10000 变化
%SW102	模拟量输出	模拟量输出功能命令字。 值为 0：正常%PWM 操作 值为 1：无量程操作 值为 2：单极量程　模拟%PWM 值为 3：双极量程. 该字必须由应用程序进行写操作
%SW103	模拟量输出	该字包含将应用于模拟量输出的值。其值的范围取决于%SW102的设置。 %SW102 = 0　%SW103 = 0 %SW102 = 1　%SW103 在 5 和 249 之间 %SW102 = 2　%SW103 在 0 和 10000 之间 %SW102 = 3　%SW103 在 −10000 和 10000 之间 该字必须由应用程序进行写操作。
%SW110	加/减计数器	在输入%I0.4 的上升沿读取计数器的值
%SW111	高速计数器	第 1 位：1 = 高速计数器（直接）输出使能 第 2 位：1 = 选择频率计的时基（1 = 100ms, 0 = 1s） 第 3 位：1 = 更新%FC 频率（此位由用户复位到 0）
%SW114	调度模块使能	由用户程序或编程终端使能或禁止调度模块（RTC）的操作。 第 0 位：1 = 使能调度模块#0 ……… 第 15 位：1 = 使能调度模块#15 初始时所有调度模块都是使能的。
%SW116	模拟量模块 （EA4A2）设置	%SW116 的第 0~11 位对应模拟量模块的安装位置： 15　　　　　　　　　　　　　　　　　　　　0 （位图）位置 3　位置 2　位置 1 相应的位为 0，则模拟量输入为电压输入；相应的位为 1，则模拟量输入为电流输入
%SW117	模拟量模块 （EAV8A2/ EAP8）设置	%SW117 的高 8 位为模拟量模块的输出信号设定： 15　　　　　　8 7　　　　　　　　0 （位图）*　　* * = 00 模拟量输出为 4mA 恒定电流输出 * = 01 模拟量输出通道 0 为 0~2mA 可调，通道 1 为 4mA 恒定电流输出 * = 02 模拟量输出通道 0，1 均为 0~2mA 可调 %SW117 的低 8 位为模拟量模块的输入信号设定： 8 位分别对应于 8 路模拟量输入： 相应的位为 0，则模拟量输入为 0~5V 电压输入； 相应的位为 1，则模拟量输入为 Pt100 温度信号输入

系统位	功 能	描 述
%SW118	主 PLC 状态	显示主 PLC 上检测到的故障。 第 0 位：0 = 其中一个输出断开 第 3 位：0 = 传感器电源故障 第 8 位：0 = Neza 内部故障或硬件故障 第 9 位：0 = 外部故障或通信故障 第 11 位：0 = PLC 执行自检 第 13 位：0 = 配置故障（I/O 扩展已配置但不存在或错误） 这个字的其他所有位为 1 而且保留未用。因此对于一个没有故障的 PLC，这个字的值为：16#FFFF。
%SW119	对等 PLC I/O 的状态	显示对等 PLC I/O 上检测到的故障（这个字只能被主 PLC 使用）。这个字各位的分配和%SW118 相同，除了： • 第 13 位：没有意义 • 第 14 位：尽管对等 PLC 在初始化时还存在，现在丢失。

参 考 文 献

[1] 西门子（中国）有限公司 . SIMATIC S7－200 可编程序控制器系统手册［M］. 2004.
[2] 孙平 . 可编程程序控制器原理及应用［M］. 北京：高等教育出版社，2003.
[3] 胡汉文等 . 电气控制与 PLC 应用［M］. 北京：人民邮电出版社，2009
[4] 胡学林 . 可编程序控制器教程［M］. 北京：电子工业出版社，2003.
[5] 徐铁 . PLC 应用技术［M］. 北京：中国劳动社会保障出版社，2007.
[6] 张伟林 . 电气控制与 PLC 综合应用技术［M］. 北京：人民邮电出版社，2009.
[7] 王芹 . 可编程控制器技术及应用［M］. 天津：天津大学出版社，2008.
[8] 廖常初 . PLC 编程及应用［M］. 北京：机械工业出版社，2007.
[9] 陶权等 . PLC 控制系统设计、安装与调试［M］. 北京：北京理工大学出版社，2011.
[10] 李道霖 . 电气控制与 PLC 原理及应用［M］. 北京：电子工业出版社，2014.
[11] 李宁等 . 电气控制与 PLC 应用技术［M］. 北京：北京理工大学出版社，2011.
[12] 金沙等 . PLC 应用技术［M］. 北京：中国电力出版社，2010.
[13] 孙政顺等 . PLC 技术［M］. 北京：高等教育出版社，2009.
[14] 谢克明等 . 可编程序控制器原理与程序设计［M］. 北京：电子工业出版社，2002.

反侵权盗版声明

电子工业出版社依法对本作品享有专有出版权。任何未经权利人书面许可，复制、销售或通过信息网络传播本作品的行为；歪曲、篡改、剽窃本作品的行为，均违反《中华人民共和国著作权法》，其行为人应承担相应的民事责任和行政责任，构成犯罪的，将被依法追究刑事责任。

为了维护市场秩序，保护权利人的合法权益，本社将依法查处和打击侵权盗版的单位和个人。欢迎社会各界人士积极举报侵权盗版行为，本社将奖励举报有功人员，并保证举报人的信息不被泄露。

举报电话：（010）88254396；（010）88258888

传　　真：（010）88254397

E－mail：dbqq@phei.com.cn

通信地址：北京市海淀区万寿路 173 信箱

　　　　　电子工业出版社总编办公室

邮　　编：100036